수학의 힘

수학의 힘

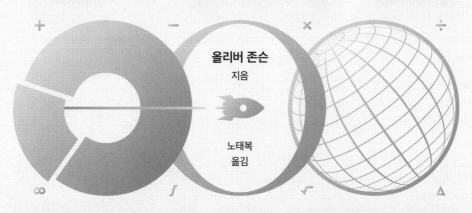

올리버 존슨

지음

노태복

옮김

인생의 무기가 되는 12가지 최소한의 수학도구

NUMBER
CRUNCH

더퀘스트

내게 수학을 가르쳤던
모든 선생과 교수에게 바친다.

"수학의 본질은 단순한 것을 복잡하게 만드는 게 아니라
복잡한 것을 단순하게 만드는 것이다."

스탠리 거더의 《수학의 여정》(1976)에서

이 책에 바치는 찬사

오늘날 세상의 기틀을 이루는 수학에 관한 안내서. 명쾌하고 무엇보다도 재미있다. 수학 공식은 거의 보이지 않는다. 이 책은 약간의 수학적 사고력이 얼마나 큰 위력을 발휘하는지 열정적으로 보여준다.

《더타임스》

수학의 힘을 보여주는 완벽한 입문서. 유려하고 친절하며 실용적이다.

팀 하포드 |《경제학 콘서트》저자

숫자는 거짓말하지 않지만 종종 알아들을 수 없는 말을 한다. 뛰어난 수학 전도사인 존슨은 타당한 주장과 일상 속 수많은 거짓 주장을 구별시켜줄 무기를 선사한다. 오늘날 거짓말 탐지기가 될 또 한 권의 소중한 책.

아난요 바타차리야 |《미래에서 온 남자 폰 노이만》저자

더 일찍 이 책을 읽었다면 얼마나 좋았을까! 숫자의 세계를 이해시켜주는 쉽고 명쾌하고 유용한 안내서.

톰 치버스 |《숫자에 속지 않고 숫자 읽는 법》공저자

단순하지만 강력한 수학도구를 통한 유용하고 시의적절한 통찰을 전한다. 이 책은 중요한 수학 개념을 다양한 현실 문제에 적용하는 법을 알려준다. 축구선수 팀 이적료에서 의료 검사까지, 숫자의 세계를 탐험하는 소중하고 의미 있는 안내서.

애덤 쿠차르스키 |《수학자가 알려주는 전염의 원리》저자

존슨은 팬데믹 시기에 벌어진 논쟁에서 면밀한 분석과 풍부한 상식을 통해 중도주의자로 활약했다. 이번에는 축구에서 필터 버블에 이르는 다양한 사례에 수학 개념을 폭넓게 적용하는 법을 보여준다. 최소한의 수학 지식으로 세상을 조목조목 파헤치는 역작.

데이비드 스피겔할터 | 《숫자에 약한 사람들을 위한 통계학 수업》 저자

수학의 쓸모를 쉽게 설명해주는 훌륭한 안내서. 왜 수학이 우리 모두에게 대단히 중요한지 핵심을 꿰뚫는다.

데이비드 섬프터 | 《세상을 지배하는 10가지 규칙》 저자

수학의 언어로 세상을 본다면

오랜 세월 동안 수학자라고 나를 소개했을 때 사람들이 보인 반응은 대체로 다음과 같았다. 갑자기 불편해하거나 교실 맨 구석 자리로 숨으려고 하거나 "학창 시절에 수학이라면 젬병이었다"고 말하면서도 은근히 그 사실에 우쭐해했다.

요즘에는 상황이 달라졌다. 앨런 튜링Alan Turing의 모습이 50파운드 지폐에 담겼다. 〈머니볼Moneyball〉〈히든 피겨스Hidden Figures〉〈굿 윌 헌팅Good Will Hunting〉 등의 영화가 아카데미상Academy Awards 후보에 올랐다. '실리콘밸리의 노벨상'이라고도 불리는 브레이크스루상The Breakthrough Prize 시상식에서 할리우드 스타들이 수학자들에게 수백만 달러의 상금을 수여했다. 좀 멋쩍긴 하지만 이제 수학이 멋진 학문으로 받아들여지는 것 같다.

수학의 인기가 높아진 또 하나의 핵심 요인은 코로나바이러스19 대유행(이하 팬데믹)이다. 갑자기 숫자들이 세상을 장악했다. 시각적으로 표현된 최신 데이터가 킴 카다시안Kim Kardashian의 인스타그램 같은 SNS에서 공유됐다. '지수적exponential' '신뢰구간confidence interval' 같은 단어들이 사람들의 입에 오르내렸다. 드디어 사람들이 숫자를 이해해 동향을 간파하고 예측하는 능력을 부끄러워하지 않게 됐다.

팬데믹 동안 나는 코로나바이러스(이 책에서는 SARS-CoV-2 변종을 가리킨다-옮긴이) 통계에 관한 수학적 견해를 '@BristOliver'라는 트위터(현 엑스) 계정에 올렸다. 사람들이 코로나 발생 현황을 보면서 쏟아져 나오는 수치들을 이해할 수 있도록 최선을 다해 설명했다. 그러면서 매번 내가 브리스틀대학교에서 가르치는 수학이 학생들뿐 아니라 우리 모두에게 대단히 소중하다는 점을 느꼈다.

우리의 일상생활에서 점점 더 많은 영역이 데이터와 알고리즘의 지배를 받고 있다. 시리에게 말을 걸면 척척 알아듣고 구글번역은 외국어 텍스트를 수준급으로 번역해낸다. 넷플릭스는 이전에 시청한 작품을 토대로 취향이 비슷한 이용자들의 데이터와 비교분석해 시청 가능성이 가장 높은 추천 작품 목록을 보여준다.

하지만 이런 '인공지능artificial intelligence, AI' 또는 '기계학습machine learning'이 수학과 통계를 바탕으로 발전했다는 사실은 잘 알려져 있지 않다. 이런 실리콘밸리의 혁신 기술들은 연산 능력의 향상으로 21세기에 재탄생했다. 그렇다, 그 발전 과정 속에는 항상 수학이 자리 잡고 있다. 이 기술들은 데이터의 연결 네트워크들, 무작위로 구조와 형태를 찾는 기술들, 방대한 데이터를 수학적으로 다루는 엄밀한 방식 등에 기반한다.

많은 사람은 수학자가 하루 종일 무슨 일을 하는지 모른다. 수학자는 아주 어려운 곱셈식을 외우거나('1×19,573 = 19,573, 2×19,573 = 39,146…') 누가 원주율(π)의 소수점 아랫자리를 가장 많이 기억하는지 경쟁한다고 짐작할 뿐이다. 그리스어 문자로 빽빽한 이해할 수 없는 방정식들을 칠판에 적고 있는 추레한 늙은이를 떠올릴지도 모른다(솔직히 잘못 짚은 건 아니다). 수학자의 잘못도 있다. 수학자들이 나서서 우리가 하는 일이 왜 중요한지를 제대로 설명한 적이 없기 때문이다.

이 책에서는 이런 시각차를 바로잡으려고 한다. 오늘날 일상생활을 제대로 하려면 수없이 많은 숫자와 사실을 이해해야 한다. 급변하는 전 세계의 온갖 상황을 담은 데이터가 기하급수적으로 늘어나면서 스마트폰, 태블릿 PC, 컴퓨터에서 전례 없이 빠르게 이용되고 있기 때문이다. 게다가 수학적 사고는 세상을 제대로 이해하는 방법으로서, 방대한 데이터와 복잡한 상황들을 파악하게 해주고 그것들을 잘못 해석해 헤매는 일이 없도록 해준다. 나는 그 비결을 여러분에게 알려주고 여러분이 수학의 눈으로 세상을 이해하는 데 도움을 주고 싶다. 트위터는 짧고 시의적절한 메시지를 올리는 멋진 공간이지만 수학적 사고의 전개 과정을 보여줄 수는 없었다. 이 책에서 수학자처럼 생각하는 방식을 보여줄 것이다.

이 모든 것의 핵심에는 수학모델mathematical model이라는 개념이 있다. 우리 모두에게는 사물의 작동 원리에 관한 정신적 모델이 있다. 예를 들어 손에 쥐고 있던 물건을 놓으면 중력 때문에 땅으로 떨어진다는 사실을 안다. 하지만 이 생각을 수학 방정식으로 표현할 수 있는 것은 아이작 뉴턴Isaac Newton의 업적 덕분이며, 그 방정식을 통해 비로소 중력의 효과를 제대로 이해할 수 있게 됐다.

수학모델은 2가지 조건을 충족해야 한다. 첫째로 기존의 데이터를 설명하고, 둘째로 아직 존재하지 않는 상황을 예측하는 데 도움이 되어야 한다(완벽하게는 이 예측의 정확성에 대해 엄밀한 경고가 뒤따라야 한다). 수학자는 숫자나 다른 정보들에서 패턴을 포착한 다음 그것을 설명하는 이론을 제시하는 방식으로 일한다. 뉴턴의 방정식 덕분에 닐 암스트롱Neil Armstrong은 아폴로Apollo 11호에서 달에 첫발을 내딛기도 전에 달의 중력이 어느 정도일지 알고 있었다. 미국항공우주국National Aeronautics and Space Administration, NASA이 애초에 달에 도착할 로켓을 제작할 수 있었던 것도 뉴턴의 방정식을 이해한 덕분이다.

좋은 수학모델이라고 해서 꼭 정확해야 하는 것은 아니다. 통계학자 조지 박스George Box의 유명한 말처럼 "모든 모델이 부정확하지만 일부는 유용하다". 알베르트 아인슈타인Albert Einstein의 상대성이론을 통해 밝혀졌듯이 뉴턴의 방정식은 완벽하지 않다. 예를 들어 빛의 속도로 움직이는 물체에서 일어나는 현상들은 뉴턴의 방정식으로 설명할 수 없다. 하지만 마차와 범선이 활약하던 17세기에 뉴턴의 방정식은 일상 속 물체들의 움직임을 충분히 예측해낼 정도로 정확했다. 오늘날에도 가장 빠른 로켓조차 빛의 속도에 근접하지 못하기 때문에 아폴로 8호의 우주비행사 윌리엄 앤더스^{William Anders}의 말처럼 사실상 "지금 이 순간에도 뉴턴이 대부분의 물체를 움직이고 있다". 마찬가지로 코로나바이러스 확산에 관한 일부 수학모델들은 분명히 단순하고 현실 상황을 배제한 채 만들어졌지만 중단기 예측은 거뜬하게 해낸다. 우리에게는 그 정도 모델만 있으면 충분하다.

이와 관련해 '장난감 모델^{toy model}'이라는 개념이 있다. 이 모델은 현실세계와 관련이 없을 것처럼 완벽하게 추상적인데도 현실세계의 속성을 드러낸다. 출처는 불분명하지만 어느 수학자가 목장 설계를 요청받자 "무중력 상태에서 완벽한 구형으로 마찰 저항이 없는 소가 있다고 생각해보라"라는 말로 답을 시작했다는 악명 높은 수학 이야기가 전해질 정도다. 하지만 잘 선택된 장난감 모델은 현실세계를 고찰하는 데 매우 유용하다. 나도 질병을 즉시 예방하는 마법 모자를 점점 더 많이 나눠준다는 아이디어를 이용해서 코로나바이러스 백신의 효과를 어떻게 데이터로 추적할지 한동안 생각해봤다.* 이처럼 핵심 특징들을 추상화해서 단순한 모델에 담아내면 그 통찰을 일반화해 일상생활에 적용할 수 있다. 물론 장난감 모델의 타당성에 대해서는 어느 정도 주의해야 한다.

지금까지 수학에 관한 훌륭한 대중서가 많이 나왔다. 하지만 대개 특이하고 별난 내용이었거나(마커스 드 사토이^{Marcus Du Sautoy}의 《달빛 찾기^{Finding Moonshine}》, 사이먼 싱^{Simon Singh}의 《페르마의 마지막 정리^{Fermat's Last}

---

* 데이터를 로그스케일로 표시하면 점점 가팔라지는 곡선 형태로 효과가 뚜렷하게 나타난다(3장 참고). 이는 2021년 영국의 코로나바이러스로 인한 사망자 데이터에서도 볼 수 있다. 모델의 기본 가정이 너무 단순하기는 하지만 이를 통해 백신 효과를 발견할 수 있다.

Theorem》등) 수학과 물리학의 관계에 집중한 책이었다(그레이엄 파멜로 Graham Farmelo의《우주는 수로 말한다The Universe Speak in Numbers》).

수학의 세계란 난제를 풀고 숫자로 재주를 부리는 일로 치부되기도 한다(수학자 겸 코미디언인 매트 파커Matt Parker가 잘하는 일이다). 실제로 수학은 재미있을 수 있고 이런 식의 게임은 사람들이 수학에 관심을 갖게 할 멋진 방법이긴 하다. 하지만 수학이 오늘날 세상을 근본적으로 움직인다는 사실을 기억하는 것 역시 중요하다. 수학은 세계를 이해하는 데 실용적인 도구다. 나는 여러분에게 이 도구의 사용법을 알려주고 싶다.

수식과 그리스어 문자를 쏟아내지는 않을 것이다. 실제로 이 책에는 수식이 별로 없다. 이 책에서 말하는 수학은 생각하는 방법이지 문제를 푸는 것이 아니다. 되도록 머리 아픈 수식보다는 적절한 그림으로 설명하겠다. 또 사람들은 그냥 귀로 듣기만 하는 것보다는 직접 해볼 때 수학을 가장 잘 배운다. 그래서 각 장의 끝에는 여러분이 이해한 내용을 다시 살펴보고 내가 논의한 주제를 되짚어볼 '요약'과 '제안' 꼭지를 실었다. 숙제는 아니지만 여러분의 답을 듣고 싶다.

이 책의 주요 내용은 자연스럽게 4부로 나뉘며 마지막 부를 제외하고는 4개의 장으로 구성된다. 1부에서는 구조structure를 다룬다. 수학은 세계가 작동하는 방식을 이해하는 데 훌륭한 도구다. 자연 현상은 대체로 단순한 규칙을 따르기 때문이다. 수학은 이를 체계적으로 담아내는 언어의 역할을 한다. 예를 들어 물리학의 기본 법칙들이 수학 방정식으로 표현되는 것은 결코 우연이 아니다.

하지만 수학자가 관심 갖는 변화들을 지배하는 과학 법칙은 직접적으로 드러나지 않을 때가 많다. 단편적인 흔적을 보면서 세상이 대체로 작동하는 방식과 그 바탕이 되는 규칙들을 추론해야 한다.

1장에서는 데이터를 그래프로 표시하는 것이 이런 수학적 사고방식을 배워나갈 훌륭한 방법임을 설명한다. 하지만 데이터의 단기 패턴에 치중했다가는 과도하게 편향된 예측을 할 수 있기 때문에 주의해야 한다.

2장에서는 수의 세계 자체를 살핀다. 오늘날 세상에는 데이터가 산더미처럼 쏟아진다. 최신 경제 통계치, 과학계 연구 내용부터 여론조사, 스포츠 경기 결과까지 이루 헤아릴 수가 없다. 이런 숫자들을 더 잘 이해할 수 있는 몇 가지 요령을 알려주겠다. 그러면 복잡한 수량을 타당하게 어림짐작할 수 있을 것이다.

3장에서는 지수적 증가exponential growth라는 개념을 소개한다. 이 개념은 축구선수의 팀 이적료, 박테리아나 핵의 분열 과정에 적용된다. 그리고 이 과정을 로그스케일logarithmic scale이라고 부르는 그래프로 표현할 수 있다. 이렇게 하면 팬데믹과 주식시장의 상황도 파악할 수 있다.

4장에서는 시스템의 규칙 자체는 단순하지만 움직임은 복잡한 경우를 설명한다. 추의 움직임을 설명하고 날씨를 예측하기 위해 등장했던 수학분야를 소개하면서, 수학모델이 온갖 변화가 작동하는 방식을 어떻게 파악하는지 알려준다.

수학이 어떻게 구조를 파악하고 설명하는지를 실컷 다루고 나면, 깔끔하고 질서정연한 세계에서 벗어나는 것이 모순적이라고 생각할 수 있다.

하지만 비슷한 수학도구들은 모순적인 현상도 설명해낸다. 2부에서 다루 겠지만 이런 현상은 무작위성^{randomness}을 보인다.

본능적으로 인간은 무작위성이란 개념 때문에 쉽게 함정에 빠진다. 예를 들어 로또복권 당첨번호에 31이라는 수가 2주 연속으로 나오면 이번 주에는 31이 나올 가능성이 낮거나(평균에서 벗어난 상황이니까) 높다고(그 수가 분명 자주 나오니까) 생각한다. 하지만 확률은 전혀 달라지지 않는다. 사람들은 존재하지도 않는 패턴이 있다고 쉽게 착각한다. 예상되는 행동과 실제 가능성을 보여주는 극단적 사례들을 통해 무작위성을 이해하면 그런 사안들을 더 잘 이해할 수 있다.

5장에서는 인간 활동에서 나타나는 무작위성의 핵심 개념을 소개한다. 동전 던지기라는 단순한 사건을 통해 같은 실험을 충분히 많이 반복하면 평균적으로 무슨 일이 생기는지, 무작위성과 예측 가능성^{predictability}이 어떻게 함께 존재할 수 있는지 알아본다.

6장에서는 신뢰구간 같은 통계 개념들을 설명한다. 신뢰구간은 벌어지는 일에 관한 기본적인 불확실성을 수학적으로 표현하며, 신약 허가 같은 중대한 결정을 하는 데 필요한 자료다.

7장에서는 확률을 올바르게 이해하고 이미 갖고 있는 정보를 고려해 중요한 문제에 대한 통찰을 얻는 방법을 설명한다. 예를 들어 코로나바이러스 검사 결과를 얼마나 신뢰해야 하는지, 한 기업의 채용 과정에서 드러난 불평등의 원인을 어떻게 진단할 수 있는지 알아본다.

8장에서는 마권업자가 정하는 승산^{odds}(내기에서 결과를 맞힐 경우 배당금을 받는 배수-옮긴이) 개념을 통해 확률의 또 다른 관점을 소개한다. 이 장에서는 확률과 승산을 자연스럽게 오가며 이야기할 텐데, 마권업자의 승산을 다루는 것이 확률을 이야기하기에 적절할 때가 있다. 여기서 다룰 확률의 관점 덕분에 블레츨리파크의 튜링과 동료들은 독일군의 에니그마Enigma로 작성된 암호를 해독했다. 오늘날 의료 검사를 더 잘 이해하고, 신제품의 시장점유율이나 코로나바이러스 변종이 시간이 지나면서 어떻게 확산되는지를 예측하는 것 또한 이 확률 덕분이다.

무작위성과 구조를 이해했으니 3부는 정보information, 다시 말해 오늘날의 세상을 수학적으로 이해하는 핵심적이고 최종적인 분야를 다룬다. 정보와 불확실성이라는 개념은 일상적 의사소통과 미디어 소비의 많은 부분을 구성하는 기본 요소이며, 엔트로피entropy라는 양을 이용해 수학적으로 정량화할 수 있다. 정보가 어떻게 잘못된 정보로 변질되는지, 주식시장과 팬데믹의 진행 과정을 어떻게 설명하는지, 심지어 정보 자원 하나를 두고 어떻게 경쟁이 벌어지는지 알아본다. 다시 한번 말하지만 이 모든 일은 수학적 틀로 파악할 수 있다.

9장에서는 내 영웅인 수학자 한 명을 이야기한다. 바로 클로드 섀넌Claude Shannon이다. 그의 업적이 어떻게 우리가 소비하는 새로운 정보 자원들에 관한 사고방식을 만들어냈는지, 스마트폰과 데이터 다운로드 등 디지털 세계의 토대를 만들었는지, 나아가 뜻밖에도 효과적인 질병 검사 방법의 단초가 됐는지도 다룬다.

10장에서는 술집에서 나와 비틀거리며 귀가하는 만취자를 예로 들어,

소문이나 컴퓨터 바이러스가 연결 네트워크에서 어떻게 퍼지는지 설명한다. 이 역시 무작위적이지만 예측 가능하며, 그 속성을 이해하면 동전 던지기라는 단순한 세계보다 훨씬 더 풍부한 무작위성의 세계를 들여다볼 수 있다.

11장에서는 무작위성과 소음^{noise}에 관한 사안들을 다룬다. 우리 스스로 어떻게 데이터에 패턴이 있다고 속는지, 어떻게 데이터의 측정과 기록 방식에 관한 다른 사안들 때문에 그릇된 결론에 이르는지 보여준다. 이런 문제들을 파악하면 복잡한 데이터가 포함된 뉴스 기사를 더 잘 이해할 수 있다.

12장에서는 게임이론^{game theory}을 설명한다. 협력과 경쟁에 관한 문제들을 다루는 이론이다. 경제학과 생물학에 적용되는 이 수학이론은, 협력과 경쟁이 일어나는 상황에서의 올바른 전략이 여러 행동을 뒤섞은 결과임을 보여준다.

마지막으로 13장은 우리가 복잡한 상황을 다룰 때 겸손해야 한다는 당부의 말로 마무리한다. 우리가 상황을 오해할 수 있는 여러 가지 방식을 논의하고 오류를 피할 방법 몇 가지를 제안한다.

처음에는 팬데믹을 고찰하면서 집필의 영감을 얻었지만 이 책이 팬데믹에 관한 것은 아니다. 언론이 기초감염재생산지수, 곧 R_0^{basic reproduction ratio}와 집단면역에 대해 보도하기 전에도 질병과 감염에 관한 훌륭한 책이 많이 나와 있었다. 나는 팬데믹 기간뿐 아니라 다른 다양한 상황에서 발생한 사례를 들어 수학자와 통계학자가 어떻게 생각하는지를 보여줄 것이다.

앞으로 설명하는 12가지 수학도구를 통해 여러분은 세상의 변화를 뒷받침하는 구조적 원리들을 이해하게 될 것이다. 또한 데이터가 기록되는 방식을 결정하는 무작위성과 불확실성을 간파하며, 올바른 정보와 잘못된 정보를 구별할 수 있을 것이다.

이 책에 담긴 12가지 수학도구를 이용하면 세상을 이해할 수 있는 방법이 더 많이 보인다. 10년 뒤에 세상을 떠들썩하게 만들 기사가 무엇일지 예측할 수는 없겠지만 어떤 뉴스가 나오든 합리적으로 해석하고 신호와 소음을 구별할 수 있는 더 나은 위치에 선다. 이 책을 통해 수학적으로 생각하는 힘을 기르고 수학의 눈으로 최신 정보를 본다면, 여러분은 세상 모든 일을 스스로 이해할 준비를 마친 셈이다.

차례

1부. 숫자 너머의 변화를 읽어라: 구조

1장. 적절한 그림 한 장이 백 마디 말보다 낫다

2장. 숫자 정글에서 길을 찾는 법

3장. 우리의 팬데믹 예측은 왜 틀렸을까

4장. 세상의 변화를 포착하는 방정식

2부. 불확실한 확률 싸움에서 이기는 법: 무작위성

3부.   복잡한 현대사회에서 더 빛나는 수학의 힘: 정보

9장. 모든 것이 데이터가 되는 세상에서

10장. 예측 가능한 미래를 예측하기

11장. 숫자의 본질을 파악하면 세상이 보인다

12장. 선택의 순간, 최상의 전략을 찾는 수학

4부. 결국 수학적인 것이 살아남는다

13장. 오류에서 배우는 교훈

1부.

숫자 너머의 변화를 읽어라: 구조

1장.
적절한 그림 한 장이 백 마디 말보다 낫다

그래프로 변화를 한눈에 파악하라

카페 주인이 신상품 '아이싱번iced bun'의 판촉 행사를 시작했다고 상상해보자. 지역 신문에 광고도 하고 동네 가로등에 포스터도 붙이고 우체국에 전단지도 비치했다. 판촉 효과가 있는지 알고 싶으니 이후 몇 주 동안 아이싱번 판매량을 살필 것이다. 판매량이 143, 136, 147, 144, 149, 147, 153이었다고 할 때 숫자만으로는 판매량의 흐름을 파악하기 어렵다. 구체적인 맥락 없이 연속적으로 숫자들이 쏟아질 때 우리는 코미디언 데이비드 미첼David Mitchell과 로버트 웨브Robert Webb가 '넘버왱Numberwang'(두 코미디언이 진행하는 프로그램 속 게임으로, 참가자 둘이 번갈아가며 숫자를 외치다가 진행자가 아무런 기준이나 규칙도 없이 '넘버왱'이라고 외치면 게임이 끝난다-옮긴이)이라고 불렀던 위험에 맞닥뜨린다.

오늘날 세상은 숫자가 지배한다. 국가 예산이든 실업자 수든 비트코인 가격이든 일상 대화의 많은 부분을 숫자가 채운다. 이런 상황은 위험할 수도 있다. 수가 어떤 사안을 모호하게 만드는 데 이용되거나 맥락 없이 제시되는 경우도 있기 때문이다.

나는 여러분이 숫자에 대한 감각을 익히고, 숫자에 겁을 덜 먹으며, 숫자의 오르내림을 지배하는 규칙을 이해하도록 돕고 싶다. 그러려면 연습이 필요한데, 숫자를 더 잘 이해하는 요령이 있다. 가장 간단한 방법은 그림 그리기, 더 정확히 말해 수를 그래프로 표시하는 것이다. 그래프는 은총이자 저주다. 잘 쓰면 매우 효과적인 의사소통 방법이지만 나쁘게 쓰면 혼란을 초래한다. 그래프는 아주 그럴듯해 보이며 맥락 없이 온라인에서 쉽게 공유되는 나머지 잘못된 정보를 전달하는 수단이 될 수도 있다. 그렇기 때문에 그래프를 읽는 방법을 정확하게 이해하는 것이 중요하다. 그러려면 수학의 기본으로 되돌아가야 한다.

예를 들어 팬데믹 동안 각국 정부와 보건 기관이 쏟아낸 코로나바이러스에 관한 그래프의 대다수는 이해하기 쉽도록 데이터의 시계열$^{\text{time series}}$(어떤 양을 시간의 차례대로 늘어놓은 계열-옮긴이)로 나타낸 것이었다. 이런 식으로 수치를 표현한 그래프는 매우 유용하지만 어떤 상황에서는 조심해서 봐야 한다. 예를 들어 앞에서 말한 아이싱번 판매량을 그래프로 그리면 어떤 구조가 드러난다.

다음의 그래프에서는 뚜렷한 경향성이 보인다. 7주 동안 대체로 판매량이 증가했다. 번 판매량은 시작 지점에 가까운 2주째에 가장 낮은 수치인 136을, 마지막 주에 가장 높은 수치인 153을 기록했다. 이 그래프에 오른쪽 위로 올라가는 직선을 하나 그릴 수도 있겠다. 판촉 행사의 효과가 있어 보인다! 하지만 섣불리 결론을 내려서는 안 된다.

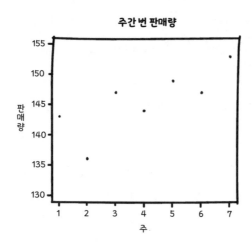

그래프를 피상적으로만 보면 실제 내용을 파악하지 못하기 쉽다. 한 가지 살펴볼 점은 그래프의 축 이름이다. 이 경우에 나는 기간(주)을 x축에 달았고 판매량을 y축에 달았다. 내가 y축을 잘라냈다는 점에 유의하라. 다시 말해 수치가 0까지 내려가지 않는다. 그랬다가는 결과가 심각해진다. 똑같은 데이터로 y축이 0에서 시작하는 그래프를 그리면 오른쪽과 같다.

똑같은 데이터가 꽤 다르게 보인다. 상승 경향이 있긴 하지만 이전 그래프에 나타난 것만큼 뚜렷하지는 않다. 데이터가 조금씩만 오르내리는 정

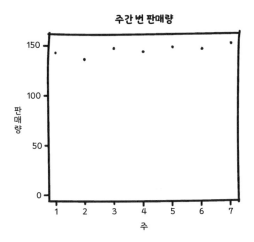

도니 판촉 행사의 효과가 전혀 없는 것일까? 이 질문에 조금 더 원칙적으로 대답하려면 무작위성을 고려해야 한다. 이에 대해서는 이 책의 2부에서 설명한다.

일반적으로 y축을 잘라내면 비교적 사소한 변화가 더 중요하게 보인다. 많은 경우에 이런 식으로 그래프의 일부를 잘라내는 것은 데이터를 좀 더 정확하게 표현하기 위한 타당한 선택이다. 예를 들어 영국의 일일 기온 그래프를 그릴 때 그래프가 절대영도라는 물리학 개념을 나타내는 섭씨 −273도부터 시작해야 한다고 주장하는 사람은 아주 터무니없는 궤변가일 뿐이다. 겨울 아침이 아무리 추워도 그 정도까지 기온이 떨어지지 않는데, 섭씨 −273도에서 그래프를 시작하면 정작 중요한 일일 기온 변화가 매우 좁은 범위로 축소되고 만다.

그러나 y축 조작은 정당이 선거 소책자에 막대그래프를 넣으며 즐겨 쓰는 술책이기도 하므로 주의해야 한다. 데이터를 조작해 얼핏 속아 넘기는 방법은 또 있다. 데이터를 입맛대로 고르는 것이다. 특정 항목만 선택해 비교하거나, 원하는 결론을 얻기 위해 교묘하게 정한 기간의 수치만을 제시하거나, 심지어 축에 이름을 전혀 달지 않기도 한다.*

스스로 그래프에 관해 다음과 같이 질문해보라. 무슨 내용에 관한 그래프지? 어떻게 해서 얻어냈지? 언론과 온라인에서 그래프와 데이터들을 찾아 조금 더 비판적으로 살펴보라. 그러면 그래프를 수동적으로 언뜻 보고 지나치지 않고 적극적으로 이용할 수 있다.

여기서 진지하게 살펴봐야 할 중요한 수학적 사안이 있다. 데이터에 관해 더 깊이 이해하고 싶다면 데이터 시각화를 통해 어떤 사실을 도출할 수 있는지 생각해봐야 한다. 데이터를 그래프로 표현하는 이유는 데이터가 만들어지는 과정을 통찰하기 위해서다. 숫자를 설명할 수학모델을 찾으면 미래의 수치를 예측해서 적절한 계획을 세울 수 있다.

일정한 변화 vs 움직이는 변화

가장 단순한 수학모델은 수학자들이 함수function라고 부르는 형태일 것이다. 간단히 말해 함수란 컴퓨터 프로그램처럼 작동하는 규칙으로, 특정한

---

* 오해하기 쉽게 데이터를 표현하는 방법에 대해 더 알고 싶다면 다음 책을 적극적으로 추천한다. 칼 벅스트롬 Carl Bergstrom · 제빈 웨스트 Jevin West 지음, 《똑똑하게 생존하기Calling Bullshit》.

숫자를 입력하면 결괏값이 출력된다. 아이싱번 사례로 보자면 입력값은 판매 기간이고 출력값은 팔린 번의 수다.

함수의 종류를 알아보자. 가장 단순한 것은 전혀 변동이 없는 함수다. 다시 말해 매번 똑같은 값이 출력되는 상수함수constant function다. 그다지 흥미로운 사례는 아니지만 이런 그래프가 어떤 모습인지는 살펴볼 필요가 있다. 상수함수 그래프에서는 점들이 수평선을 그린다.

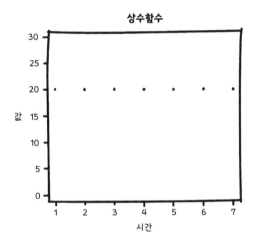

그다음 단순한 예로, 외부에서 작용하는 힘이나 마찰력 없이 자체 운동량만으로 심우주를 향해 나아가는 이상적인 우주선 보이저호voyager를 살펴보자. 뉴턴의 운동법칙에 따르면 보이저호는 일정한 속력으로 계속 움직인다. 지구에서 보이저호까지의 거리를 매일 같은 시간에 측정하면 매번 똑같은 정도로 멀어질 것이다. 매일매일의 거리를 그래프로 나타내면 연속적인 점들이 똑같은 양만큼 위로 올라가므로 오른쪽 위로 올라가는 직선이 나온다. 수학자들은 이를 가리켜 선형함수^{linear function}(1차함수)라고 한다.

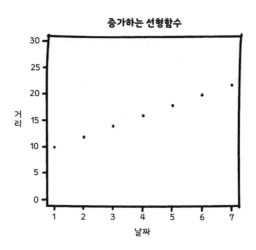

선형함수는 단순하지만 변화를 이해하는 데 매우 유용하다.* 2가지 흥미로운 점에 주목해보자. 첫째, 직선의 기울기에 정보가 담겨 있다. 기울기는 보이저호의 속력(매일 얼마나 멀리 이동했는지)을 알려준다. 보이저호가 더 빠르게 움직일수록 기울기는 더 가팔라진다. 날마다 보이저호의 위치를 점으로 찍고 직선의 기울기를 측정하면 보이저호가 이동하는 속력을 계산할 수 있다.

둘째, 선형함수는 외부 영향이 없는 상황에서 생긴다. 앞서 설명했듯

---

* 뉴턴의 또 다른 위대한 업적인 미분학은 임의의 함수가 선형적인 부분들로 구성되어 있다고 생각할 수 있는 방법을 알려준다. 하지만 안심하라. 나는 여기서 미분에 대해 더 자세히 설명하지는 않을 것이다.

이 보이저호의 속력은 변화하지 않게 그냥 놔두면 무한정 그 상태가 계속된다. 따라서 선형함수 그래프는 직선이 끝없이 이어지며 예측하기 아주 쉽다. 머릿속으로 그래프를 연장해보면 미래의 한 시점에 어떤 값이 나올지 쉽게 알 수 있다.

그런데 선형함수가 꼭 위로 올라가기만 하는 것은 아니다. 보이저호가 다가가는 먼 행성에 사는 외계인의 관점에서 보자면 보이저호까지의 거리는 매일 일정하게 줄어든다. 이 거리를 그래프에 점으로 표시하면 오른쪽 아래로 내려가는 직선이 나온다.

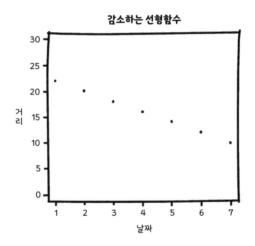

선형적 변화에서 벗어나 더 흥미로운 현상도 살펴보자. 예를 들어 보이저호가 우주 공간을 그냥 떠다니지 않고 지속적으로 로켓 엔진을 점화해 가속도를 일정하게 발생시킨다고 가정해보자. 이 경우 보이저호의 속력이

증가하므로 보이저호는 전날 이동한 거리보다 더 멀리 이동한다. 따라서 그래프에서 각각의 점은 점점 더 많이 위로 움직이고, 그래프의 모양은 직선이 아니라 오른쪽 위로 휘어지는 곡선이 된다.

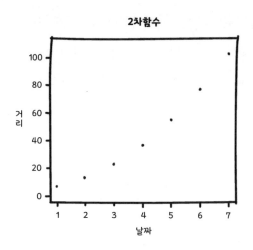

이 곡선을 포물선parabola이라고 하며, 2차함수quadratic function로 이런 궤적을 그리는 현상을 설명할 수 있다. 가속도가 일정한 다른 상황에서도 이런 그래프가 나타난다. 예를 들어 마당을 가로질러 테니스공을 던질 때도 같은 모양의 그래프가 나온다. 다만 곡선이 오른쪽 아래로 휜다는 점만 다르다. 위로 올라가는 공의 초기 속력이 줄어들다가 최고점에서 0에 이른 다음 다시 가속되며 땅으로 떨어지기 때문이다.

오른쪽 그래프에서 서로 다른 세기로 던진 테니스공이 그리는 다양한 곡선을 살펴보자.

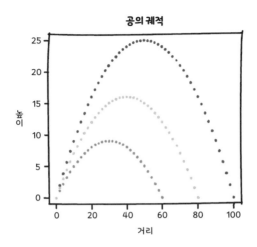

x축과 y축의 단위는 전혀 중요하지 않지만 원한다면 미터라고 생각해도 좋다. 핵심은 다른 세기로 공을 던져도 땅으로 공을 끌어당기는 중력 때문에 하나같이 포물선으로 나타난다는 사실이다.

지나치게 정확한 그래프의 함정

더 특이한 곡선도 있지만 자연에서는 그다지 많이 나타나지 않는다. 포물선을 나타내는 2차함수에 '2차quadratic'라는 표현을 쓰는 까닭은 방정식에 제곱square(자기 자신과 곱하기)이 있기 때문이다. 2차인데 '4'를 뜻하는 'quadra-'가 쓰여 의아할 수 있지만, square는 사각형이라는 뜻이기도 하다. 사분면quadrant과 사각형quadrangle을 떠올리면 쉽게 기억할 수 있다.

이론적으로는 세제곱, 네제곱이나 그 이상의 거듭제곱 항을 포함하는 곡선을 생각할 텐데, 다항함수polynomial function라는 곡선은 우리를 기만할 수 있다. 경우의 수가 많이 주어지면 컴퓨터는 제한된 기간의 데이터를 설명하는 그럴듯한 곡선 하나를 찾아낸다. 그런 곡선은 순전히 우연의 일치일 수 있으며 미래값을 정확하게 예측하지 못한다.

악명 높은 사례를 하나 들면 미국에서 팬데믹이 발발한 초기에 전직 미국경제자문위원회Council of Economic Advisers 의장이 그런 곡선을 하나 제시했다. 《워싱턴포스트Washington Post》에서 '큐빅 핏cubic fit'이라고 부른 이 모델은, 미국의 코로나바이러스로 인한 사망자 수가 '2020년 5월 15일에 반드시 0에 이른다'고 내다봤다. 슬프지만 현실과 한참 동떨어진 예측이었다.

코로나바이러스 확산을 모델링하기 위해 훨씬 더 어이없는 곡선들도 등장했다. 이스라엘우주국Israel Space Agency의 국장 이츠하크 벤이스라엘Yitzhak Ben-Israel은 6차 다항식을 이용해 코로나바이러스가 70일 뒤에 사라질 수밖에 없다고 주장해서 언론이 주목했다. 이 모델 역시 현실세계에 부합하지 못했다.

곡선은 특정 기간 동안의 데이터 점들과 가까울 뿐 아니라 그 곡선이 등장한 이유를 설명할 수 있어야만 타당하다. 예를 들어 3차 다항식이나 심지어 6차 다항식은 데이터를 만들어내는 과정의 일부일 수는 있지만, 타당한 근거가 없다면 이렇게 기계적으로 데이터에 맞춘 곡선은 신중하게 살펴봐야 한다.

일반적으로 매우 복잡한 다항식을 데이터에 맞추려는 유혹 때문에 과적합overfitting(데이터를 수집할 때 전체적인 경향성에서 벗어난 데이터까지 고려해 모델을 만든 결과, 실제 데이터에 관해서는 설명력이 떨어지는 모델을 얻게 되는 현상-옮긴이)이라는 위험에 빠질 수 있다. 점 잇기 그림처럼 모든 데이터의 점을 연결해서 복잡한 데이터세트를 완벽하게 설명해줄 다항식을 찾을 수는 있다. 하지만 데이터가 더 많이 주어지면 새로운 점들이 이 곡선에 딱 들어맞을 가능성은 매우 낮다. 제한적인 본래 데이터를 바탕으로 곡선의 모양과 형태가 만들어졌기 때문에 미래에 관한 예측력이 매우 낮아지는 것이다.

헝가리 출신의 다재다능한 미국인 수학자 존 폰 노이만John von Neumann은 "나는 매개변수 4개로 코끼리를 만들 수 있고 5개로는 코끼리가 몸을 움찔거리게 만들 수 있다"라고 말했다. 이 말은 항이 많은 다항식 같은 모델들의 집합이 충분히 많으면 거의 모든 행동을 나타내는 함수를 만들 수 있다는 뜻이다. 하지만 그런 곡선은 현실세계에 관한 유용한 내용을 알려주지 않는다. 따라서 오컴의 면도날Ockham's razor(어떤 사실이나 현상에 관한 설명들 가운데 논리적으로 가장 단순한 것이 진실일 가능성이 높다는 원칙-옮긴이), 다시 말해 단순한 모델에 대한 보편적인 선호에 입각해 설명이 너무 복잡하고 정교하다면 그것이 타당하다고 여길 특별한 이유가 없는 한 의심해봐야 한다.

아이싱번 사례로 돌아가 실제로도 그런지 살펴보자. 앞서 말했듯이 매주 판매량이 143, 136, 147, 144, 149, 147, 153이었고 이제 앞으로의 판매량을 예측하고 싶다. 단순하게 생각해보면 어떤 다항식을 이 데이터에 맞추면 된다. 수학적으로 요령을 부리면 모든 점에 완벽하게 들어맞는 곡선을 찾을 수 있다. 다음 그래프를 보자. 이스라엘의 코로나바이러스 예측

다항식처럼 이것은 '주의 6차항'을 포함하는 6차 다항식이다. 이 그래프의
곡선은 각각의 데이터 점을 모두 지나가므로 데이터를 완벽하게 설명하는
것처럼 보인다.

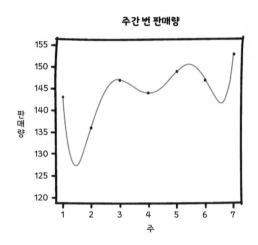

하지만 이 곡선을 이용해 앞으로의 번 판매량을 예측하는 데는 문제가
있다. 보다시피 이 곡선은 7주차로 들어서면서 매우 가파르게 상승하며 이
후로 계속 더 가팔라진다. 1주만 연장해도 y축의 범위를 엄청나게 넓혀야
만 곡선이 한 페이지 안에 들어온다. 오른쪽 그래프에서 알 수 있듯이 8주
차의 예상 판매량은 437이다. 지금까지 판매량이 좁은 범위 안에 있었다는
점을 감안하면 매우 놀라운 값이다.

물론 이론적으로 이런 그래프가 가능할 수 있다. 어쩌면 서커스단이
공연하러 와서는 코끼리를 먹이기 위해 엄청나게 많은 양을 주문할 수도

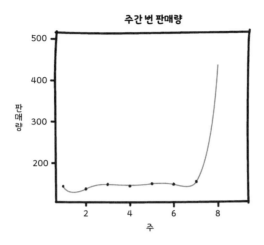

있다. 어쩌면 영국 도시 코벤트리의 어느 이름 없는 식당이었던 빈리 메가

치피^{Binley Mega Chippy}처럼 틱톡을 통해 느닷없이 유명해지면서 전국의 10대

손님들이 몰려올 수도 있다. 하지만 별것 아닌 수학 곡선만 믿고 이런 일들

이 일어날 것이라고 기대해서 번을 많이 만든다면 여러분은 지나치게 낙관

적인 사람이다.

8주차에 대한 예측이 믿을 만하다 해도 그 뒤의 곡선은 통제를 훌쩍 벗

어난다. 9주 뒤에는 1,907개의 번이 팔린다. 15주가 지나면 예상 판매량은

무려 33만 6,381개다! 분명 비현실적이다. 이것은 과적합의 완벽한 사례

다. 점들을 이어 그린 곡선을 연장해보면 엉터리 값이 나온다. 흥미롭게도

현재의 데이터를 너무 잘 설명하는 모델은 대강 설명하는 모델보다 신뢰도

가 떨어진다.

따라서 수학모델을 너무 믿지 않는 것이 중요하다. 단기적으로는 매

력적인 모델일지라도 어떤 예측이든 타당한지 알아보기 위해 일종의 '냄새 검사smell test(상황의 진위성 등을 판단하기 위한 시험의 은유적 표현-옮긴이)'를 해봐야 한다. 2부에서는 과적합을 피하고 더 단순하면서도 더 현실성 있게 예측하는 방법으로서 무작위 변동random variation이라는 개념을 도입한다. 더 많은 수학적 구조도 계속해서 살펴볼 것이다.

✦✦ 요약

이 장에서 우리는 데이터에 관해 생각하기의 첫발을 뗐고 그래프로 데이터를 표현하는 방법의 가치를 알아봤다. 이제 어떻게 데이터가 만들어지는지 생각하고 선형적 증가나 2차함수에 따른 증가의 가능성을 살필 수 있게 됐다. 과적합은 아주 그럴듯해 보이지만 대단히 부정확한 데이터 외삽extrapolation(어떤 구간 안에서 몇 개의 값이 알려져 있을 때 이 구간 밖의 어떤 값을 추정하는 방법-옮긴이)을 초래하기 때문에 늘 숫자들의 이면을 잘 살펴야 한다.

✖✖ 제안

이 장에 나오는 개념 중 몇 가지를 직접 검증해보고 싶다면 뉴스나 다른 자료에 나오는 그래프를 찾아보라. 분명 흥미로울 것이다. 그래프가 어떤 정보를 알려주는지 생각해보고 숫자가 제시되는 방식에 교묘한 속임수가 없는지 살펴보라. 나아가 다음에 어떤 숫자가 나올지 혼자서 예측해볼 때 그 그래프를 사용하는 것이 타당할지 생각해보라.

2장.
숫자 정글에서 길을 찾는 법

뉴스만 보면 생기는 숫자 울렁증

이 글을 쓰는 2022년 6월, 미국 국가부채는 30,536,360,095,124달러(약 3경 9,500조 원)라고 한다. 얼핏 봐도 미친 수치다. 과학 분야에서는 큰 수에 익숙하다. 예를 들어 지구와 가장 가까운 별인 프록시마켄타우리 Proxima Centauri 조차도 약 40,208,000,000,000킬로미터 떨어져 있다. 이 정도 거리는 광대한 우주 공간의 시작일 뿐이다. 하지만 지구에 사는 인간으로서 저렇게 큰 수는 보기만 해도 아찔하다.

여러분은 수천, 수백만, 수십억 심지어 수조 파운드 등 엄청나게 큰 수가 나오는 뉴스들을 매일 접할 것이다. 축구선수의 팀 이적료에 관한 최신 소식, 막대한 정부 지출 내역, 국가부채 규모 등이 그 예다. 영국 의회 의원들은 매년 8만 4,144파운드(약 1억 3,800만 원)를 지급받는다. 영국의 실업자 수는 대략 126만 명이다. 일론 머스크^{Elon Musk}는 트위터를 440억 달러(약 57조 원)에 인수했다. 2022년 1월 애플^{Apple}은 기업 가치가 3조 달러(약 3,900조 원)를 넘는 첫 번째 회사가 됐다.

이런 숫자들과 마주치면 어물쩍 넘어가기 마련이다. 하지만 책임 있는 시민이라면 이 숫자들의 의미를 이해하려고 노력해야 한다. 이 장에서는 이처럼 밀려드는 숫자들에 대처하고 전반적인 감각을 익히는 몇 가지 요령을 살펴본다. 이 소중한 기술은 매일 통계 수치가 쏟아지는 현실의 수많은 상황에 적용할 수 있다.

첫째, 어떤 수든 어느 정도 부정확하다고 생각해야 하며, 수에 관해 말하거나 생각할 때 의미 없는 정확성에 집착하지 말아야 한다. 예를 들어 위키피디아^{Wikipedia}에 따르면 '2018년 11월 8일 현재 미국 인구의 추산치는 328,953,020명'이다. 당연히 질문이 떠오른다. 어떻게 알았지? 출생자 수와 사망자 수, 이민을 가고 오는 사람의 수가 끊임없이 바뀌는 마당에 어떻게 저렇게까지 정확하게 수치를 제시할 수 있을까?

사실 마지막 자릿수까지 정확하게 인구수를 알아냈더라도 우리가 이해하는 데 무슨 차이가 있겠는가? 나는 저 숫자를 보면 330,000,000(3억 3,000만)으로 올림하거나 아니면 300,000,000으로 내림하고 싶어진다. 수학자다 보니 333,333,333으로 올림하고서 10억의 3분의 1이라고 생각할 수도 있다. 물론 여러분은 굳이 그래야 하나 싶겠지만 말이다! 저 숫자 중 어느 것이든 상관없다. 미군의 규모나 총기로 인한 사망률처럼 미국에 관한 다른 추산치도 마찬가지다.

오히려 오차 범위가 지나치게 좁거나 아예 없는, 비합리적으로 정확한 예측값이나 정량화된 데이터야말로 주의해서 봐야 한다. 예를 들어 여론조사 데이터 웹사이트 파이브서티에이트FiveThirtyEight.com는 2020년 미국 대선에서 조 바이든Joe Biden이 플로리다에서 이길 확률이 69퍼센트라고 제시했다. 과연 무슨 뜻일까? 70퍼센트 확률과는 어떻게 다를까? 두 수치의 차이를 확실하게 밝혀내려면 선거를 수천 번 치러야 한다. 겉으로는 그럴듯해 보이는 이 정확도는 적어도 2012년보다는 나아진 결과다. 그때 파이브서티에이트는 버락 오바마Barack Obama가 선거에서 이길 확률이 90.9퍼센트라고 했다. 이 값과 91퍼센트 확률 간의 차이는 사실상 측정할 수 없다.

더 심각한 문제가 있다. 뉴스 보도와 공식 통계 속 많은 수치가 상상할 수 없을 정도로 크다. 대다수 사람은 1,000이나 100만 단위의 수치나 그 의미를 편하게 받아들이지만 10억billion이나 심지어 1조trillion 단위라면 문제가 달라진다. 1조는 10억의 1,000배, 곧 100만의 100만 배다.

누구든 이렇게 큰 수를 접하면 자연스레 초점이 흐려지면서 제대로 집중하지 못한다. 같은 이유인지는 모르겠지만 언론에서도 몇 억 파운드를 몇백 만 파운드라고 하거나 그 반대로 인용하는 실수를 자주 저지른다. 특히 끔찍했던 2020년의 한 사례를 들자면 MSNBC의 앵커 브라이언 윌리엄스Brian Williams가 다음과 같은 트윗 내용을 망설임 없이 읊어댔다. 마이클 블룸버그Michael Bloomberg가 2020년 대선 후보 경선 과정에서 5억 달러(약 6,500억 원)의 비용을 들였지만 결국 완주하지 못하고 하차를 선언했는데, 미국 인구가 3억 2,700만 명이니 블룸버그는 경선 비용으로 돈을 날리는 대신 전 국민에게 1인당 100만 달러(약 13억 원) 넘게 줄 수 있었다고 말이다[실제로 트윗과 같은 계산 결과가 나오려면 경선 비용이 5억(500 million) 달러가 아닌 500조(500 trillion) 달러여야 한다-옮긴이].

　　이런 실수는 뉴스 진행자의 신뢰도를 치명적으로 떨어뜨리고 흑역사가 된 영상을 전 세계에 급속도로 퍼뜨린다. 따라서 몇 가지 대략적인 비교 대상을 기억해서 합계를 확인해보면 좋다. 예를 들어 역사상 가장 높은 축구선수의 이적료는 네이마르 다실바 산토스 주니오르Neymar da Silva Santos Júnior가 파리 생제르맹으로 옮길 때 받은 약 2억 파운드(약 3,300억 원) 남짓이다. 이런 이적료를 5번 합쳐야 10억 파운드(약 1조 6,500억 원)가 된다. 반면에 최신 영국 항공모함 2척의 값을 합치면 약 80억 파운드(약 13조 1,600억 원)다. 연간 영국의 국립보건서비스National Health Service, NHS 예산은 약 1,300억 파운드(약 213조 8,500억 원)다. 영국의 국내총생산gross domestic product, GDP은 약 2조 파운드(약 3,290조 6,000억 원), 곧 네이마르 이적료의 약 1만 배다. 물론 이런 수치들은 근삿값일 뿐이고 곧 낡은 데이터가 될 것이다. 하지만 앞에서 설명했듯이 우리는 수상할 정도로 정확한 값을 찾는 것이 아니라, 인용된 수치가 무슨 뜻인지 감을 잡으려는 것뿐이다.

　　따라서 만약 영국 국가부채의 이자가 매년 6,000만(60 million) 파운드(약 987억 원)밖에 되지 않는다고 누군가 주장한다면 의심해봐야 한다. 정말 국가부채의 이자가 프리미어리그 스트라이커 한 명의 몸값보다 적을까? 마찬가지로 신축 빌딩 한 채 값이 300억(30 billion) 파운드(약 49조 3,500억 원)라는 말을 들으면 영국 최정예 항공모함보다 몇 배나 더 비싼 것이 말이 되는지 당연히 의심해야 한다. 두 경우 모두 million과 billion이 뒤바뀌었을 가능성이 높다. 이렇듯 비교 대상을 염두에 두고 숫자가 가리키는 내용을 충분히 이해하면 비슷한 문제들을 재빨리 간파할 수 있다. 하지만 어떤 숫자가 기초적인 '냄새 검사'를 통과하는지 생각하지도 않고 액면 그대로 덥석 받아들이는 사람이 놀라울 정도로 많다.

물론 million과 billion을 헷갈리는 일이 큰 실수이기는 해도 비교적 찾아내기는 쉽다. 더 눈에 띄지 않는 실수는 수학자들이 차수order of magnitude라고 부르는 수치를 인용할 때 일어난다. 차수란 10배수를 뜻한다(보통 십진법을 사용하기 때문에 10을 기준값으로 사용한다-옮긴이). 곧 차수 2는 100(10의 10배)이고 차수 3은 1,000(10의 10배의 10배)이다. 계산기를 이용할 때조차 0의 개수를 잘못 입력해 쉽게 차수를 틀리며 안타깝게도 나나 편집자조차도 놓칠 때가 있다. 바로 이런 이유 때문에 큰 수에 관한 직관을 길러야 한다. 만약 인용된 값이 너무 크거나 작으면 어딘가에 차수 오류가 있을 수도 있으니 거듭 확인해야 한다.

'감'을 기르면 정부 예산안이 보인다

정부가 발표하는 큰 규모의 액수를 이해하는 한 가지 유용한 방법은 그 수를 '1인 기준'으로 생각해보는 것이다. 물론 정부는 한 가정의 예산 같은 방식으로 지출하지는 않으며 사람과 단체는 저마다 납부하는 세금액이 다르고 국가로부터 받는 혜택 역시 균등하지 않다. 그래도 앞서 설명했던 올림·내림을 이용해 대략적으로 계산해볼 수 있다.

미국 인구는 약 3억 명 또는 10억 명의 3분의 1이다. 어느 쪽이든 이렇게 정하면 계산이 쉬워진다. 예를 들어 위키피디아를 보면 제럴드 R. 포드급 항공모함 Gerald R. Ford class aircraft carrier 한 대 가격이 128억 달러(약 16조 5,800억 원)라고 나온다. 이번에도 150억 달러(19조 4,300억 원)로 올림할 수 있다. 왜냐하면 우리는 정부 예산이 발표된 그대로라고 믿지 않기 때문이다. 이제 150억 달러를 10억 명의 3분의 1로 나누면 1인당 45달러(약 5만 8,000원)다 (3분의 1로 나누는 것은 3을 곱하는 것과 같다). 싸진 않지만 감당할 수 있는 정도다.

앞에서 언급한 대로 미국 국가부채는 30,536,360,095,124달러다. 이제 이 엄청난 수에 대한 감각을 익혀보자. 첫째, 자릿수를 세어봐야 한다. 0이 6개면 100만이고 9개면 10억이고 12개면 1조다. 따라서 이 수를 30조 달러(약 4경 원)라고 하자. 이번에도 불필요한 정확성은 무시한다. 어차피 마지막 몇 자리 숫자들은 이미 옛날 데이터다. 30조 달러를 10억의 3분의 1명으로 나누면 1인당 9만 달러(약 1억 2,000만 원)다. 대부분의 사람이 1년 동안 버는 돈보다 많은 액수다.

물론 이 수치를 정확한 값이라고 믿고 올림·내림하지 않더라도 계산은 똑같이 할 수 있다. 암산으로는 못하고 계산기를 써야 하겠지만 말이다. 계산해봤더니 항공모함 한 대의 값은 1인당 38.91달러(약 5만 411원), 국가부채는 1인당 9만 2,828달러(약 1억 2,030만 5,000원)다. 더 구체적인 숫자를 안다고 해도 내용을 파악하는 데는 전혀 도움이 되지 않는다.

정부 활동의 가치나 비용 효율성을 판단하려고 지금까지 설명한 것은 아니다. 다만 주요 수치를 더 피부에 와닿게 나타내는 방식이 매우 유용하다는 뜻이다. 이제 여러분은 누군가 미국 부채를 항공모함 한 대 값으로 해결할 수 있다고 말한다면 의심해볼 수 있다. 역사학자 시릴 파킨슨^{Cyril} ^{Parkinson}이 이야기한 사소함의 법칙^{law of triviality}(중요한 사안에는 적은 시간을 소요하지만, 사소한 사안에는 많은 시간과 노력을 할애하는 심리적 현상을 나타낸 법칙─옮긴이)이 적용되는 경우가 놀라울 정도로 많다. 어떤 안건에 대해 논의할 때 더 큰 구도를 보기보다는 자잘한 금액에 집중하기 때문이다.

이런 식으로 직접 계산해보고 뉴스에 등장하는 숫자를 생각하는 습관을 들이면 좋다. 그러면 SNS에서 읽은 주장들을 합리적으로 의심하는 비판적 태도를 기를 수 있다. 금액 몇 가지를 지금 직접 계산해보기 바란다. 페이스북에서 국회의원 급여를 절반으로 줄여서 실업수당을 올리자고 주장하는 글을 보면 기분은 통쾌하겠지만, 그래서 실업자 1인당 수당이 얼마나 오른다는 뜻일까? 마찬가지로 평균적인 영국인이 1인당 납부하는 연간 세금의 어느 정도가 영국 왕실로 들어갈까?

한편 올림·내림 원칙과 함께 다른 수치들을 염두에 두면 계산이 쉬워진다. 예를 들어 스코틀랜드 인구는 약 500만 명이고 영국에서 70세 이상 인구는 약 900만 명이다. 그리고 영국 내에 약 3,000만 가구가 있으며, 학생은 약 200만 명이다. 이 수치들은 정확하지도 않고 가장 최신 데이터도 아니지만 관련 지출 대비 제시된 측정값의 효과를 가늠할 수는 있다.

발표된 예산안의 수치들이 여러 해에 걸쳐 진행되는 사업에 쓰이는 경우도 있다. 미국이 매년 항공모함 한 척을 구입하지는 않을 테니 말이다. 이런 사업의 경우에도 근삿값을 계산할 때 가장 먼저 표제 수치를 1인당 또는 연간 기준으로 나눠볼 것이다. 하지만 돈과 복리이자compound interest(원금과 이전에 지급된 이자의 합에 붙는 이자-옮긴이)는 지수적으로 증가한다. 시간이 흐를수록 액수가 늘어나는 것이다. 따라서 수치들을 부풀려 생각해야 한다. 마찬가지로 '10억으로 무엇을 살 수 있는가'를 기준으로 지수적 붕괴exponential decay(이 역시 3장에서 더 자세히 다룬다)와 유사한 영향을 끼치는 인플레이션으로 인해, 현재 돈의 가치가 2040년에는 달라진다는 점을 염두에 둬야 한다. 이런 문제 때문에 정부에서 장기적인 예산 계획을 세우는 일이 조금은 골치 아플 수밖에 없다.

일단 쪼개어 생각하라

위대한 물리학자 엔리코 페르미Enrico Fermi의 이름을 딴 페르미 추정Fermi estimation은 흥미로운 사고방식의 한 예로서, 실생활에서도 매우 유용하다. 페르미가 이 추론을 통해 거둔 가장 유명한 업적은 1945년 7월에 시행된 최초의 원자폭탄 실험에서 폭발 위력을 추정한 일이다. 그는 몇 장의 종이를 떨어뜨린 뒤 폭발 충격파로 인해 얼마나 멀리 날아가는지를 측정해 결과를 알아냈다. 종이가 날아간 거리와 종이를 떨어뜨린 대략적인 높이를 가늠해 원자폭탄의 충격파가 종이에 가한 압력을 추산했다. 이어서 자신이 폭발 지점과 떨어진 거리를 추정하고, 폭발에서 얼마나 많은 에너지가 방출돼야 해당 거리만큼 떨어진 종이에 자신이 추산한 압력이 가해지는지를 알아냈다. 놀랍게도 페르미는 이런 조잡한 방법으로도 오차범위가 최종 확인값의 2배 이내에 있는 간단한 근삿값을 계산해냈다. 2020년 8월에 일어난 베이루트 공항 폭발 사고에도 비슷한 방법이 적용됐다. 폭발 충격파로 인해 날아간 신부의 드레스가 담긴 영상을 바탕으로 폭발 규모를 추정해낸 것이다.

이 추론의 원리를 알아두면 좋다. 대표적인 사례가 "브리스틀에 피아노 조율사는 몇 명 있을까?"라는 오래된 면접 질문이다. 무작정 짐작해볼 수도 있지만 페르미 추정을 이용해 여러 단계로 나눠 생각해볼 수도 있다. 브리스틀에는 몇 명이 살까? 브리스틀 사람 중 몇 퍼센트에게 피아노가 있을까? 피아노는 얼마나 자주 조율해야 할까? 피아노를 조율하는 데 시간이 얼마나 걸릴까? 사람들은 하루에 몇 시간, 1년에 며칠 일할까? 이 수치들을 하나씩 알아내면 최종 수치를 무작정 짐작한 것보다 더 합리적으로 추산할 수 있다. 그리고 나서 각각의 결과를 종합하면 질문에 적절한 답이 나온다.

예를 들어 브리스틀 인구가 대략 50만 명이라고 해보자. 그중 2퍼센트에게 피아노가 있다고 하면 조율할 피아노는 약 1만 대다. 피아노는 1년에 한 번 조율해야 하고 한 번 조율하는 데 1시간쯤 걸릴 것이다. 따라서 브리스틀에 있는 모든 피아노의 조율 시간은 1년에 약 1만 시간이다. 보통 조율사는 하루에 8시간, 1년에 200일 일하므로 조율사 한 명이 1년에 약 1,600시간 일한다. 그렇다면 피아노 조율사가 브리스틀에 6명쯤 필요하지 않을까? 구글에 검색해보니 브리스틀에는 9~10명의 조율사가 있는 듯하다. 정확히 맞히지는 못했지만 이 정도면 완전히 빗나간 답은 아니다.

페르미 추정은 이런 각각의 근삿값을 절묘하게 종합해 전체 문제에 대한 답을 낸다. 분명히 각각의 근삿값이 정확하다고 보기는 어렵다. 하지만 여러 가지 근삿값을 올바르게 곱하면 대략적인 답을 얻을 수 있다. 합리적으로 생각해보면 각각의 근삿값이 너무 크거나 너무 작을 확률이 엇비슷하기 때문에 오차가 서로 상쇄되는 경향이 있다. 따라서 도출한 최종값은 놀라울 정도로 정확할 수 있다.

5장에서 다룰 큰 수의 법칙 law of large numbers을 알면 이런 현상을 더 잘 이해할 수 있다. 만약 오차들이 독립적으로 발생하고 무작위 항들이 충분히 합쳐지면, 항들에서 생긴 오차들은 결국 서로 상쇄되는 경향이 있다는 법칙이다.

합리적으로 생각해보면 페르미 추정에서도 하위 단계를 많이 나눠 살필수록 최종값이 더 정확해진다. 한 단계에서 생긴 데이터의 오류가 다음 단계로까지 넘어갈 가능성이 낮으므로 각 단계의 근삿값은 독립적이라고 여기는 편이 타당하다. 예를 들어 브리스틀 인구수를 추정하는 문제는 피아노 한 대를 조율하는 데 걸리는 시간을 추정하는 문제와 전혀 관련이 없다. 이런 이유로 페르미 추정은 복잡한 문제에서 첫 번째 근삿값을 빠르게 알아내야 할 때 끝내주게 잘 통한다.

페르미 추정의 또 다른 유명한 사례는 드레이크 방정식^{Drake equation}이
다. 이는 지구에서 탐지할 수 있는 신호를 보낼 정도로 문명이 발달한 은하
수의 행성 수를 추정하는 방정식이다. 이번에도 앞의 사례와 마찬가지로
여러 단계의 결과를 곱하는 방식으로 진행된다. 예를 들어 별들이 생성된
비율이 얼마인지, 그중에서 행성을 거느리고 있는 별의 비율이 얼마인지
등이다.

하지만 이 방정식을 계산해 나온 답에서 페르미 추정의 심각한 한계를
하나 알 수 있다. 하위 단계의 추정값이 얼마인가에 따라서 문명이 발달한
행성의 개수는 100만분의 1의 100만분의 1과 수천만 개 사이의 어느 값이
된다. 이렇게 차이가 큰 이유는 드레이크가 사용한 일부 항의 값에 상당히
큰 불확실성이 있기 때문이다.

예를 들어 드레이크 방정식에는 우주 공간에 신호를 보낼 만큼 고도로
발달한 문명의 평균 존속기간이 포함된다. 드레이크는 이 기간을 1,000년
에서 1억 년 사이로 설정했다(벌써 10만 배 차이가 난다). 또 다른 항은 생
명이 지적 생명체로 진화할 수 있는 행성들의 비율로, 10억분의 1에서 1까
지 변한다. 이번에도 무려 10억 배의 차이가 생긴다. 이 불확실한 두 값만
곱해도 최종 결과는 100조 배 차이 난다.

본질적으로 이런 항들의 값을 알 수 없다. 일상 경험을 바탕으로 브리
스틀 인구 중 피아노 소유자의 수를 어림짐작할 수는 있지만, 다른 행성의
생명체가 어떤 모습일지 추정할 단서는 거의 없다. 결론적으로 페르미 추
정은 각 문제의 답을 추정할 합리적인 근거가 있어야 신뢰도가 높아지는

데, 드레이크 방정식의 신뢰도는 매우 낮다.

그럴듯해 보이는 숫자에 속지 않는 법

그럴듯한 값을 추정한 다음에 그것이 '냄새 검사'를 통과하는지 확인하는 수학적 생각법은 코로나 팬데믹 동안 진가를 발휘했다. 이 맥락에서 주목할 만한 수치 2가지가 있다. 바로 감염치명률infection fatality rate, IFR과 집단면역 문턱값herd immunity threshold, HIT이다. 특히 이 둘을 함께 고려하면 몇몇 이상한 주장이 참인지 확인할 수 있다. 또한 이 간단한 두 수치에 관한 문제들과 주의할 점을 살펴보면서, 어떤 상황에서든 세상에 알려진 수치들에 얼마나 신중하게 접근해야 하는지 알 수 있다.

IFR, 곧 감염치명률이란 어떤 질병의 감염자 중 사망자의 비율이다. 하지만 코로나바이러스 같은 질병의 IFR은 단일하지 않다. 다시 말해 모든 사람에게 코로나바이러스의 영향이 동일하지는 않다. 특히 연령대별 위험도 차이가 크다. 2020년 여름 영국의 의학연구위원회 생물통계학연구소Medical Research Council Biostatistics Unit, MRC-BSU에서 발표한 수치를 통해 구체적으로 살펴보자.

코로나바이러스는 고령자에게 놀라울 정도로 심각한 결과를 초래했다. MRC-BSU가 추산하기로 75세 이상일 경우 IFR은 11퍼센트였지만 65~74세에서는 2퍼센트까지 감소한다. 44세 미만의 모든 연령대에서는

0.04퍼센트 이하였다(청년층의 IFR은 훨씬 더 낮다). 전체적으로 영국의 평균 IFR은 0.7퍼센트였다. 이처럼 팬데믹 초기부터 알려진 두드러진 차이 때문에, 고령층을 감염으로부터 보호하고 고령층에 백신을 우선접종할 계획을 세워야 했다. 젊은 사람이 사망할 경우 손실수명(질병이나 사고로 인한 조기 사망자들의 평균수명 대비 기대여명-옮긴이) 차원에서 타격이 더 크다는 점을 감안하더라도 말이다.

IFR은 의료 서비스에 따라서도 달라진다. 다시 말해 병원 치료를 받지 않았다면 사망했을 환자 일부가 치료를 받고 생존할 수 있다. 따라서 전염병이 발병하면 밀려드는 환자들 때문에 병원이 제 역할을 하지 못하게 될 위험이 있다. 2021년 봄, 인도의 비극적인 사례에서 알 수 있듯이(2021년 제2차 대유행 시기 일일 사망자수가 최고 40만 명을 돌파할 정도로 인도는 심각한 피해를 입었다-옮긴이) 병상, 훈련받은 의료 인력과 그밖의 의료 자원이 부족하면 IFR은 분명히 높아진다.

IFR의 대안으로 잘 알려진 또 다른 수치는 바로 증례치명률[case fatality rate, CFR]이다. 이는 어떤 질병에 대해 확진 판정을 받은 사람(확진자) 중 사망자의 비율이다. 확진 판정을 받은 사람의 수와 사망자 수 모두 어렵지 않게 알 수 있으므로 CFR은 훨씬 계산하기 쉽다. 하지만 확진 판정을 받은 사람의 수는 검사 가능 여부에 따라 달라지므로, CFR 역시 팬데믹 초기와 후기의 수치를 서로 비교할 수 없다. 한편 질병 검사에서 모든 감염 사례를 포착할 수는 없기 때문에 CFR은 IFR과 동일하지 않으며 둘을 서로 바꿔 사용하면 안 된다. 특히 환자 수가 지수적으로 증가하거나 감소하는 전염병의 경우 시간 지연time lag의 문제가 있다. 다시 말해 현재의 사망자 수를 대략 21~28일 전의 발병 건수와 비교해야 한다는 얘기다.

연령 기반 IFR을 사용하면 발병 건수만 이용해 대략적으로 계산한 것보다 훨씬 더 정확하게 사망자 수를 예측할 수 있다. 예를 들어 2020년 10월 29일 보도에 따르면, 프랑스에서는 일주일에 75세 이상 인구 10만 명당 375명이 확진 판정을 받았다. 매일 50명이 확진 판정을 받았다고 가정하고 페르미 추정을 해보자. 프랑스 인구는 7,000만 명이다. 75세 이상 인구를 전체 인구의 10퍼센트로 잡으면 700만 명(표본보다 70배 많은 수)이다. 따라서 50×70＝3,500명이 그 연령층의 일일 확진 건수다. 이때 치명률 10퍼센트란 확진자 중에서 매일 350명이 죽는다는 뜻이다. 따라서 검사를 받지 않은 사람들을 포함해 전체 감염자 수가 확진자 수의 2배라고 하면 해당 연령층에서만 매일 700명이 죽는다고 볼 수 있다. 실제로 3주 뒤 프랑스에서는 일일 사망자 수가 626명으로 발표됐다. 다른 페르미 추정처럼 이 수치도 완벽하게 믿을 만하지는 않았지만 유용한 비교 기준이 됐다.

놀랍게도 2020년 여름 동안 플로리다, 프랑스, 에스파냐에서 코로나바이러스 발병 건수가 상당히 증가했음에도 치명률은 증가하지 않았다. 감염과 사망 사이의 시간 지연을 고려해도 그랬다. 그러자 '발병만 많은 전염병casedemic'이라는 말이 나왔다. 코로나바이러스의 치명률이 낮아졌다는 것이다. 하지만 그 뒤로 사망자 수가 증가한 데서 알 수 있듯이 이는 일종의 착각이었다. 2020년 여름의 치명률은 검사받는 사람의 수가 많아져 CFR이 감소하는 동시에, 초기 감염이 고령층으로 퍼지기 전에 젊은 층에 집중되면서 나온 결과였던 것이다.

열띤 논쟁을 불러일으킨 또 다른 수치는 HIT, 곧 집단면역 문턱값이다. 기존의 모델에 따르면 전염병 확산 초기에 감염자 한 명이 R_0명의 다른 사람을 감염시킨다. 시간이 지나면서 사회적 거리두기를 하지 않아도 R_0는 결국 줄어들기 시작한다. 왜냐하면 이전에 감염된 사람들이 바이러스에 면역이 생기기 때문이다. 감염될 수도 있었던 사람 중 일부가 더 이상 감염되지 않으면서 감염률은 차츰 낮아진다.

감염자 수가 얼마나 많아야 감염률이 줄어들기 시작할까? 적어도 인구의 $(R_0\text{-}1)/R_0$ 비율이 감염되면 이전에는 감염으로 이어졌을 접촉 중 $(R_0\text{-}1)$ 이상은 더 이상 바이러스에 감염되지 않는다. 만약 확진자가 감염시키는 사람이 한 명 미만이면 전염병이 종식된다는 뜻이다(실제로 이는 지수적 속력으로 발생한다. 3장에서 더 자세히 다룬다). 이 $(R_0\text{-}1)/R_0$ 비율을 HIT라고 한다. 표준적인 추정에 따르면 처음 발생한 코로나바이러스의 R_0는 약 3이었으므로 HIT는 3분의 2다. 따라서 인구의 66퍼센트 이상이 감염되면 발병 건수는 필연적으로 줄어들기 시작한다.

이 수치가 너무 높은 값이라는 주장도 여럿 나왔다. 예를 들어 인구 중 일정 비율은 이미 어느 정도 면역력이 있을 수 있다. 10장에서 설명할 수학 모델들에 따르면 직업이나 생활 방식 때문에 다른 사람들과 많이 접촉하는 사람은 먼저 질병에 걸릴 가능성이 높다. 이들을 감염대상자에서 제외하면 무작위로 선택된 사람보다 감염자 수가 더 효과적으로 감소한다.

이런 주장이 어느 정도 옳을 수는 있다. 유럽에서 팬데믹 제1차 대유행

이 끝나갈 때쯤 HIT는 약 20퍼센트로 낮게 나와, 이 수준에 도달하면 전염병이 전 세계에서 자연스레 사라질 것이라는 주장이 등장했다. 그러나 이후 전개 양상에서 드러났듯이 이는 너무나도 낙관적인 주장이었다. 감염이 줄어든 이유는 사회적 거리두기를 시행했거나 유럽인들이 여름 동안 야외에서 더 많은 시간을 보낸 효과 때문이었을 가능성이 높다.

간단한 논거만으로도 IFR과 HIT에 관한 비현실적인 수치들을 곧바로 거를 수 있다. 현재 인구가 대략 7,000만 명인 영국에서 19만 6,000명 이상이 코로나바이러스로 인해 사망했다. 모든 사람이 감염됐다고 가정해도 전체 IFR은 적어도 0.28퍼센트다. 실제로 백신 접종으로 인해 영국의 IFR이 2022년까지 0.05퍼센트에 가깝게 낮아졌을 가능성이 높다. 하지만 분명한 것은 처음의 바이러스종(그리고 더 치명적인 알파alpha와 델타delta 변종)은 많은 사람이 주장한 것보다 특히 백신 미접종자에게서 치명률이 더 높았다는 사실이다.

또한 이 두 수치를 일부 논평가들이 무슨 소리를 하든 IFR과 HIT를 동시에 낙관적으로 평가하는 것은 불가능하다. 왜냐하면 두 수치는 정반대 방향을 가리키기 때문이다. 예를 들어 누군가가 IFR이 0.2퍼센트고 HIT가 20퍼센트이기 때문에 코로나바이러스가 위협적이지 않다고 주장했다고 하자. 그러면 영국의 감염자 수는 최대 1,400만 명이 될 것이고 그중에서 사망자 수는 최대 2만 8,000명이 될 것이다. 이런 주장은 이미 확보한 데이터만 봐도 성립할 수 없으며 누구든 계산기가 있으면 즉시 반박할 수 있다. 내가 설명했던 근사적 방법으로도 이 수치들이 틀렸음을 낱낱이 밝혀낼 수 있다. 이 주장에 따라 계산된 사망자 수는 관찰된 데이터보다 훨씬 적기 때문에 오차범위를 훌쩍 벗어난다.

내 메일함이 지저분한 수학적 이유

만약 숫자에 대한 우리의 감각이 더 뛰어나다면 전염병 같은 사안들에 관한 잘못된 주장들이 쉽게 퍼지지 않을 것이다. 내가 설명한 기법들을 이용하면 그런 감각을 기를 수 있다. 특히 발표되는 데이터를 이해하고 통계를 꼼꼼히 살펴야 한다. 특정한 결론으로 유도하기 위해 데이터를 선별해서 발표하는 경우가 있기 때문이다.

숫자를 알면 일상생활을 이해하는 데 도움이 되는 사례를 하나 더 살펴보자. 여러분과 마찬가지로 나 역시 이메일에 파묻혀 산다. 개인용 이메일과 업무용 이메일을 포함해 계정만 여러 개이고 업무 때문에 확인하는 공유 메일함까지 있다. 그런데 내가 특이한 것일까? 일반적으로 한 사람이 매일 주고받는 이메일은 몇 개나 될까?

보통 이런 질문에 대한 답은 그 의미에 따라 달라진다. 이런 사안은 답만 듣는 것보다, 답을 얻는 과정에서 세부사항을 명확하게 짚어내려고 노력하면 훨씬 이해하기 쉽다. 구글에서 '전 세계 일일 이메일 트래픽'을 검색하면 스태티스티아statistia.com 홈페이지가 뜬다. 이 사이트의 통계에 따르면 2020년에는 매일 3,064억 건의 이메일이 전송됐다. 의심할 필요 없이 이는 정확한 수치다.

이메일 트래픽 수치를 바탕으로 일반적인 메일함이 어떤 모습일지 생각해보자. 이번에도 숫자를 3,000억으로 내림하고 1인당으로 계산해보자. 전 세계 인구는 대략 77억 명인데 이를 내림해 75억 명으로 잡으면 답이 딱 떨어진다. 곧 일일 이메일 총수를 전 세계 인구로 나누면 40이다. 따라서 우리는 하루에 평균적으로 약 40건의 메일을 주고받는다. 꽤 많긴 하지만 감당하지 못할 정도는 아니다.

이때 평균의 의미와 측정값의 대표성을 주의 깊게 살펴봐야 한다. 구글에 "전 세계에서 몇 명이 이메일을 사용하는가"라고 검색하면 고작 40억 명, 곧 전 세계 인구의 절반을 조금 넘는다는 답을 얻는다. 3,000억 건의 이메일을 이 실질 사용자들로 나누면 한 사람이 매일 75건의 이메일을 받는다고 할 수 있다. 이번에는 조금 많다고 느껴지는가? 어떤 계산법이 맞거나 틀리다고 할 수는 없지만 적어도 결괏값에 차이가 생긴다는 사실을 알아야 한다.

한 걸음 더 나아가 생각해보자. 이메일 전송에 관해 검색하면 대표적인 수치 하나가 보란듯이 나오지만 실제로는 이 수치 하나뿐일 리가 없다. 이메일은 기본적으로 비대칭적인 의사소통 수단이다. 메시지는 한 방향으로만 전달되며 답장이 온다는 보장이 없다. 예를 들어 한 대형마트가 모든 고객에게 중요한 공지사항 하나를 이메일로 알렸다면 500만 명에게 한꺼번에 소식을 전한 의사소통이다. 이 500만 명 중 일부는 응답을 하겠지만 대부분은 그러지 않을 것이다. 이메일 전송량은 송신 메시지와 수신 메시지 중 어느 것을 기준으로 삼느냐에 따라 꽤 달라질 수 있다는 것이다.

따라서 3,000억이라는 수치 자체가 불명확하다. 만약 내가 이메일 한 통을 수신인 6명에게 보낸다면 6건의 메시지로 셈해야 할까 한 건으로 셈해야 할까? 내가 이메일을 쓴 수고 면에서 보면 한 건으로 셈해야 마땅하지만 수신자들의 인지 활동 면에서 보면 6건으로 셈해야 한다. 나는 이런 상황이라면 6건으로 가정하겠지만 같은 기준을 3,000억 건 모두에 적용해야 하는지는 결코 명확하지 않다.

나는 6명에게 보낸 이메일 한 통을 6개의 개별 메시지라고 정했기 때문에, 송신 메시지와 수신 메시지의 총수는 똑같아야 한다. 따라서 두 메시지 유형의 표본평균은 똑같을 것이다. 하지만 이 평균이 모든 현상을 담아내지는 못한다.

송신 메시지의 경우 극단적으로 트래픽을 높이는 계정(쇼핑 계정, 뉴스레터 계정, 봇이 운영하는 스팸 계정 등)이 굉장히 많다. 기본적으로 이런 계정들은 방송처럼 불특정 다수에게 같은 메시지를 보낸다. 따라서 각 개인은 과도한 트래픽을 유발하는 계정들 때문에 높아진 평균치보다 이메일을 적게 보낼 가능성이 꽤 높다.

한편 수신 메시지의 경우 수치의 범위가 훨씬 좁을 것이다. 유입 트래픽이 극도로 높은 계정은 수신 메세지의 수가 송신 메세지 수 대비 적을 가능성이 크다. 대형마트의 고객서비스 계정조차도 하루에 모든 고객에게서 문의를 받지는 않는다. 나는 많은 메일링 리스트에 올라 있기 때문에 당연히 내 유입 트래픽은 평균에 가깝거나 평균보다 높을 것이다. 이 모든 내용은 직관적으로 타당해 보인다. 그리고 일반적으로 받는 이메일보다 보내는 이메일이 더 적다. 여러 명을 참조해 보내는 메시지를 각각 셈해도 그렇다. 하지만 수신 이메일에는 내가 작성하는 송신 이메일보다 인지적 수고가 덜 든다. 그리고 수신 이메일 중 다수는 쉽게 무시하거나 삭제할 수 있는 대중 매체와 뉴스레터이므로, 수신 메시지 수만으로 내가 과부하를 느끼지는 않는다.

지금까지의 논의가 내 이메일 송수신량이 보통 수준인가라는 원래 질문에 분명한 답을 주지는 않는다. 일반적인 상황과 전 지구적인 평균은 이 질문에 부적합하다. 나는 스팸 메시지를 쏟아내는 봇도 아니고 칼라하리 사막에서 인터넷 없이 사는 사람도 아니다. 다만 내가 서양 국가의 사무직 노동자라는 사실만은 확실하므로 그런 집단의 사람들과 나를 비교해야 합리적이다.

그렇다면 원래 질문에 답하기 위한 최선의 방법은 전체 평균 대신 여론조사처럼 표본을 정해 조사하는 것이다. 앞서 언급한 이메일 트래픽뿐 아니라 표본 정하기(어떤 사무직 노동자를 어떻게 선택할까?)와 조사하기(개인의 이메일 트래픽에 대해 물으면 무심결에 과장해 응답하기 쉽다. 그렇다면 개인에게 그냥 질문만 할 것인가? 아니면 자료를 통해 직접 확인할 것인가?)에서도 주의할 점이 있다. 이 문제는 11장에서 다시 다룬다.

지금까지 설명한 내용을 종합해보면 '내가 주고받는 이메일 수는 평균일까?' 같은 질문에서 이런 교훈을 얻는다. 때로는 올바른 답이 단일 수치로 나오는 것이 아니라 질문이 어떤 의미인지에 따라 달라진다는 것이다.

➕➕ 요약

이번 장에서는 뉴스 등에서 나오는 숫자를 이해하는 여러 가지 방법을 알아봤다. 어림잡기는 멋진 방법이다. 자릿수가 많아 이해하기 벅찬 예산안의 항목과 숫자들을 1인 기준으로 생각하고, 페르미 추정을 이용해 여러 단계로 나누면 숫자의 정글을 잘 헤쳐나갈 수 있다. 함께 본 사례 중에는 팬데믹 때 등장한 IFR과 HIT에 관한 문제도 있었다. '사람들은 이메일을 몇 통 받을까?' 같은 질문에 확정적인 한 가지 답을 내기가 얼마나 어려운지도 살펴봤다.

✖✖ 제안

지금까지 설명한 기술들이 익숙해질 때까지 실제로 써보라. 뉴스 같은 데서 큰 숫자를 보면 그 의미를 생각해보고, 살펴본 기술들을 이용해 꼼꼼하게 따져보라. 기자나 정치인의 말에 숨어 있는 오류를 포착해낼지 누가 알겠는가? 만약 오류를 발견했다면 내게 꼭 알려달라! 또한 한 달 동안 수신·송신 이메일을 세어 두 수치가 같은지 확인해보라.

3장.
우리의 팬데믹 예측은 왜 틀렸을까

그 변화는 갑자기 오지 않았다

알다시피 축구선수 이적료는 엄청나게 높다. 축구선수들이 팀을 옮길 때 5,000만 파운드(약 823억 3,000만 원)나 6,000만 파운드(약 987억 9,700만 원) 또는 그 이상을 받았다는 소식이 심심치 않게 들려온다. 앞에서 봤듯이 최고 기록은 2017년 네이마르가 받은 약 2억 파운드(약 3,300억 원)다. 이에 비해 최초의 이적료는 1893년에 지급된 것으로, 자그마치 100파운드(약 16만 원)였다. 내가 응원하는 팀인 애스턴 빌라가 스코틀랜드 공격수 윌리 그로브스Willie Groves를 영입하는 데 쓴 돈이다. 그로브스부터 네이마르까지 이적료는 단 124년 만에 엄청나게 뛰었다. 다음에는 어떻게 될까? 10억 파운드(약 1조 6,500억 원)짜리 축구선수가 등장할 가능성이 있을까?

앞서 설명했듯이 데이터에 관한 감각을 키우는 현명한 방법은 그래프 그리기다. 위키피디아에서 이적료 기록을 내려받아 시간에 따른 이적료 변화를 꽤 쉽게 시각화할 수 있다.

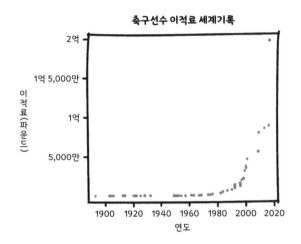

이 간명한 그래프를 통해 이적료가 최근 들어 엄청나게 증가했다는 사실을 확인했다. 1980년까지는 거의 변하지 않다가 그 뒤부터 급증했다. 심지어 2000년까지만 해도 기록에는 거의 큰 변화가 보이지 않는다.

하지만 여기에는 오해의 소지가 있다. 이 오해는 데이터를 그래프로 나타내는 방법 때문에 생긴 결과다. 지금 우리가 보고 있는 이적료의 변화는 지수적 증가의 한 사례로, 그래프를 다른 방법으로 그리면 훨씬 이해하기 쉽다. 바로 로그스케일이다.

1장에서 살펴본 다항함수들도 흥미롭고 유용하지만 그와는 다른 이 지수함수로 어떤 현상의 미래를 아주 잘 예측할 수 있다. 앞으로 살펴보겠지만 지수함수는 박테리아나 인구 증가 같은 생물학적 문제, 시간에 따라 돈이 불어나는 금융과 경제 문제, 차세대 컴퓨터의 성능 향상 등을 설명하는 과정에서 등장한다. 지수함수를 이용해 이 모든 현상을 훨씬 더 잘 이해할 수 있으며, 이 현상들을 그래프로 올바르게 나타냄으로써 각종 수치가 증가하는 양상을 더 쉽게 추정할 수 있다.

지수함수는 그러한 양상들을 믿을 수 없을 만큼 간단하게 설명해낸다. 1장에서 보이저호의 이동거리가 매일 일정했던 것과 달리 지수함수에서는 매일 일정한 양과 이전 값을 곱한다. 더하기를 곱하기로 바꾸는 것은 사소한 차이로 보이겠지만, 앞서 봤던 온순한 선형적 변화를 걷잡을 수 없게 치명적인 무언가로 뒤바꾼다.

지수적 증가의 대표적인 사례는 규칙적으로 둘로 나뉘는 박테리아의 분열 과정이다. 예를 들어 박테리아 한 마리가 1시간마다 2마리로 나뉜다고 할 때 박테리아 개체군의 크기는 쉽게 계산할 수 있다. 자정에 박테리아가 한 마리였다면 새벽 1시에는 2마리가 되고 새벽 2시에는 4마리가 되며 새벽 3시에는 8마리가 된다. 지금까지는 딱히 걱정할 정도로 숫자가 커지진 않는다. 이렇게 이적료 그래프에서 보듯이 지수적 증가의 초기 단계는 선형적 증가나 2차함수적 증가로 오인할 정도로 평이해 보인다. 하지만 잠시뿐이다.

상황은 엄청나게 빨리 악화된다. 2배로 분열하는 과정이 5번 더 일어난 오전 8시면 박테리아는 256마리가 된다. 정오에는 4,096마리가 된다.

다음 자정에는 무려 1,677만 7,216마리가 된다. 처음에는 선형적 증가와 지수적 증가를 구분하기 어려웠지만 곧 선형적 증가를 급속하게 추월해버린다. 이는 지수적 증가의 보편적 특징이다. 지수적으로 증가하는 임의의 양이 결국 임의의 선형적 증가율을 따라잡는 과정은 수학적으로 증명할 수 있다. 지수적 증가는 선형적 증가뿐 아니라 1장에서 배운 다항함수적(2차함수, 3차함수, 6차함수) 변화까지 따라잡는다.

따라서 관찰자가 모델을 설계할 때 다항함수적 변화에 기계적으로 의존하면 잘못된 안정감에 깜빡 속아 오류가 발생할 수 있다. 특히 위험한 점은 전체 변화량의 압도적인 비율이 지수적 변화의 후반부에서 발생한다는 것이다. 다시 말해 팬데믹이 발생하면 병원들은 처음에는 안정적인 상태를 유지하다가 어느 순간 갑자기 급증하는 환자들 때문에 속수무책으로 통제 불가능한 상태에 빠지기도 한다.

핵연쇄반응은 지수적 증가의 또 다른 사례다. 우라늄-235 원자 하나에 중성자 하나를 충돌시키면 원자는 조각들로 쪼개지면서 더 많은 중성자와 일정량의 에너지를 방출한다. 예를 들어 우라늄-235 원자 하나가 중성자 2개를 방출하면 이 두 중성자는 다시 더 많은 다른 원자와 충돌해서 한 중성자가 원자와 충돌할 때에 비해 2배의 에너지를 방출한다. 다음 세대에서는 4개의 중성자가 방출되고 4배의 에너지가 방출되는 식이다. 박테리아와 달리 이 중성자 세대들은 1초의 몇백만 분의 1 정도로 짧은 시간 동안만 존재한다. 방출되는 에너지양이 눈 깜짝할 사이에 엄청나게 커진다는 뜻이다. 이 연쇄반응이 바로 1945년 히로시마에 떨어진 원자핵분열 폭탄의 원리다. 충분히 많은 양의 우라늄 원료를 공급하고 중성자가 거의 빠져나올 수 없는 폭탄 외피를 설계하면 방출되는 에너지양은 한 도시를 초토화할 만큼 지수적으로 증가한다.

물론 일반적으로 지수적 증가가 무제한적으로 이루어지는 일은 현실보다는 수학 세계에서나 일어난다. 현실에서는 언제나 변화가 진행되는 조건에 한계가 있기 때문에 무한정 증가한다고 가정하기는 어렵다. 예를 들어 박테리아 개체군은 박테리아를 담는 용기의 크기, 박테리아 재생산에 필요한 화학물질의 잔여량에 제약을 받는다. 마찬가지로 우라늄 원료의 양은 핵연쇄반응이 지속될 수 있는 시간을 제한하기 때문에 핵폭탄에서 방출되는 에너지양에 한계가 있다. 하지만 팬데믹을 통해 전 세계적으로 거듭 입증된 것처럼, 의료 서비스에 심각한 문제를 일으킬 만큼 오랫동안 지수적 증가가 계속되는 경우도 있다.

지수적 증가를 잘못 이해하는 경우도 많다. 지수적 증가가 앞의 사례와 같이 2배로 늘어나는 것뿐이라고 잘못 생각하고는 한다. 하지만 지수함수의 유형은 정말 많다. 꽤 친숙한 은행 계좌를 예로 들어 설명하면 무슨 뜻인지 이해할 것이다.

모두 알다시피 은행에 예금한 돈에는 이자가 붙으며 반대로 은행에서 돈을 빌리면 이자를 물어야 한다. 이자는 곱셈이 관여하는 방식으로 늘어나는데, 복리이자 덕분에 지수적 증가가 발생한다. 예를 들어 연이율 10퍼센트로 1,000파운드(약 164만 8,000원)를 빌리면 1년 뒤 100파운드(약 176만 5,000원)의 금액이 빚에 더해지기 때문에 이제 빚은 1,100파운드가 된다.

그다음 해의 이자는 이 금액의 10퍼센트이므로 110파운드가 되고 이제 빚은 1,210파운드(약 199만 3,000원)가 된다. 이런 식으로 그다음 해의 이자는 그 금액(1,210파운드)의 10퍼센트이므로 121파운드다. 매년 지난해의 이자를 더한 금액에 이자가 더해지므로 빚은 자꾸만 늘어난다.

이 유형은 박테리아 사례에서 봤던 지수적 증가와 동일하다. 일반적으로 지수적 움직임은 어떤 양이 일정 주기마다 동일한 비율로 곱해질 때면 언제나 나타난다. 따라서 임의의 연이율 사례에서 이자는 지수적으로 증가한다. 이율이 1퍼센트든 50퍼센트든 처음에는 빚이 비교적 일정 수준을 유지하다가 시간이 지나면서 더 가파르게 증가한다. 신용 한도액이 100만 파운드(약 16억 4,800만 원)든 1조 파운드(약 1,647조 8,900억 원)든 결국 빚은 신용 한도액을 초과할 것이다.

마찬가지로 핵분열 사례를 다시 생각해보자. 이러한 연쇄반응을 정교하게 제어하면 일정한 수준으로 핵에너지를 유지할 수 있다. 이것이 바로 원자력발전소가 작동하는 원리다. 구체적으로 설명하면 다음과 같다. 원자로에 제어봉을 넣으면 방출되는 중성자들의 일부가 흡수되는데, 평균적으로는 각 반응에서 하나의 중성자가 흡수되지 않고 방출된다. 이를 임계반응critical reaction이라고 한다. 임계반응은 이론적으로 일정한 속도로 일정한 양의 에너지를 방출하는 현상을 말한다.

이처럼 단순한 상수함수가 지수적 변화를 나타낸다고 생각하면 조금 이상하다. 하지만 상수함수는 매번 0을 더해서도 얻을 수 있지만 매번 1을 곱해서도 얻을 수 있다. 방심하는 순간 핵의 연쇄반응chain reaction을 제어하지 못하는 상태에 빠질 수 있다. 만약 제어봉이 올바른 위치에 놓이지 않아 중성자가 너무 적게 흡수되면 방출된 에너지에 1보다 큰 수가 곱해진다. 그러면 앞서 설명한 파괴적인 지수적 증가가 발생해서 심각한 위험을 초래한다.

이런 맥락에서 중요한 개념 하나가 배가시간$^{doubling\ time}$이다. 지수적 증가는 결국 모든 값을 통과하며 매번 같은 양이 곱해진다. 예를 들어 값이 1에서 2로 커질 때 걸리는 시간을 구했다면, 이 시간은 값이 100에서 200으로 커지거나 37에서 74로 커질 때 걸리는 시간과도 같다.

배가시간은 지수적 증가율을 파악하는 단순한 방법 중 하나다. 예를 들어 앞에서 본 박테리아 사례는 배가시간이 1시간이므로 임의의 시각부터 1시간 뒤의 시각까지 개체수는 2배가 된다. 이와 달리 연이율 10퍼센트의 은행 빚은 그 금액이 2배가 되는 데 7~8년이 걸린다.

아주아주 빠른 변화를 읽는 열쇠: 로그스케일

데이터를 그래프로 나타내는 것이 중요하다고는 했지만 지수함수를 그래프로 그리려고 하면 문제가 생긴다. 모든 지수함수에서 수치가 너무 빠르게 커지기 때문에 겉으로는 그래프가 다 똑같아 보이는 것이다. 박테리아 사례의 처음 몇 시간을 살펴보면 이적료 사례와 비슷한 그래프가 나온다. 오랫동안 매우 평평하게 유지되다가 끝에서 급격하게 증가한다. 따라서 미래의 양상을 눈으로 쫓아가기가 어렵다. 게다가 다른 비율로 증가하는 지수적 변화들도 모두 비슷한 모양이어서 그래프만으로는 구분하기가 어렵다.

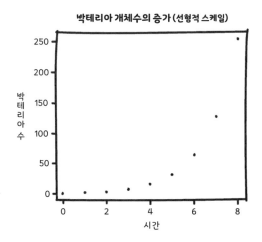

그래프 제목: **박테리아 개체수의 증가 (선형적 스케일)**

한 가지 단순한 그래프 표현 기법을 이용하면 지수함수를 쉽게 이해할 수 있다. 바로 로그스케일이다. 한동안 팬데믹을 둘러싼 갑론을박을 지켜보면서, 나는 많은 언론매체가 로그스케일을 사용해 일일 코로나바이러스 데이터를 그래프로 표현했다면 혼란이 해소됐을 것이라는 확신이 점점 강해졌다. 그래서 이 문제에 관해 가능한 한 언제든 언론매체에 도움을 주려고 애썼다.

그렇다면 로그스케일은 무엇이며 어떤 내용을 알려줄까? 앞서 나는 그래프의 수직축을 y축이라고 불렀다. 로그스케일은 y축을 특정한 방법으로 압축한다. 학교에서 계산자를 사용했던 세대라면 로그라는 수학 개념을 기억할 것이다. 본질적으로 로그는 지수 각각을 제거하는 과정으로서, 지수를 만들어내는 곱셈을 더 쉬운 덧셈 연산으로 변환한다.

예를 들어 8×4=32라는 식을 다르게 살펴보자. 이 식을 거듭제곱의 관점에서 다음과 같이 고쳐 쓸 수 있다. $2^3 \times 2^2 = 2^5$. 여기서 지수만 살펴보면 3+2=5로, 결괏값의 지수는 곱한 수의 지수 각각을 더한 것과 같다. 이것은 우연이 아니다. 사실 우리는 3을 8의 로그라고 부른다.* 다시 말해 2를 로그의 숫자만큼 거듭제곱하면(이 경우 세제곱하면) 8이 나온다. 마찬가지로 2는 4의 로그고 5는 32의 로그다. 곱셈의 결괏값(32)의 로그(5)는 곱하는 값들(4와 8)의 로그들의 합(2+3)이라는 점이 핵심이다.

로그스케일 그래프에서는 숫자 자체를 그래프로 나타내는 대신에 그 숫자들의 로그를 그래프로 나타낸다. 다음 그래프를 보면 y축에 표시된 눈금 간격이 조금 특이하다. 이것이 로그스케일의 한 예다. 1부터 2까지 간격이 5부터 10까지 간격과 같고 10부터 20까지, 50부터 100까지, 100부터 200까지 간격과 같다. 각 단계를 2배 되기로 표현하는데, 이는 매번 로그에 일정한 양을 더하는 것과 마찬가지기 때문이다. 이렇게 하면 어떤 효과가 나타나는지는 박테리아 사례에서 나온 것과 똑같은 수들을 로그스케일로 다시 표현하면 보인다.

---

* 엄밀히 말해 이 예시에서는 2의 거듭제곱이 관여하므로 '밑base이 2'인 로그다. 만약 8을 다른 수의 거듭제곱으로 보면 로그값은 달라진다.

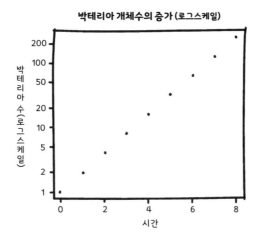

박테리아 개체수의 증가 (로그스케일)

세로축: 박테리아 수(로그스케일)
가로축: 시간

y축을 이렇게 처리하면 시각화하기 어려웠던 지수적 증가가 훨씬 이해하기 쉽게 바뀐다. 한마디로 직선이 되는 것이다. 기본적으로 지수적 변화에서 매번 똑같은 양을 곱하는 것은, 지수적 변화의 로그에 매번 똑같은 양을 더하는 것과 같다(왜 그런지 모르겠다고 걱정하지 마시길!). 보다시피 이것은 보이저호 사례의 그래프와 똑같다. 따라서 보이저호 그래프를 이해했다면 이것도 이해할 수 있다.

핵심 개념은 이렇다. 지수적 변화에서 로그를 취해 그래프로 표현하면 선형적 변화로 바뀐다. 직선의 기울기가 더 가파를수록 더 빠르게 변화하고 있다는 뜻이다. 따라서 두 지수적 변화를 비교하려면 둘 다 로그스케일로 표현한 다음 어느 것의 기울기가 더 가파른지 보면 된다. 예를 들어 직선이 5에서 10까지 또는 10에서 20까지 올라가는 데 시간이 얼마나 걸리는지 살펴보면 배가시간을 알 수 있다. 게다가 로그스케일로 표현된 y축에 따라 급격하게 가팔라지는 지수함수 곡선을 예측 가능한 직선으로 바꾸면 미래값을 훨씬 더 쉽게 추정할 수 있다.

이제 우리는 축구선수 이적료가 시간이 흐르면서 지수적으로 증가하는 경향을 제대로 이해할 준비가 됐다. 로그스케일을 이용하면 다음과 같은 그래프가 나온다.

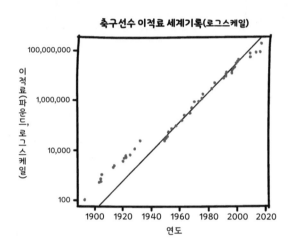

이 그래프에는 여러 가지 흥미로운 점이 있다. 먼저 1980년까지는 이적료가 별로 증가하지 않았다는 우리의 짐작은 완전히 틀렸다. 분명 증가했다. 우리에게 익숙한 방식이 아니었을 뿐이다. 그 무렵 이적료 세계기록은 1976년에 파올로 로시 Paolo Rossi가 유벤투스로 옮겼을 때 받았던 175만 파운드(약 28억 8,500만 원)다. 덧셈의 관점에서 보자면 그로브스에서 로시까지 증가한 금액인 174만 9,900파운드(약 28억 8,499만 원)는, 로시에서 네이마르까지 증가한 금액인 1억 9,625만 파운드(약 3,234억 8,672만 원)보다 훨씬 적어 보인다. 하지만 곱셈의 관점에서 생각하면 그로브스에서 로시까지의 증가율(1만 7,500배)은 로시에서 네이마르까지의 증가율(고작 113배)보다 훨씬 더 크다. 지수적 증가는 매년 똑같은 값을 곱한다는 뜻이므로 어쩌면 당연한 결과다. 왜냐하면 1893년에서 1976년까지 경과한 시간(83년)은 1976년에서 2017년까지 경과한 시간(41년)보다 훨씬 길기 때문이다.

또한 이 그래프에서 1945년에서 2000년까지의 점들에 거의 들어맞는 직선을 하나 그을 수 있다. 이 시기 동안에도 대략 지수적 증가가 있었다. 이적료 세계기록은 매년 약 15퍼센트씩 계속 상승했다. 이 직선과 평행한 직선을 그어보면 1893년부터 1940년까지의 점들과도 들어맞는다. 아마 그 시기에도 비슷한 비율로 지수적 증가가 있었다가, 제2차 세계대전 때문에 중단됐고 전쟁이 끝난 뒤 다시 증가한 것으로 보인다.

이 그래프에서 알 수 있듯이 근래 이적료가 터무니없이 높다는 짐작은 완전히 빗나갔다. 사실 가장 최근의 점 5개는 2000년 이후의 지수적 증가를 예상한 직선보다 아래에 있다. 2001년 지네딘 지단Zinedine Zidane의 이적 이후 2009년 히카르두 카카Ricardo Kaka가 이적할 때까지 세계기록 경신에 비교적 긴 공백기가 있었다. 그 뒤 호나우두 루이스 나자리우 데 리마Ronaldo Luiz Nazario De Lima, 가레스 베일Gareth Bale, 폴 포그바Paul Pogba가 이적했는데, 이들 모두 연간 15퍼센트 증가율로 계산한 액수보다 이적료가 상당히 적었다. 네이마르의 이적료는 가파르게 오르긴 했지만(이전 기록의 2배) 여전히 직선 아래에 있다. 이 직선대로라면 네이마르의 이적료는 3억 6,000만 파운드(약 5,934억 원)여야 했다. 이렇게 보면 네이마르는 과소평가됐다고 주장할 수 있다. 그의 이적료가 지수적 증가로 예상되는 20세기 후반의 액수보다 적기 때문이다. 박테리아 사례와 마찬가지로 이 지수적 증가는 지금 어느 정도 상한선에 도달한 듯하다.

시간에 따라 작아지는 지수적 변화도 존재한다는 사실이 종종 간과된다. 이를 지수적 붕괴라고도 한다. 지금까지 내가 설명한 사례들에서는 시간 구간마다 이전 값에 1보다 큰 수를 곱했기 때문에 값이 계속 커졌다. 하지만 이전 값에 1보다 작은 값을 곱할 수도 있다.

방사능 붕괴가 대표적인 예다. 방사성 물질 시료가 주어졌을 때 일정 시간마다 물질의 일정 비율이 핵 변화를 겪는다. 각 시기에 원래 물질의 잔존량은 1보다 작은 수로 곱해지기 때문에 물질의 질량은 지수적 붕괴를 겪는다. 물론 배로 늘어나는 것이 아니라 줄어드는 과정이므로 배가시간 대신 반감기^{halving time}라는 표현을 쓴다. 방사능 붕괴 사례에서 반감기란 원래 물질의 양이 절반으로 줄어들 때까지 걸리는 시간이다. 마찬가지로 지수적 붕괴는 제어봉이 중성자를 너무 많이 흡수하는 원자로에서도 발생한다. 방출되는 에너지에 매번 1보다 작은 수를 곱하므로 핵반응은 급속하게 사그라진다.

지수적 붕괴를 표현하기 위한 데이터 시각화 기법이 따로 있는 것은 아니다. 이전처럼 그냥 로그스케일을 사용하면 된다. 다만 이때 로그는 단계마다 일정한 양을 이전 값에서 빼는 것이 핵심이다. 외계인의 관점에서 다가오는 보이저호를 볼 때의 상황과 같다. 그 결과 로그스케일을 사용해 지수적 붕괴를 그래프로 그리면 똑같이 오른쪽 아래로 기운 직선이 나온다.

당신의 예측이 실패한 이유

이 모든 지식을 알면 전염병의 확산을 수학적 언어로 논의하고 어떤 그래프를 이용해야 좋은지 알 수 있다. 핵심 개념은 R_0다. 이는 감염자 한 명이 감염시키는 사람의 수를 가리킨다. R_0의 값이 일정하다면 감염자 수는 바이러스가 한 세대에서 다음 세대로 분열될 때마다 그 수를 곱한 만큼 증가한다. 따라서 감염자 수는 R_0값으로 결정되는 비율에 따라 지수적으로 움직인다. R_0가 1보다 크면 감염자 수는 늘어나고 R_0가 1보다 작으면 줄어든다.

앞서 살펴봤듯이 감염자 수 역시 로그스케일로 표현할 수 있다. 감염자 수를 정확히 알고 있다면 말이다. 하지만 어떤 질병이든 대체로 그런 정보를 얻을 수는 없기 때문에 불완전한 근삿값을 이용해 추산할 수밖에 없다.

예를 들어 코로나 팬데믹 동안 언론에서 보도한 일일 코로나바이러스 감염 건수는 확진자의 수였지 실제 감염자 수는 아니었다. 하지만 단기적으로는 검사 시스템이 매일 일정한 수준으로 유지되고 있으므로, 전체 감염자 수에서 거의 일정한 비율이 매일 확진 판정을 받은 사람 수라고 가정할 수 있다. 그렇다면 확진자 수의 지수적 증가를 확인하고 감염의 증가율을 추산할 수 있다.

감염률을 나타내는 다른 근삿값들에도 비슷한 문제가 있다. 보고되는 일일 입원자 수와 사망자 수 모두 검사 시스템의 접근성에 크게 좌우되지 않는다고 해도, 감염자 중 일정한 비율이 입원하거나 사망한다고 가정한 다음 그 수치를 바탕으로 감염자 수를 추산해야 한다.

입원자 수와 사망자 수 데이터의 또 다른 문제점은 시간 지연이다. 감염자가 입원할 때까지는 10~14일이 걸리고 사망할 때까지는 21~28일이 걸린다. 다시 말해 입원자 수와 사망자 수로는 과거의 확산율 정보만 알 수 있기 때문에 봉쇄 같은 개입 조치의 효과를 판단하기가 어렵다.

이런 위험 부담이 있지만, 세 측정값(R_0, 입원자 수, 사망자 수)를 사용해 감염 증가율을 대략적으로 추산할 수 있다. 감염자 수는 지수적 비율로 증가하거나 감소하므로 이런 수치들을 로그스케일 그래프로 그리면 저마다 기울기가 일정한 직선들로 표현된다.

게다가 이 그래프를 이용하면 실제 감염자 수를 몰라도 R_0 자체를 추산할 수 있다. 일단 가장 쉽게는 직선이 위로 올라가면 R_0가 1보다 크고 아래로 내려가면 R_0가 1보다 작다는 뜻이다. 배가시간이나 반감기도 매우 쉽게 추산할 수 있다. 하지만 R_0를 정확하게 도출하려면 감염 한 건이 다른 사람에게 전파되는 데 걸리는 시간을 상정해야 한다.

우리가 보고 싶었던 것은 사회적 거리두기 시행과 위생 지침의 효과가 나타나거나 더 많은 사람에게 면역력이 생겨 R_0가 시간이 지날수록 감소하는 모습이다. 로그스케일 그래프로는 올라가던 직선이 차츰 평평해지다가 정점에 이른 뒤 내려가는 모습으로 나타난다. 1장에서 본 테니스공의 궤적 같은 모양이다.

로그스케일을 사용하면 영국의 팬데믹 전개 양상을 빠르게 이해할 수 있다. 다음 그래프는 2020년 3월에서 2022년 6월까지의 일일 사망자 수 그래프이며 6가지 국면이 나타난다.

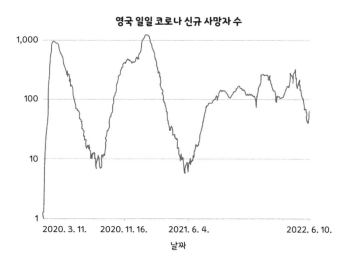

첫 번째 국면에서는 R_0가 3에 가까우며, 일일 사망자 수가 대략 지수적으로 증가하면서 가파르게 상승하는 직선을 그리다가 사회적 거리두기의 효과로 약간 평평해진다. 이어서 두 번째 국면에서는 2020년 9월 초까지 지수적 증가보다 느린 지수적 붕괴가 나타난다(내려가는 직선). 봉쇄가 시행되어 R_0가 1 밑으로 내려가면서 사망자 수는 감소했다. 세 번째 국면은 2020년 9월부터 2021년 1월까지로 더욱 복잡한 양상을 보인다. 전반적으로 기울기는 덜 가파르지만 여전히 일정하게 지수적으로 증가하는 단계로서, R_0는 다시 1을 넘었다. 하지만 제2차 전국 봉쇄의 효과가 나타나면서 켄트에서 발견된 알파 변종이 확산되기 전에 잠시 사망자 수 곡선이 평평해진 것을 확인할 수 있다. 2021년 1월 이후의 네 번째 국면에서는 백신 접종과 제3차 봉쇄의 효과가 이어지면서 지수적 붕괴가 일관되게 나타났다. 다섯 번째 국면은 2021년 6월 초반부터로, 델타 변종의 확산과 전국적인 제한 조치 완화로 인해 사망자 수가 지수적으로 증가했다. 마지막으로 2021년 9월 이후 영국의 사망자 수는 유동적인 국면으로 접어들었다. 새 변종이 출현하면서 지수적 증가와 백신 추가 접종으로 인한 지수적 붕괴가 비교적 짧은 주기 동안 교대로 나타났지만 추세에 전반적인 방향성은 나타나지 않았다.

감염자 수는 앞에서 살펴본 박테리아 사례처럼 영원히 증가하지는 않는다. 4장에서 설명할 전염병 확산 모델에 따르면, 면역력이 있는 사람들의 비율이 증가하면서 로그스케일의 감염자 수 직선이 저절로 평평해지기 시작한다. 인구 중 25퍼센트가 감염된 뒤 면역력을 갖게 되면, 이전에는 새로 감염됐을 접촉자 중 4분의 1이 더 이상 감염되지 않기 때문에 R_0가 낮아지는 것이다.

실제로 충분히 높은 비율의 인구가 감염되고 나면 그 효과로 R_0는 1 밑으로 떨어지고 당연히 전염병의 확산 규모가 줄어든다. 이것이 바로 사람들이 HIT를 논의할 때 언급하는 효과다. 하지만 전통적인 전염병 모델에 따르면 집단면역의 효과가 나타나기까지는 인구의 상당수가 감염돼야 한다.

오르는 주식차트의 비밀

다른 일상적인 현상들에서도 지수적 증가가 나타난다. 특히 수치가 곱셈으로 변화하는 금융계에서 그렇다. 단 몇 퍼센트의 연 복리이자나 물가상승률 때문에 장기적으로는 투자한 금액이 크게 차이 날 수 있다. 따라서 기업과 자산 가치의 장기적 성장을 로그스케일로 생각할 수 있다. 예를 들어 약 1세기 동안 인플레이션을 감안한 다우존스 산업평균지수 $^{\text{Dow Jones industrial}}$ $^{\text{average, DJIA}}$(미국의 다우존스 회사가 매일 발표하는 뉴욕 주식시장의 평균 지수, 이하 다우존스 지수-옮긴이)를 살펴보자. 먼저 선형적 스케일로 표현하면 그래프는 다음과 같다.

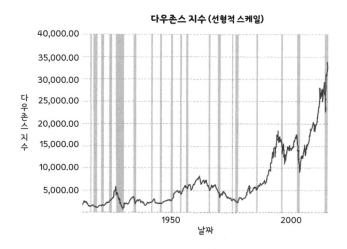

지금까지 봤던 박테리아 모델이나 단순한 전염병 확산 곡선보다 훨씬

'삐뚤삐뚤'하다. 월 단위로 보면 뚜렷한 변동(직선의 작은 변화들)이 보이고 1년이나 5년 단위로 넓히면 방향이 더 크게 바뀌는 것도 볼 수 있다. 그 이유는 10장에서 더 자세히 다루겠다.

대략적으로 다우존스 지수는 축구선수 이적료와 어느 정도 비슷하게 지수적으로 증가하는 듯하다. 꽤 오랜 기간 평평하다가 갑자기 1990년대 중반 어느 시기에 치솟기 시작했고, 최근 여러 해 동안에는 더 가파르게 증가했다. 금융자산은 잘 알려진 것처럼 지수적으로 움직이는 경향이 있다. 따라서 자연스레 이 지수를 로그스케일의 그래프로 표현해보자고 생각할 것이다. 그럼 더욱 유용한 그래프가 나온다.

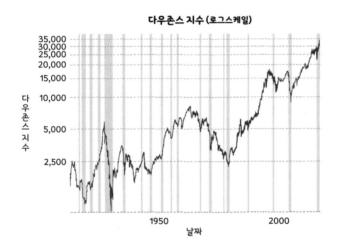

다우존스 지수 (로그스케일)

데이터를 이렇게 표현하면 새로운 진실이 드러난다. 일부 이탈 구간이 있지만 전체 기간 동안 대부분 선형적 증가율이 일정하게 유지된다. 이 로그스케일로 보면 절대적 수치는 1990년대 이후 이전부터 지속되던 추세의 연장선상에서 크게 증가한다. 또한 9·11테러와 2007~2008년의 금융위기 같은 사건들이 주식시장에 끼친 영향을 비교해볼 수 있다.

또한 1970년대에 급격히 물가가 상승하면서 인플레이션율을 감안한 지수가 지속적으로 하락한 것처럼, 단순한 선형적 스케일로 보면 중요하지 않은 듯한 사건들도 다우존스 지수의 장기적 변화에 훨씬 큰 영향을 끼쳤다.

단기적으로는 인플레이션과 성장의 영향이 크지 않을 수 있으므로 다우존스 지수나 다른 금융자산 그래프를 선형적 스케일로 표현해도 된다. 하지만 장기적인 경제 동향을 이해하려면 지수적 증가의 의미를 이해하고 데이터를 로그스케일 그래프로 표현하는 것이 매우 유용하다.

실리콘밸리의 전설은 어떻게 미래를 읽었나

지수적 증가라고 해서 꼭 부정적인 현상에서만 나타나는 것은 아니다. 주식시장의 지수적 증가가 좋은지 나쁜지는 투자를 한 사람과 하지 않은 사람에게 다르게 보인다. 마찬가지로 주택 가격의 지수적 증가도 집주인과 세입자에게 미치는 효과가 다르다. 하지만 지수적으로 증가하는 현상 중에서 예측한 수치가 놀랍도록 정확하고, 그 결과가 우리 모두에게 매우 유익한 것으로 입증된 대표적 사례가 있다.

1960년대 초반 마이크로일레트로닉스microelectronics 업계에서 반도체 기술이 발전하면서 집적회로가 발명됐다. 특히 페어차일드Fairchild 사 로버트 노이스Robert Noyce의 획기적인 업적이었다. 집적회로 덕분에 이전에는 수많은 실리콘칩이 필요했던 작업을 단 하나의 칩으로 실행할 수 있게 되면서 컴퓨터의 성능이 혁신적으로 향상됐다. 집적회로가 발전한 덕분에 아폴로호의 달 착륙이 가능했다고도 볼 수 있다. 1960년대 초반 이 기술의 가장 큰 단일 구매자가 NASA였다는 사실이 이를 반증한다.

집적회로는 초기의 성공에 머물지 않고 계속 발전했다. 이 기술의 핵심은 소형화가 가능하다는 것이다. 부품들을 작게 만들어 칩 안에 더욱 많은 트랜지스터를 채워 넣으면서 칩의 성능이 더욱 향상됐다. 집적회로 내에서는 부품을 더 작게 만들수록 프로세서가 더 빠르게 작동한다.

1965년 페어차일드의 연구개발 이사인 고든 무어Gordon Moore는 당시 기술의 동향을 통해 칩 하나에 들어가는 트랜지스터 개수가 지수적으로 증가하며 컴퓨터의 연산 능력도 그에 따라 지수적으로 향상될 것이라는 사실을 깨달았다. 이를 바탕으로 무어는 잡지 《일렉트로닉스Electronics》 기사에서 다음의 유명한 예측을 했다.

"최소 부품 비용의 집적률은 매년 약 2배의 비율로 증가했다. 분명히 단기적으로 이 비율이 증가하지는 않더라도 유지될 것으로 예상된다. 장기적인 증가율은 조금 더 불확실하지만 적어도 10년 동안은 거의 일정하게 유지될 것이다."

무어는 해마다 2배로 늘어나는 증가율을 바탕으로 트랜지스터의 개수가 다음 10년 동안인 1975년까지 지수적으로 증가할 것이라고 예측했다. 나중에 무어는 이 예측을 수정해 이런 현상이 1980년까지 유지된다고 봤다. 그 뒤로는 2년마다 2배가 된다고 입장을 바꿨다. 무어의 예측을 검증하기 위해 x축에 시간을, y축에 트랜지스터의 개수를 나타내는 로그스케일 그래프를 그려보자.

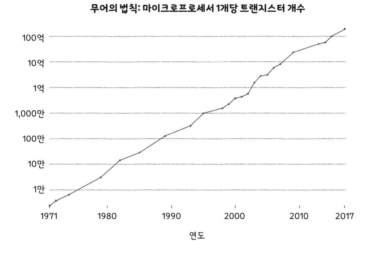

무어의 법칙: 마이크로프로세서 1개당 트랜지스터 개수

물론 완벽한 직선은 아니다. 하지만 눈으로 봐도 무어의 예측은 확실히 정확했다. 거의 모든 데이터가 직선상에 놓인다. 무엇보다 놀라운 것은 x축이다. 1975년이나 1980년까지가 아니라 2020년까지도 적용된다. 무어가 1960년대에 예측했던 지수적 증가는 그 뒤 50년 동안 계속됐다. 칩 하나에 들어가는 트랜지스터 수는 1,000개 미만에서 500억 개가 넘을 정도로 늘어났다.

　무어의 법칙Moore's law의 정확성을 설명할 물리법칙이 없다는 점에서 특히 놀랍다. 이 현상에 전염병 확산을 일으키는 감염의 기본 법칙 같은 것이 존재할 리가 없기 때문이다. 이것은 페어차일드나 1968년에 무어와 노이스가 공동 설립한 인텔Intel 같은 회사들이 혁신을 만들어가는 과정에서 나왔을 뿐이지만 이후 많은 아이디어와 기술 혁명이 결합하며 예측대로 추세를 만들어냈다. 확신에 찬 다양한 예측에도 불구하고 무어의 법칙은 여전히 유지되고 있다. 다만 최근에 그 증가 속도가 약간 느려지긴 했다. 장치들이 나노미터 크기로 작아지면서 원자의 크기 자체가 한계인 국면으로 접어들었기 때문이다.

　무어의 법칙이 해당 업계에서 일종의 로드맵으로 작용했다는 가설이, 트랜지스터의 실제 발전 과정이 최초의 예측과 맞아떨어진 현상을 설명할 유일한 방법일 것이다. 다시 말해 업계 지도자가 명확하게 목표를 제시하고 기업들이 그 목표에 부합하는 수치에 도달하기 위해 혁신을 장려했다는 뜻이다. 태양광 패널의 가격이 10년마다 4분의 1 비율로 하락한다고 제시한 스완슨의 법칙Swanson's law에서도 비슷한 지수적 변화가 나타난다. 이는 기술과 제조 능력이 발달하면서 얻는 복합적인 이득을 보여주는 사례다.

　이유가 무엇이든 컴퓨터 연산 능력이 지수적으로 향상됨으로써 오늘날 세상은 지금 같은 모습으로 발전했다. 요즘 스마트폰의 연산 능력은 과거의 집채만 한 슈퍼컴퓨터에 맞먹는다. 우리는 스마트폰을 통해 AI 알고리즘을 실행시켜 이미지를 분류하거나 외국어를 번역한다. 따라서 무어가 예측한 지수적 증가가 현대 문명에 이바지한 바를 잊지 말아야 한다. 팬데믹부터 금융시장, 심지어 축구선수의 이적료에 이르기까지 여러 가지 사안을 살필 때 복리로 곱해지는 증가와 지수의 위력을 기억하자. 또한 로그스케일을 사용해 그런 상황을 새롭게 통찰할 수 있는지 살펴보라.

✚✚ 요약

이번 장에서는 박테리아 개체수 증가, 원자로, 은행 이자, 주식시장, 컴퓨터 성능 향상을 예측한 무어의 법칙 같은 사례들에서 지수적 증가를 살펴봤다. 물론 팬데믹 상황에서도 지수적 증가가 나타났다! 앞서 설명했듯이 로그스케일이나 배가시간 같은 개념은 이런 무시무시한 증가의 유형을 더 이해하기 쉽게 바꿔주는 유용한 도구다.

✖✖ 제안

일상생활에서 지수적 증가의 사례를 찾아보자. 찾지 못할 때가 많겠지만 내가 언급했던 사례들에서 찾아낸다면 큰 의미가 있다. 데이터를 그래프로 표현할 때 선형적 스케일과 로그스케일 방식을 선택할 수 있는 웹사이트를 직접 찾아보라. 예를 들어 아워월드인데이터 ourworldindata.org라는 웹사이트에는 여러분이 직접 스케일을 선택할 수 있는 코로나바이러스 관련 그래프들이 있으며, 비슷한 방식으로 금융 데이터를 볼 수 있는 웹사이트들도 있다. 설정을 이리저리 바꾸다 보면 특히 장기적인 금융 관련 시계열에서 이런 표현 방법 간의 변환 효과가 보인다. 표현 방법에 따라 이야기는 어떻게 바뀔까? 여러분은 어떤 방식을 선호하는가?

4장.
세상의 변화를 포착하는 방정식

날씨를 예측할 수 있을까

이틀 뒤에 바비큐 파티를 계획하고 있다고 상상해보자. 숯을 쟁여놨고 고기와 빵, 맥주도 사놨고 친구들도 초대했다. 그런데 날씨가 걱정돼서 급하게 스마트폰으로 일기예보를 확인했다. 그랬더니 강수 확률이 10퍼센트라고 나온다. 그렇다면 이것은 무슨 뜻일까? 이 수치는 어떻게 나왔을까?

지금까지 살펴봤듯이 일상의 여러 가지 현상은 단순한 수학적 구조로 설명할 수 있다. 다시 말해 현상들이 일어나는 과정을 선형적, 2차함수적, 지수적 곡선으로 표현할 수 있다. 하지만 현실세계는 그래프로 표현되는 것이 전부가 아니다. 모든 시스템이 근삿값이 가리키는 방향으로 예측 가능하게 움직이는 것은 결코 아니기 때문이다.

먼저 10퍼센트의 강수 확률에는 무작위적인 요소가 포함되어 있을 것이다. 하지만 실제 날씨 자체는 전혀 무작위적인 시스템이 아닐 수 있다. 대기의 움직임은 물리법칙이 지배한다. 이론상으로 모든 공기 분자의 위치와 속력을 무한한 정확도로 측정할 수 있는 전지전능한 존재가 있다고 가정할 때, 태양 복사선과 입자 간 충돌 등을 고려해 각 분자가 어떻게 움직일지 계산해서 바비큐 파티하는 날 비가 올지 여부를 알 수 있다.

물론 현실에서는 불가능한 이야기다! 우리에게는 각 입자의 움직임을 충분히 높은 정확도로 측정할 능력이 없고, 행여 측정하더라도 그 결과를 토대로 방정식을 풀 연산 능력이 없다. 다시 말해 우리는 결코 완벽하게 날씨를 예측할 수 없다. 차선책으로 근삿값을 제시할 수 있을 뿐이다.

예를 들어 한 변의 길이가 10킬로미터인 정사각형으로 대서양을 분할해 각각의 기상 조건을 측정하면서, 각 정사각형의 기상상태가 시간에 따라 어떻게 변하는지 살펴본다고 하자. 만약 특정한 정사각형에 구름이 있고 동쪽으로 시속 20킬로미터로 바람이 분다면, 그 구름은 1시간 뒤 동쪽으로 20킬로미터 지점, 곧 오른쪽으로 두 번째 정사각형에 있을 것이며 그다음에 어디로 향할지도 예측할 수 있다. 고성능 컴퓨터가 있다면 미래의 어느 시점까지 같은 방법으로 계산해 다음 며칠 동안의 일기예보를 도출할 수 있다.

물론 결과가 완벽하지는 않다. 각 정사각형의 조건들에 대한 단편적인 정보만 받는 데다 각 정사각형 안에서 미묘한 변화들이 일어날 것이기 때문이다. 만약 더 미세한 스케일(예를 들어 한 변의 길이가 1킬로미터인 정사각형)에서 기상상태를 측정하고 5분 간격으로 날씨 변화를 알 수 있으며 대용량 연산 능력을 갖춘 훨씬 성능이 좋은 컴퓨터가 있다면, 그 결과로 나온 일기예보는 더 정확할 것이다. 이번 장의 주제는 공간과 시간을 더욱 작은 단위로 분할해, 작은 스케일에서 날씨 변화 등이 규칙을 어떻게 따르는지 설명하는 것이다.

강수 확률 10퍼센트 같은 방식으로 표시되는 일기예보가 무엇을 뜻하는지 곰곰이 생각해보자. 전지전능한 존재가 운동 방정식을 풀어 매번 똑같은 답을 얻듯이, 컴퓨터에 똑같은 측정값을 10번 입력하면 매번 똑같은 답이 나올 것이다. 왜냐하면 컴퓨터는 미리 정의된 논리와 연산법칙을 따르기 때문이다. 다시 말해 일기예보는 항상 100퍼센트 아니면 0퍼센트의 확률로 제시되어야 한다!

사실 10퍼센트라는 수치는 시공간을 나누어 얻은 측정값이 완벽하지 않음을 인정한 것이다. 이번 장의 뒷부분에서 살펴보겠지만 날씨를 좌우하는 방정식은 거칠고 파국적인 양상으로 이어질 수 있다. 1972년에 발표된 한 논문의 제목으로 처음 등장한 다음과 같은 발상을 들어본 적 있을 것이다. "브라질에서 나비 한 마리가 날갯짓을 하면 미국 텍사스에 토네이도가 발생하는가?" 실제로 측정값의 사소한 변화가 시스템의 결과에 엄청난 영향을 끼칠 수 있다.

이런 문제점을 해소하기 위해 일기예보관들은 시속 20킬로미터의 풍속 측정값이 부정확하다는 사실을 인정한다. 또한 이를 보완하기 위해 측정값을 약간 조정하는 방식으로 여러 가지 가능성을 함께 제시한다. 예를 들어 만약 시간당 풍속 측정값이 20이 아니라 19.5나 21, 18.7이나 20.5라면 어떻게 될까? 결과적으로 '10퍼센트의 강수 확률'은 이런 여러 가지 예보 중 약 10퍼센트가 해당 시간에 비가 내릴 것이라고 예측했다는 뜻이다.

이때 복잡한 시스템에 대한 계산 결과는 굉장히 미묘하게 달라질 수 있다. 따라서 결과가 어느 정도 무작위적이라고 여기는 편이 합리적이라는 사실을 꼭 기억하라. 무작위성을 이해하는 것이 왜 중요한지는 5장에서 더 자세히 다루겠다. 비교적 단순한 현상들을 먼저 살펴보자.

움직임을 분할할수록 변화의 축이 보인다

지금까지 고정된 시간 구간에 따라 변하는 함수들을 설명했다. 예를 들어 선형함수는 각각의 시간 구간에서 동일한 양을 이전 값에 더하고 지수함수는 동일한 양을 곱한다. 물론 실제로는 시간을 이렇게 구분할 수 없으며, 현실에서 대부분의 현상은 연속적으로 진행된다. 한 달에 한 번씩 실업률 수치 같은 경제 데이터를 접하기는 하지만 기본적으로 경제 상황은 날짜, 시간, 분, 심지어 더 미세한 시간 단위에서도 계속 변한다. 수학자들은 시간이 연속적인 양(키, 온도 등 값 사이에 무한한 가능값이 존재하는 양-옮긴이)이지, 이산적인 양(물건의 개수, 학생 수 등 값 사이마다 중간값이 존재하지 않는 개별적인 양-옮긴이)이 아니라고 말한다.

다시 말해 선형함수는 개별적인 시간값에 대응하는 서로 다른 점들이 나열된 것이 아니라 특정 시간에 대응하는 하나의 함수값이 연속적으로 이어진 직선으로 봐야 한다. 그럼에도 함수가 변하는 방식을 살펴볼 수 있다.

앞서 보이저호가 항상 똑같은 속력으로 이동한다고 가정했다. 1초 뒤 보이저호가 일정 거리를 이동했다면 100분의 1초 뒤에는 그 거리의 100분의 1을 이동했을 것이다. 길든 짧든 임의의 시간 동안 이동한 거리를 경과 시간으로 나누면 언제나 값은 똑같다. 바로 속력이다.

다른 방식으로도 살펴볼 수 있다. 속력을 알고 보이저호의 현재 위치가 주어지면 미래의 특정 시간에 보이저호가 어디에 있을지 예측할 수 있다. 속력을 경과 시간과 곱하면 이동 거리가 나오므로 보이저호의 미래 위치가 정해지는 것이다.

이런 주장은 보이저호가 일정한 속력으로 이동한다는 가정을 바탕으로 하며 어느 정도 사실이다. 설령 속력이 시간에 따라 변하더라도 매 시각 속력에 대한 충분히 정확한 정보가 주어지기만 한다면 보이저호의 위치는 계속 알아낼 수 있다. 속력이 변하기는 하지만 충분히 짧은 시간 동안에는 아주 많이 변하지 않는다고 가정하면 된다. 예를 들어 보이저호의 현재 속력을 알면 보이저호가 1초 뒤에 얼마나 이동할지 알 수 있고, 1초 뒤의 속력을 알면 보이저호가 그다음 1초 뒤에 얼마나 이동할지 알 수 있다. 같은 방식으로 보이저호의 위치를 계속해서 알아낼 수 있다.

그 답은 완벽하지는 않더라도 꽤 정확할 것이다. 만약 더 정확한 답을 원한다면 시간을 100분의 1초나 100만 분의 1초 단위로 나눠 반복 계산하면 된다. 답을 구하는 과정이 번거롭기는 하겠지만 이론상 시간을 작은 단위로 나눌수록 답은 점점 정답에 가까워진다.

방금 설명한 방법을 수학에서는 적분^{integration}이라고 한다. 미적분학에 속하는 주제다. 미적분이라는 말을 들으면 학교에서 배웠던 어렴풋한 기억과 함께 두려움이 몰려올지도 모른다. 하지만 개념은 단순하다. 보이저호의 속력에 관해 데이터가 충분하다면 보이저호의 위치를 알아낼 수 있다는 뜻이다. 한편 미적분의 또 다른 연산인 미분^{differentiation}은 반대로 작동한다. 곧 보이저호의 위치에 관한 정보가 충분히 많으면 보이저호의 속력을 알아낼 수 있다.

핵심은 보이저호의 위치를 속력과 관련된 단순한 규칙으로 기술할 수 있다는 것이다. 여기서 더 나아가 시작 시점에서 보이저호의 위치와 속력을 알고 시점마다의 가속도를 알면 앞서 한 계산을 다음과 같은 방식으로 응용할 수 있다. 속력이 거리가 얼마나 변하는지를 알려주듯이 가속도는 속력이 얼마나 변하는지를 알려준다. 따라서 적분 과정을 똑같이 적용해 가속도 정보에서 속력을 알아낼 수 있다. 그런 다음 앞서 살펴본 대로 계산을 반복하면 속력 정보로 위치를 알아낼 수 있다. 따라서 시점마다의 가속도를 알 때 이 두 과정을 이용하면 위치를 알아낼 수 있다.

이제부터 머리가 복잡해진다. 만약 가속도 자체가 위치에 따라 달라진다면 어떻게 될까? 지어낸 상황처럼 들리겠지만 의외로 이런 일은 자주 일어난다. 뉴턴의 제2운동법칙에 따르면 한 물체에 가해지는 힘은 물체의 질량과 가속도를 곱한 값이다. 다시 말해 질량이 고정된 물체의 경우 가속도는 가해지는 힘의 양에 비례한다. 하지만 힘의 크기가 물체의 위치에 따라 달라진다면 어떻게 될까?

　이런 자연 현상들이 실제로 일어난다. 용수철에 매달린 추를 생각해보자. 중력이 추를 아래로 끌어당겨 추가 떨어질수록 용수철은 더 길어지고 추에는 위쪽으로 당기는 힘이 더 크게 작용한다. 위쪽으로 당기는 힘이 아래로 향하는 중력보다 커지면 추는 위로 끌려 올라간다. 반면 추가 위로 올라갈수록 용수철은 중력보다 점점 더 작은 힘을 추에 가하며 결국 추는 다시 아래로 떨어진다.

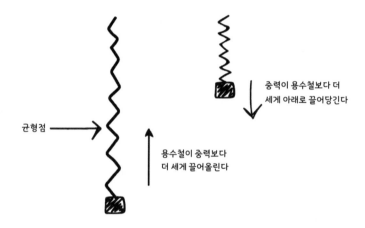

균형점

중력이 용수철보다 더
세게 아래로 끌어당긴다

용수철이 중력보다
더 세게 끌어올린다

　또 다른 예로 끈에 무거운 물체를 매달아 만든 진자를 생각해보자. 진자 추가 수직 위치에서 더 멀리 벗어날수록 중력이 진자 추를 균형점으로 끌어당기는 작용이 더 커진다. 본질적으로 중력은 항상 진자를 아래로 끌어당기지만, 진자 추를 수직으로 떨어지지 않게 막고 있는 줄 때문에 아래로 당기는 이 힘이 회전력으로 바뀐다.

용수철과 진자에서 모두 어떤 균형점을 향해 추를 미는 힘이 작용한다. 만약 추가 균형점에 멈춰 있다면 두 힘[중력, 용수철(끈)이 추를 당기는 힘]은 똑같기 때문에 추는 영원히 멈춰 있을 것이다. 하지만 용수철과 진자 모두에서 추는 이 균형점을 어떤 속력으로 지나쳤고 어떤 방향으로 더 많이 운동했다가 힘의 역학관계에 따라 운동 방향이 바뀌었다. 이론상 마찰과 공기저항이 없으면 이런 식으로 영원히 운동한다.

두 경우 모두 힘의 세기는 추와 균형점 사이의 거리에 비례하며 항상 균형점을 향해 물체를 미는 쪽으로 힘이 작용한다. 그러므로 가속도가 힘에 비례한다는 뉴턴의 제2운동법칙에 따라, 가속도 역시 균형점과 떨어진 거리에 비례하며 언제나 균형점을 향하는 쪽으로 힘이 작용한다.

그런데 흥미로운 점이 하나 있다. 적분에 관한 논의에서 살펴본 것처럼 가속도는 물체의 위치를 결정한다. 그리고 조금 전 힘에 관한 설명에서 봤듯이 위치는 가속도를 결정한다. 마치 닭이 먼저냐 달걀이 먼저냐라는 질문 같다.

사실 가속도와 위치는 특정 제약 조건들로 서로 얽혀 있으며 그런 제약 조건들이 운동의 유형도 결정한다. 진동 또는 공진(앞뒤로 오가는)이라는 운동 유형이 이런 규칙에 잘 들어맞는 것으로 알려져 있다. 수학 용어로는 이런 운동을 단순조화운동simple harmonic motion이라고 한다. 바로 진자의 운동에서 나타나는 움직임이다.

가속도나 속력을 위치 측면에서 수식으로 표현하는 제약 조건들은 미분방정식differential equation으로 기술된다. 그런 제약 조건들에 들어맞는 궤적을 찾는 일이 미분방정식의 해를 구하는 과정이다. 이 과정이 늘 쉬운 것은 아니다. 고도의 수학적 계산 과정이 필요할 때도 있지만 이론적으로는 항상 가능하다.

이런 운동 작용은 위상도phase plot를 이용해 이해할 수도 있다. 다음 그림은 진자 추의 세 궤적을 위상도로 표현한 것이다. 이때 궤적마다 힘의 크기가 다르다.

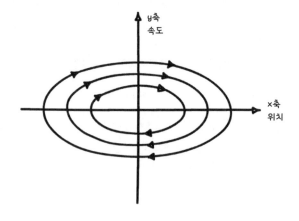

그래프가 조금 이상해 보여도 익숙해지면 유용할 것이다. 각 궤적은 타원 경로를 따라 둥글게 고리를 그린다. 이는 마찰과 공기저항을 무시한 이상적인 상태에서 진자가 영원히 운동하는 것을 의미한다. 더욱 흥미로운 점은 그래프에 무엇을 표시하느냐다. x축에는 위치를 표시하고(진자는 좌우로 움직인다는 점을 생각해보길) y축에는 속도를 표시한다. 단순조화운동을 좌우하는 미분방정식에 따르면 이 궤적이 반드시 따르는 규칙들의 집합은 다음과 같다. 이 운동은 같은 위치에서는 매번 속도가 같지만 동시에 현실에서 진자 추가 앞뒤로 흔들리듯이 방향은 반대가 되므로 위상도는 빙빙 돌며 타원을 그린다. 또한 표준적인 그래프와 달리 시간 축이 없다. 시간은 중요하지 않다. 오직 위치와 속도에만 집중하면 된다.

그래프의 왼쪽 끝에서 시작하는 바깥 고리를 따라 움직이는 진자의 운동을 설명해보자. 그 지점에서 진자 추는 왼쪽 끝에 있으며 움직이지 않는다(속도가 0이다). 그다음 왼쪽에서 오른쪽을 향해 움직이기 시작하면서 속력이 올라간다. y축을 지나는 순간이 끈과 지표면이 수직을 이룬 상태며 속력이 가장 빠르다. 그 뒤로는 차츰 느려지다가 오른쪽 끝에 도달하고 그곳에서 다시 멈춘다(다시 속도가 0이다). 이 진동 한 번을 마치며 진자는 이제 타원의 절반을 지났다. 이제부터는 반대 쪽으로 운동한다. 진자는 오른쪽에서 왼쪽으로 이동하면서 다시 가속도가 붙고 속도가 증가한다. 다만 방향이 이전과 반대다(x축 아래). 그러다가 처음 출발했던 지점에 도달하면 다시 멈춘다.

이는 미분방정식이 좌우하는 단순한 시스템을 위상도로 나타낸 한 사례일 뿐이다. 더욱 복잡한 시스템도 비슷한 그래프로 표현할 수 있다. 수학자들은 이 그래프의 궤적을 연구함으로써 진자의 운동에 대한 통찰력을 얻을 수 있다.

흥미롭게도 전염병 데이터를 이와 비슷한 방식으로 표현할 수 있다. 나는 2020년 크리스마스 직전에 코로나 팬데믹과 관련해 이런 작업을 시작했다. 안타깝게도 당시는 힘겨운 시기였기 때문에 진자 운동 위상도와 비교하면 축에 표시한 변수들이 훨씬 암울하다. 하지만 이 점을 제외하면 다음 그래프를 앞과 같은 방식으로 살펴볼 수 있다.

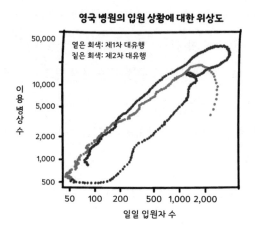

영국 병원의 입원 상황에 대한 위상도

이는 영국의 팬데믹 제1 · 2차 대유행 시기에 발표된 병원 데이터를 표현한 위상도다. 이번에도 궤적이 타원형이다. 이용 병상 수(위치와 비슷한 양)는 y축에 그렸고 일일 입원자 수(위치의 변화인 속도와 비슷한 양)는 x축에 그렸다. 이번에도 시간 축은 없다. 오른쪽 중간의 옅은 회색에서 이야기를 시작한다. 점들이 반시계 방향으로 돌며 입원자 수와 이용 병상 수가 증가하다가 봉쇄 조치 이후로는 점점 왼쪽으로 방향을 틀면서 입원자 수가 정점에 달한다. 이어서 이용 병상 수가 정점에 달한 뒤 차츰 고리가 왼쪽 아래로 향한다. 왼쪽 맨 아래 구석에서는 색깔을 바꿔 제2차 대유행의 시작을 강조했다. 다시 이용 병상 수와 입원자 수가 함께 증가하다가 (제2차 봉쇄 조치로 인한 타원 속의 타원은 제외하고) 이전보다 더 높은 수준에서 정점에 달한다. 그러고 나서 다시 봉쇄 조치와 백신 접종의 효과가 나타나면서 왼쪽 맨 아래로 내려간다.

그 뒤 발생한 대유행에서도 비슷한 타원과 궤적이 나타났다. 이것이 내가 코로나바이러스 데이터를 시각화하는 데 이바지한 가장 자랑스러운 성과다. 이 위상도를 설명 없이 혼자 해석하는 것이 쉽지만은 않다. 하지만 이것은 어떻게 미분방정식이라는 수학 개념으로, 병원 입원자 수와 이용 병상 수라는 일상의 숫자 변화를 설명할 수 있는지를 보여준다. 무엇보다도 보기에 좋지 않은가!

나비의 날갯짓이 예측을 어렵게 만든다

미분방정식의 다른 형태들도 다양한 현상을 설명해준다. 앞서 봤듯이 물리학 문제를 추상화하며 특정한 방정식을 선택함으로써 진자의 운동을 수학적으로 표현했다. 하지만 알다시피 현실세계에서 진자는 마찰과 공기저항 때문에 영원히 움직이지는 못한다.

미분방정식에 진자의 속력을 차츰 감소시키는 여분의 작은 항을 더하면 이것을 포착할 수 있다. 그러면 진자는 계속 흔들리긴 하지만 매번 타원의 축이 짧아지고 차츰 느려지면서 균형점에서 멈춘다. 이것은 평형 상태를 향해 운동하는 안정적인 시스템의 한 예다. 위상도에서 보면 이런 시스템의 궤적은 고리를 이루는 타원이 아니라 위상도의 중심으로 향하는 나선 모양이다.

더 극적으로 움직일 수도 있다. 보이저호가 우주 공간의 한 균형점에서 출발했지만 중력 때문에 블랙홀로 천천히 끌려가는 모습을 상상해보자. 블랙홀에 가까이 갈수록 중력은 더 세진다. 가속도가 더 커진다는 뜻이다. 진자와 마찬가지로 가속도는 위치에 따라 달라지지만, 자체적으로 속력을 조정하는 진자의 운동과 달리 블랙홀로 향하는 물체의 가속도와 속력은 시간이 지나면서 점점 커진다. 이 경우 시스템이 불안정해진다. 원래의 균형점에서 벗어나 계속 가속된다는 뜻이다.

이런 움직임이 영원히 진행되지는 못한다. 왜냐하면 보이저호가 결국 블랙홀에 도달하면 중력으로 파괴되기 때문이다. 수학적 추상화에 따라 사소한 변화를 미분방정식에 추가하면(마이너스를 플러스로 바꾼다거나 감속을 가속으로 바꾼다거나) 시스템 전체에 중대한 영향을 끼친다는 점은 분명하다.

마찬가지로 지수적 증가와 지수적 붕괴 둘 다 형태는 매우 비슷하되 서로 부호만 다른 미분방정식으로 나타낼 수 있다. 어떤 측면에서는 이런 미분방정식이 진자의 운동과 가속하는 보이저호를 설명하는 미분방정식보다 훨씬 더 단순하다.

속력이 위치에 비례하는 시스템을 예로 들어 살펴보자. 속력이 위치와 양의 관계면 위치가 커질수록 속력도 커지므로 위치는 더욱 커진다. 이것은 불안정한 시스템이며, 규모가 급속하게 커지면서 지수적으로 증가한다. 반대로 속력이 위치와 음의 관계면 속력은 진자처럼 0(균형점)을 향해 위치를 미는 작용을 한다. 하지만 진자와 달리 시스템이 0에 가까이 다가 갈수록 속력은 더 작아지므로 시스템은 0을 지나치지 않고 정확하게 0에서 멈춘다. 이것이 바로 앞서 살펴봤던 지수적 붕괴다.

다시 말해 미분방정식의 형태를 조금만 바꿔도 단순한 시스템조차 큰 영향을 받는다. 나아가 훨씬 더 복잡한 움직임이 미분방정식 모델에서 나타날 수 있다. 특히 직선상의 위치 같은 단일한 1차원 양을 추적할 때보다 현실인 3차원에서의 위치 같은 고차원 양을 모델링할 때 그렇다.

에드워드 로렌즈$^{Edward\ Lorenz}$와 엘런 페터$^{Ellen\ Fetter}$는 1963년 대기의 움직임을 모델링하는 악명 높은 방정식 집합을 도출했다. 앞서 말했듯이 날씨는 예측하기가 매우 까다롭다. 모델링할 양(예를 들어 한 변이 1킬로미터인 정사각형 각각의 기상 조건)이 많아 방정식에 수많은 항이 들어가기 때문이다.

그런데 로렌즈와 페터가 고안한 방정식들은 항이 매우 적어 단순해 보인다. 가속도를 고려하지 않고 그저 '거리에 따른 속력' 관계들로만 기술한다. 날씨 현상은 여러 항에 곱해지는 3가지 상수, 수학자들의 용어로는 매개변수 때문에 미묘하게 변화한다. 이 세 매개변수의 값이 아주 조금만 변해도 로렌즈와 페터가 제시한 시스템에 엄청난 결과를 일으킨다. 그리고 매개변수가 특정한 값이 되면 시스템은 별일 없이 균형점으로 그냥 수렴해 버린다.

훨씬 더 흥미롭게 움직이는 다른 값들도 있다. 특정 매개변수들을 선택하면 시스템은 균형점으로 수렴하지 않고 로렌즈끌개$^{Lorenz\ attractor}$(어떤 역학계의 모든 정보를 간직한 하나의 점이 일정한 위상 공간 안에서 똑같은 경로를 지나지 않으면서도 정지하지 않도록 하는 끌개–옮긴이)라는 기이하면서도 아름다운 수학적 대상으로 끌려간다. 로렌즈끌개는 종이나 컵처럼 2차원이나 3차원이 아니라 약 2.06차원이다. 이런 대상을 프랙털fractal이라고도 한다. 직관적으로 이해할 수 없어도 걱정하지 마라. 사실 아무도 이해하지 못한다. 어떤 대상이 정수가 아닌 수의 차원이라니 얼마나 이상한가!

로렌즈와 페터의 방정식이 단순한 규칙으로부터 이런 기이한 움직임을 도출한다는 사실은 카오스이론chaos theory 발전의 초기 단계를 장식했다. 나비효과butterfly effect, 곧 한 시스템에서 일어난 미세한 변화가 엄청난 결과를 초래할 수 있음을 가리키는 이 유명한 효과야말로 두 사람의 연구 내용을 집약적으로 나타낸다. 동역학계dynamical system라는 수학 분야에서 이러한 방정식들의 속성이 계속 연구되고 있으며, 이 분야에서 필즈상Fields Medal(수학계의 노벨상) 수상자가 여러 명 나왔다.

지금까지는 단순한 규칙을 따르면서도 예상치 못한 방식으로 움직이는 시스템을 살폈다. 이번에는 예측할 수 있으면서도 흥미로운 움직임을 만들어내는 규칙들의 집합을 살펴보자. 지수적 증가와 지수적 붕괴가 미분방정식을 통해 일어날 수 있다는 것은 알았다. 그렇다면 이런 방정식이 어떻게 전염병을 기술할 수 있는지, 왜 전염병이 영원히 지수적으로 증가하지 못하는지 알아보자.

불확정성 시대를 꿰뚫는 수식 한 줄

윌리엄 커맥William Kermack과 앤더슨 맥켄드릭Anderson McKendric은 1927년에 미분방정식을 이용해 전염병을 모델링한 선구적인 연구 결과를 발표했다. 스페인독감이 전 세계를 휩쓴 지 얼마 지나지 않은 때였다. 이 논문에서 오늘날 너무도 유명해진 R_0가 처음 도입됐다. 두 사람은 R_0를 "거의 모든 인구에게 빈번하게 발생하는 전염병 발병의 규모를 설명하는 데 적합한 것으로 보이는 하나의 인과적 요소"라고 했다.

이 논문에서 SIR 모델이 등장한다. S, I, R은 각각 감염대상군susceptible, 감염군infectious, 회복군recovered을 나타낸다. 기본 개념은 다음과 같다. 면역력이 장기간 지속되고 자연적인 전염병이 유행하는 동안 사람들은 첫 번째 상태(감염대상 상태, 곧 아직 감염되지 않은 상태)에서 두 번째 상태(감염 상태, 곧 다른 사람을 감염시킬 수도 있는 상태)를 거쳐 최종 상태(회복 상태, 곧 전염병에 면역력이 생긴 상태)로 자연스럽게 옮겨간다. 물론 이는 현실의 상황을 대략적으로만 설명하지만 질병의 동역학을 생각해보기에는 좋은 방법이다.

커맥과 맥켄드릭의 연구는 사람들이 감염대상군에서 감염군, 나아가 회복군으로 옮겨가는 비율을 기술한다. 핵심은 어떻게 전염병을 이산적인 과정(시간 구간마다 정수의 사람들로 이뤄진 과정)으로 보던 관점에서 벗어나, 연속적인 과정(임의의 수의 사람들로 이뤄진 과정)으로 고찰했는지를 이해하는 일이다.

특정한 날에 몇 명이 감염될지는 무작위적인 우연의 문제이므로 정확하게 알 수 없다. 마찬가지로 매일 30개의 주사위를 던진다고 할 때 그중 특정한 날 6의 눈이 나오는 주사위가 몇 개일지를 정확하게 알 수 없다. 하지만 장기적으로 봤을 때 6의 눈이 나오는 주사위 개수의 평균이 5에 가까울 것은 확실하다.

페르미 추정과 마찬가지로 평균에서 벗어난 양쪽 극단값은 상쇄될 가능성이 높다. 다시 말해 평균은 좋은 추정값이므로 그것을 이해하는 것만으로도 충분하다. 이를 유동한계fluid limit라고도 한다. 이에 관해서는 5장에서 자세히 다룰 큰 수의 법칙에서 체계적으로 설명한다.

커맥과 맥켄드릭의 SIR 모델은 전염병 진행 과정의 동역학으로 설명할 수 있다. 감염대상군은 감염되면 감염군에 속한다. 변환되는 정도는 감염대상군과 감염군의 접촉 비율에 따라 정해진다. 만약 어느 한쪽 인구수가 2배가 되면 접촉 비율도 2배가 된다. 감염을 일으키는 접촉 비율은 감염대상군의 수와 감염군의 수를 곱한 값에 어떤 매개변수를 곱한 값으로 정해진다.

감염자의 일정 비율이 회복된다고 가정할 때 회복군은 감염군의 수에 비례하는 양만큼 증가한다. 감염자 수는 이제 막 감염되고 있는 감염대상자들 때문에 증가하면서 동시에 회복되고 있는 사람들 때문에 감소한다. 어쨌거나 인구수는 일정하게 유지된다(출생자 수나 사망자 수의 변동은 무시한다).

이런 내용은 전염병이 어떻게 확산되고 소멸되는지를 설명하는 꽤 직관적인 규칙들로서 3가지 미분방정식으로 표현된다. 이 미분방정식들의 해는 앞에서 설명한 일부 모델들처럼 간단하게 구할 수는 없다. 하지만 이론상으로도든 컴퓨터를 통해서든 해를 구하고 나아가 방정식들의 속성까지 분명히 이해할 수 있다.

전염병 초기에 감염자 수는 지수적으로 증가하며 그 유명한 R_0가 모델의 매개변수들로부터 등장한다.* 하지만 이 지수적 증가 단계는 영원히 계속되지 않는다. 충분히 많은 인구가 더 이상 감염대상자가 아닌 상황이 되면 증가율은 낮아지고 곡선은 평평해지기 시작한다. 커맥과 맥켄드릭이 이룬 중요한 업적 하나는 인구 전체가 감염되기 전에 전염병이 종식된다는 사실을 알아낸 것이다. 일부 사람들은 여전히 감염대상군으로 남는다. 다시 말해 커맥과 맥켄드릭은 R_0로부터 그 유명한 HIT를 도출해낸 것이다.

물론 커맥과 맥켄드릭의 연구가 많은 전염병의 전개 양상을 파악한 위대한 성취이기는 해도, 단순한 SIR 모델로 전염병 확산과 종식 과정 전체를 설명할 수는 없다. 여러 과학자는 이 모델을 확장해 새로운 모델들을 개발했다. 예를 들어 SEIR 모델에서는 접촉군^exposed이라는 단계를 추가한다. 접촉군에 해당하는 사람은 감염되긴 했지만 아직 다른 사람을 감염시키지 않은 상태다. 코로나바이러스의 경우 이 잠복기는 대략 5일이다. 어떤 모델이든 공통적으로 질병의 동역학을 비교적 단순한 미분방정식들의 집합으로 설명할 수 있다.

---

* 구체적으로 R_0는 사람들이 감염대상군에서 감염군으로 바뀌는 비율을, 감염군에서 회복군으로 바뀌는 비율로 나눈 값이다. 사람들이 회복되는 속도보다 감염되는 속도가 더 빠르면(다시 말해 R_0가 1보다 커지면) 전염병이 더 퍼지기 때문에 이렇게 계산한다.

물론 방정식들이 코로나바이러스 확산의 전체 상황을 설명하지는 못한다. 예를 들어 3장에서 봤듯이 영국에서는 확진자가 증가하고 감소하는 여러 단계가 있었다. 다른 국가들에서도 비슷한 상황이 벌어졌다. 확산 양상의 변화나 코로나바이러스 변종 발생 등으로 구분되는 단계들이 나타났다. 이러한 상황은 SIR 모델이나 SEIR 모델에서는 일어나지 않는다. 일반적으로 이 모델들은 질병 확산 단계에서 한 번의 대유행만을 고려한다. 이 때문에 사람들은 이제 대유행이 다시 발생할 리 없고 감염대상군에 매우 적은 사람들만 남았으니 감염자가 줄어들 것이라고 잘못 가정한다.

역사는 이런 가정을 순순히 따르지 않았다. 내가 보기에 표준적인 SIR 모델은 한 가지 결정적인 방식을 적용하면 팬데믹의 역학관계를 포착할 수 있었다. 바로 봉쇄와 사회적 거리두기다. 이 정책들이 시행되자 사람들이 감염대상군에서 감염군으로 바뀌는 비율이 크게(적어도 일시적으로는) 감소했다. 커맥과 맥켄드릭의 모델에서는 그런 변화율에 대한 매개변수값이 일정하지만 더 발전된 모델에서는 시간에 따라 매개변수값이 변화한다(물론 봉쇄 기간에는 일정하게 유지될 것이다). 미분방정식을 바탕으로 모델이 더 발전하면 영국의 전염병 확산 양상을 잘 설명해줄 것이다.

미분방정식 모델을 이해하면 비로소 많은 물리적 현상이 시간에 따라 어떻게 변해가는지 파악할 수 있는 길이 열린다. 지금까지 살펴본 것처럼 단순한 수학적 구조로 수많은 현상을 설명할 수 있다. 하지만 현실의 데이터는 이상화된 데이터처럼 잘 들어맞지는 않는다. 따라서 무작위성을 고려해야만 한다. 2부의 주제가 바로 이 무작위성이다.

✚✚ 요약

수많은 현상에서 연속적인 공간과 시간을 불연속적인 덩어리로 분할해 시스템이 따르는 규칙을 나타낼 수 있다. 단순한 규칙들이 용수철과 진자처럼 깔끔하게 움직이는 물체들의 운동을 설명하기도 하지만 그 규칙들이 모이면 날씨 같은 시스템에서 예측할 수 없는 움직임을 일으키기도 한다. 놀랍게도 커맥과 맥켄드릭의 전염병에 관한 SIR 모델도 비슷한 규칙들의 집합을 이용해 기술된다. 지금까지 관찰된 코로나 팬데믹의 특징들(예를 들어 R_0로 결정되는 초기의 지수적 증가, HIT의 존재)도 설명해낸다.

✖✖ 제안

자연 현상이 단순한 규칙으로 규정된다는 개념을 더 깊이 탐구하고 싶다면 일상생활에서 물체들이 움직이는 방식을 살펴보라. 놀이터에 가면 그네를 타는 아이(아이가 앞뒤로 움직이는 운동은 진자 운동의 규칙을 따른다)와 일정한 방향으로 움직이는 미끄럼틀을 타는 아이(다만 중력과 마찰력이 작용하면서 속력이 달라진다)의 차이가 보인다. 테니스공에 작용하는 힘 때문에 테니스공은 1장에서 봤던 포물선을 그린다. 라바램프(밀도가 다른 유체들이 용암처럼 움직이는 장식용 전기 램프-옮긴이)나 물이 떨어지는 수도꼭지처럼 물리법칙의 지배를 받지만 예측하기가 몹시 어려운 물체를 찾을 수 있는가?

2부.

불확실한 확률 싸움에서 이기는 법: 무작위성

5장.
신은 주사위 놀이를 하지 않는다

우연히 벌어지는 일들에도 법칙이 있다

여러분이 상속받은 1,000파운드(약 164만 원)를 더 큰 금액으로 불리고 싶다고 해보자. 먼저 낮은 가격에 주식을 사서 가격이 오르면 팔 생각으로 주식 시장에 투자하는 방법이 있다. 응원하는 축구 팀이 같은 지역의 경쟁 팀과 경기를 하거나 경마에서 이름이 재미있는 말을 발견하면 돈을 걸고 내기를 할 수도 있다. 또는 카지노에 가서 룰렛 게임을 하거나 크랩스^{craps} 게임에서 주사위를 던지거나 카드 뽑기로 내기를 하는 등 순전히 우연으로 승부가 결정되는 게임을 선택할 수도 있다.

모두 잘못된 선택이다. 이율이 정해진 저축 상품처럼 확실하게 재산을 불려줄 것이라고 보장하는 방법들이 아니기 때문이다. 전부 어느 정도의 무작위성이 관여하며 어떤 선택지는 다른 선택지보다도 무작위성이 더 크다. 대부분의 카지노 게임은 정상적으로 이뤄진다면 순수한 우연의 요소가 있기 때문에 본질적으로 승패를 예측할 수 없다. 이번 장에서 살펴보겠지만 주식 가격과 스포츠 경기 결과에도 역시 어느 정도의 무작위성이 존재한다.

예를 들어 주식시장은 완벽히 예측 불가능하게 작동하는 것처럼 보인다. 주가가 정말 무작위적인지에 대해서는 논쟁의 여지가 있다. 4장의 날씨 사례와 마찬가지로 현실세계의 현상들은 일련의 자연법칙에 따라 일어난다. 만약 모든 것을 정확하게 모델링할 수 있다면 주가의 변동도 완벽하게 이해할 수 있을 것이다.

여기서는 일일 주가 데이터가 불가사의한 방식으로 변동한다는 개념을 이해하기 위해 무작위성이라는 개념을 활용할 것이다. 주가는 어떤 경우에는 결정론적이지만(예를 들어 특정 주가지수를 추종하는 인덱스펀드 index fund의 가격) 또 어떤 경우에는 본질적으로 예측 불가능하다(예를 들어 아무개가 불명확하고 개인적인 이유로 주식을 살 것인가 팔 것인가?). 주가의 등락을 예측해낸 사람에게는 막대한 경제적 보상이 따르겠지만 아무도 단기적인 시장 변화를 완벽하게 예측할 수는 없다.

1장에서 직선 같은 단순한 함수를 통해 그래프와 곡선을 이해했듯이 지금부터 단순한 물체 하나로 무작위성을 이해해보자. 바로 동전이다. 동전 하나를 던질 때 앞면이나 뒷면 중 한쪽이 더 잘 나올 이유는 없다. 따라서 동전의 앞면과 뒷면이 나올 확률은 각각 50퍼센트이며, 이러한 동전을 보통 공정한 동전fair coin이라고 부른다. 편향된 동전biased coin을 살펴보는 것도 유용하다. 예를 들어 앞면이 더 무거워서 앞면이 나올 확률이 뒷면과 다른 동전이 있다고 해보자. 이 책 곳곳에서 편향된 동전을 상상해볼 것이다. 예컨대 앞면이 나올 확률이 83퍼센트인 동전 말이다.

한 동전을 여러 번 던진다고 할 때 과거의 결과는 당연히 다음 결과에 영향을 미치지 않는다. 동전은 무생물이므로 기억이 없으며, 과거의 던지기가 미래의 던지기에 어떤 식으로든 영향을 끼칠 메커니즘이 작동하지 않는다. 수학적으로 말해 공정한 동전을 연속적으로 던지는 것은 균일하게 무작위적uniformly random이고(각각의 결과가 나올 확률이 모두 똑같다) 독립적independent이다(한 결과가 다른 결과에 영향을 끼치지 않는다).

이와 달리 인간은 무작위성을 만들어내는 데 지극히 서툴다. 정말 그런지 확인하고 싶다면 1에서 100 사이의 숫자를 아무거나 하나 생각해보라. 대부분의 사람은 무의식적으로 홀수가 짝수보다 더 무작위적이라고 느끼며, 어떤 범위의 중간에 있는 수가 1이나 9보다 더 무작위적이라고 느낀다. 이런 이유로 꽤 많은 사람이 37과 73을 대고 절반 이상이 홀수를 고른다.

'독립성'이라고 했을 때 2가지 다른 비슷한 이름의 원리 때문에 과연 정말로 독립적인지 의심스러울 수 있다. 하나는 잘못된 민간전승의 원리고 다른 하나는 올바른 수학적 사실이다. 민간전승의 원리란 바로 '평균의 법칙law of averages'(관측 대상의 수가 작아도 결과가 평균값과 같을 것이라는 막연한 기대—옮긴이)이다. 이에 따르면 동전을 던졌을 때 몇 번 연속해서 앞면이 나오지 않았다면 다음에는 앞면이 나올 확률이 더 높다. 왜냐하면 전체적으로 앞면과 뒷면이 나오는 횟수가 비슷해야 하기 때문이다. 많은 사람이 이 발상에 따라 복권 구매 전략을 세운다. 예를 들어 최근에 뽑히지 않은 숫자들을 선택하는 것이다. 안타깝지만 동전과 마찬가지로 복권 번호는 지난 당첨 번호를 기억하지 않기 때문에 이 전략은 어김없이 빗나간다. 기억에 관한 이런 잘못된 발상을 '도박사의 오류gambler's fallacy'라고도 한다.

반면 언뜻 비슷한 또 다른 원리인 '큰 수의 법칙'은 참이다. 이에 따르면 독립적인 결과들이 나오는 실험을 계속 반복하면, 특정한 결과가 나오는 횟수의 비율은 그 결과의 진짜 확률에 점점 더 가까워지는 경향이 있다. 동전 던지기 실험은 이 미묘한 법칙이 참임을 잘 보여준다. 동전 여러 개를 던질 때 그중 얼추 절반은 앞면이 나올 것이라고 예상한다. 하지만 동전 100만 개를 던질 때 정확히 50만 개가 앞면이 나오길 기대하지는 않는다. 마찬가지로 뒷면이 하나도 나오지 않으면 굉장히 놀랄 것이다. 이론상 그럴 확률이 매우 낮기 때문이다.

수학자와 통계학자는 이를 파악하기 위해 참값이 나올 가능성이 높은 확률들의 범위를 계산한다. 예를 들어 내가 여러분에게 동전 하나를 10번 던지라고 한 다음 앞면이 나오는 횟수를 센다고 해보자.

다음 표에 앞면이 나오는 횟수에 따른 결괏값 각각의 확률을 분수와 백분율 2가지 형태로 나열했다. 여기서 보면 동전 앞면이 10번의 절반인 5번 나올 확률이 실제로 가장 높으며, 앞면이 4번에서 6번 사이로 나오는 비율은 약 3분의 2다. 만약 앞면이 2번보다 적거나 8번보다 많이 나왔다면 꽤 드문 결과다(훌륭하다!). 20번 중 19번은 앞면이 2번에서 8번 사이로 나온다.

내가 확률들을 어떻게 계산했는지 너무 궁금해하지 않아도 된다. 그래도 설명해보자면 동전을 10번 던진 결과 각각은 모두 발생 확률이 같다. 곧 1,024분의 1이다. 그렇다면 앞면이 3번 나올 확률은 앞면이 3번이고 뒷면이 7번으로 구성된 배열의 경우의 수로 결정된다.

만약 시간이 많고 큰 종이가 있다면 파스칼의 삼각형Pascal's triangle에서 어느 한 줄을 확인해보라. 1, 10, 45, 120으로 이어지는 숫자들이 보일 것이다. 파스칼의 삼각형이란 삼각형으로 숫자들을 배열한 수학 개념으로, 삼각형의 꼭대기는 1로 시작하고 그 다음 줄의 각 수는 대각선 위에 있는 두 수의 합과 같다.*

앞면이 나온 횟수	확률(정확한 값)	백분율
0	1/1,024	0.1
1	10/1,024	1.0
2	45/1,024	4.4
3	120/1,024	11.7
4	210/1,024	20.5
5	252/1,024	24.6
6	210/1,024	20.5
7	120/1,024	11.7
8	45/1,024	4.4
9	10/1,024	1.0
10	1/1,024	0.1

* 여기서 이 수들이 등장하는 까닭은 파스칼의 삼각형이 두 유형의 대상이 만들어낼 수 있는 순서들을 나타내기 때문이다. 예를 들어 삼각형 꼭대기를 0행이라고 했을 때 3행에는 1, 3, 3, 1이 나온다. 처음 나오는 3은 앞면이 한 번 나오고 뒷면이 2번 나오는 배열들(앞뒤뒤, 뒤앞뒤, 뒤뒤앞)이 3가지라는 사실과 대응한다. 마찬가지로 동전을 10번 던질 때 앞면이 3번이고 뒷면이 7번인 배열들은 120가지다. 앞면이 7번 나오고 뒷면이 3번 나오는 경우도 마찬가지로 120번이다. 따라서 본문의 표에서도 확률과 백분율은 위아래가 대칭이다.

지면에 한계가 있기 때문에 이런 식의 확률들을 더 많이 표에 담기는 어렵다. 하지만 수학자는 똑같은 개념을 이용해 임의의 동전 던지기 횟수에 관해 20번 중 19번 이상 앞면이 나오는 횟수의 범위를 계산한다. 다음 표에서 보듯이 던지기 횟수가 많아질수록 이 범위는 좁아진다(앞에서 나온 동전 10번 던지기 사례가 첫째 줄에 나온다).

동전 던지기 횟수	앞면이 나오는 횟수의 범위	앞면이 나오는 비율
10	2~8	0.2~0.8
100	40~60	0.4~0.6
10,000	4,902~5,098	0.4902~0.5098
1,000,000	499,020~500,980	0.49902~0.50098

표에 따르면 동전을 100번 던질 때 그중 40~60퍼센트가 앞면일 것임이 거의 확실하다. 100만 번 던질 경우 이 범위가 49.9~50.1퍼센트로 좁아진다. 이는 큰 수의 법칙이 옳음을 완벽하게 보여준다.

동전을 1만 번 던지면 벌어지는 일

큰 수의 법칙은 동전 던지기뿐 아니라 더 많은 상황에도 적용된다. 이 법칙은 '평균'에 관한 2가지 직관적 개념(앞으로 설명이 나오겠지만 이때 2가지 개념이란 각각 실제로 실행해본 결과, 곧 표본평균과 이론적으로 계산된 값, 곧 기댓값을 말한다-옮긴이)을 통합한다. 그리고 동전 던지기 실험을 충분히 많이 할 경우 앞면이 나오는 횟수와 뒷면이 나오는 횟수가 서로 비슷해진다는 사실을 알려준다.

동전 던지기 대신에 표준적인 육면체 주사위를 많이 던진다고 해보자. 이번에도 주사위 던지기의 결과는 동전 던지기처럼 독립적이고 균일하게 무작위적이다. 주사위를 10번 연속 던진 결과를 기록해보자. 예를 들어 내가 직접 10번을 던졌더니 1, 5, 3, 2, 2, 6, 1, 4, 6, 1로 나왔다. 모두 합하면 31이다. 여러분도 주사위를 10번 던진 다음 결과의 총합을 직접 구해보라.

표본평균sample average은 단순하게 주사위 눈의 총합(내 경우에는 31)을 던진 횟수로 나눈 값이다. 내 경우에는 3.1이다. 일반적으로 표본평균은 실험을 반복 시행해서 나온 수의 총합을 시행 횟수로 나눈 값이다.

동전 던지기에서 앞면이 나오는 횟수에 관한 실험도 마찬가지 방식으로 생각할 수 있다. 앞면을 1로 적고 뒷면을 0으로 적으면 된다. 결괏값의 총합을 동전을 던진 횟수로 나누면 표본평균이 된다. 이 경우 총합은 앞면이 나온 횟수(앞면이 나올 때마다 총합은 1만큼 커지고 뒷면이 나올 때는 총합이 그대로다)와 같다. 다시 말해 이때 표본평균은 앞면이 나온 횟수의 비율과 같다.

여기서 짚고 넘어갈 점은 각각의 실험 결과가 무작위적이므로 표본평균도 무작위적이라는 것이다. 주사위 던지기 실험에서 표본평균은 원리상 1.0(1이 10번)과 6.0(6이 10번) 사이의 임의의 값이 나올 수 있다. 결과의 총합이 정확히 31인 경우를 실제로 보기는 어렵겠지만 그렇다고 제외할 수도 없다! 다만 표본평균의 어떤 값이 나올 가능성은 다른 값보다 더 높을 수 있다. 어쩌면 이 범위의 중간에 있는 값, 곧 3.5가 나올 가능성이 가장 높은 표본평균이라고 생각할 수도 있다. 왜냐하면 1과 6의 쌍이 나올 가능성은 2와 5의 쌍, 3과 4의 쌍이 나올 가능성과 같으며 각 쌍의 평균이 3.5이기 때문이다.

이 경우에도 동전 던지기 사례와 마찬가지로 확률표를 만들 수 있다. 계산 방법은 파스칼의 삼각형을 이용할 때보다는 조금 더 복잡하지만 어쨌든 계산을 통해 표가 도출된다. 다음은 전체 표에서 일부 구간을 잘라낸 것이다. 보다시피 어떤 결과도 발생 확률이 특별히 높지는 않다. 확률이 가장 높은 합계(35)조차 대략 14번에 1번꼴로 발생한다. 하지만 주사위를 10번 던져 나온 눈의 합이 30과 40 사이에 놓일 가능성, 곧 표본평균이 3에서 4 사이일 확률은 3분의 2를 넘는다.

주사위 10번 던져 나온 눈의 합	확률(정확한 값)	백분율
30	2,930,455/60,466,176	4.8
31	3,393,610/60,466,176	5.6
32	3,801,535/60,466,176	6.3
33	4,121,260/60,466,176	6.8
34	4,325,310/60,466,176	7.2
35	4,395,456/60,466,176	7.3
36	4,325,310/60,466,176	7.2
37	4,121,260/60,466,176	6.8
38	3,801,535/60,466,176	6.3
39	3,393,610/60,466,176	5.6
40	2,930,455/60,466,176	4.8

눈의 합의 백분율을 그래프로 그려봐도 마찬가지다. 극단값이 나올 확률은 매우 낮으며(예를 들어 합계가 20 아래거나 50을 넘을 확률은 낮다. 만약 여러분이 그런 결과를 얻었다면 아주 잘했다!) 총합이 35에 가까울 가능성이 매우 높다.

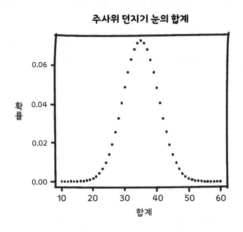

주사위 던지기 눈의 합계

이 개념을 공식화한 것이 바로 큰 수의 법칙이다. 이 법칙에 따르면 우리가 주사위를 아주 많이 던지면 그 결과로 나온 표본평균이 3.5에 가까울 가능성이 지극히 높다. 이 법칙은 다른 많은 독립사건에도 적용된다. 각각의 실험마다 기댓값expected value(때로는 평균mean)이라는 특정한 수가 있다. 큰 수의 법칙에 따르면 어떤 실험을 반복하든 일반적으로 그 표본평균은 기댓값에 가까워질 가능성이 매우 높다.

기댓값도 산술평균average(다양한 종류의 평균 중에서 주어진 변수의 총합을 변수의 개수로 나눈 것-옮긴이)의 일종이다. 균일한 무작위 실험에서 기댓값은 결괏값들의 합을 결괏값의 개수로 나눈 값이다. 예를 들어 주사위 던지기의 경우 기댓값은 $(1+2+3+4+5+6)\div6=3.5$다. 동전 던지기의 기댓값은 $(0+1)\div2=0.5$다.

결괏값이 균일하게 무작위적이지 않으면 기댓값을 계산하는 방법은 조금 더 복잡하다. 이때의 기댓값 역시 나올 수 있는 결괏값들의 평균이긴 하지만 각 결괏값의 확률에 가중치가 붙는다. 예를 들어 어떤 편향된 동전의 앞면이 나올 확률이 3분의 2고 뒷면이 나올 확률이 3분의 1이라고 하자. 이때 앞면이 나올 횟수의 기댓값은 $(2/3\times1)+(1/3\times0)=2/3$다.

그런데 여기서 '기대'라는 단어의 의미가 조금 특이하다. 예를 들어 주사위를 아무리 던져도 3.5라는 결괏값이 나오지는 않고 오직 정수값만 나온다. 기댓값은 실제로 보기를 기대하는 값이 아니라, 충분히 많은 반복 실험으로 얻는 장기적인 평균이라는 뜻이다.

다른 실험에서 똑같은 기댓값이 나올 수 있다. 예를 들어 앞뒷면이 똑같은 동전 한 개가 있는데 한 면에는 3, 다른 면에는 4가 적혀 있다고 하자. 그러면 이 동전 던지기의 기댓값은 $(3+4)\div2=3.5$로 주사위 던지기의 기댓값과 똑같다. 하지만 주사위 던지기에서 나온 숫자들은 분명 동전 던지기에서 나온 숫자들보다 더 넓게 분포한다. 주사위 던지기 각각의 결괏값은 기댓값에서 최대 2.5까지 벗어나 있을 수 있다. 동전 던지기의 경우에는 각각의 결괏값이 언제나 0.5 이내에 있게 된다.

이처럼 각각의 실험 결과들이 다르게 분포한다는 개념은 분산^{variance}이라는 양으로 파악한다. 안타깝게도 분산을 계산하는 방법은 이 책에서 설명하기에 너무 복잡하다. 어쨌든 핵심은 결괏값들이 더 넓게 분포할수록 분산이 커진다는 점이다. 기댓값으로는 실험의 결괏값을 어디부터 찾기 시작해야 하는지를 알 수 있고, 분산으로는 결괏값들을 얼마나 멀리까지 찾아야 하는지를 알 수 있다.

오늘 경기에서 리버풀이 질 확률: 기대 득점

기댓값이란 개념은 최근 스포츠 경기 결과 분석에서 많이 쓰인다. 축구의 기대 득점 expected goals이란 개념이 한 예다. 이는 엄청난 양의 데이터와 컴퓨터 연산력을 이용하면서 계산해낼 수 있게 됐지만 핵심에는 수학 개념이 있다. 스포츠 팬들은 최종 득점뿐 아니라 경기 내용 자체를 더 자세하게 알고 싶어한다. 결과가 타당한지를 알면 우리 팀이 이길 경우 승리에 더욱 열광할 수 있고 지더라도 심리적 타격이 줄어들기 때문이다.

이런 이유로 최근 많은 언론에서 득점과 더불어 경기 내용에 대한 데이터까지 보도한다. 예를 들어 공 점유율 통계(양 팀 각각이 축구공을 장악한 횟수의 비율)를 공개한다. 하지만 이 모든 지표는 완벽하지 않으며, 팀의 경기 방식을 보여줄 뿐 다른 정보는 딱히 없을 수 있다. 철저하게 수비에 집중하며 주로 공격을 막고 빠르게 역습을 시도하는 전술은 공 점유율이 낮을 수 있지만 실제로는 효율적인 경기 방식이다. 레스터 시티는 시즌 전 기간에 공 점유율이 고작 43퍼센트였는데도 2016년 영국 프리미어리그에서 우승을 차지했다.

축구팀의 실력을 평가하는 오래된 척도 중 하나는 팀에서 시도한 슈팅 수다. 때로는 이를 변형해 유효슈팅shot on target(골문 안으로 들어간 슈팅-옮긴이)만 세기도 하지만 이 수치에도 역시 한계가 있다. 공격하는 팀이 상대팀의 조직적인 수비에 막혀 당황하면 상대 골키퍼가 막기 쉬운 중거리슛을 남발할 수도 있다. 이렇게 하면 팀의 슈팅 수는 많아지겠지만 득점으로는 연결되지 않을 가능성이 높다.

모든 슈팅의 가치가 같지도 않다. 좁은 틈을 비집고 시도한 중거리슛은 노마크no mark(스포츠에서 수비수가 공격수를 경계하거나 방어하지 않아서 공격수가 마음대로 할 수 있는 상태-옮긴이) 찬스에서 공격수가 상대 골문 바로 앞에서 차는 슈팅과는 당연히 다르다. 데이터를 중시하는 축구 팬들은 이를 정량적으로 파악하기 위해 기대 득점이라는 개념을 개발해냈다.

축구 경기에 관한 방대한 영상 데이터베이스를 이용해 각 슈팅의 결과를 확인할 수 있다고 해보자. 비슷한 슈팅끼리 모두 분류한 다음에 각각의 결과를 추적한다면 각 유형의 슈팅이 득점으로 얼마나 이어졌는지 알아낼 수 있다. 페널티에어리어penalty area(수비 팀이 반칙을 했을 때 공격 팀에게 페널티킥이 부여되는 구역-옮긴이) 모서리에서 100개의 슈팅을 해서 12득점을 올렸다면 비슷한 슈팅이 각각 득점으로 이어질 확률은 100분의 12, 곧 0.12다. 더 정확하게 예측하고 싶다면 득점한 공격수와 가장 가까운 상대 수비수들의 위치를 살펴보거나, 가장 심하게 전담수비를 당한 선수의 슈팅과 트인 공간에서 시도한 선수의 슈팅을 구분할 수도 있다.

이 방법이 전적으로 정확한 것은 아니다. 인간의 판단과 수학모델링이 필요한 데다가, 이전 득점들에 관한 서로 다른 데이터세트를 이용해 확률을 구하기 때문이다. 이 때문에 계산 주체에 따라 같은 경기에 대해서도 조금씩 다른 기대 득점값을 발표하기도 한다. 하지만 계산의 기본 방식은 언제나 같다.

한 팀이 시도한 슈팅을 분석해 얻은 분수 형태의 득점 결괏값을 모두 합하면 한 경기에서 얻을 수 있는 전체 기대 득점값이 나온다. 이 개념은 북아메리카 스포츠계에서 만들어졌다. 실제로 기대 득점을 계산하는 방법은 아이스하키 경기에서 처음 개발됐다. 한 경기를 각각의 구성요소로 나눠 그 요소들을 측정한다는 발상은 저비용·고효율을 추구하는 야구의 머니볼 철학의 핵심이기도 하다. 기대 득점을 계산하는 방법들은 수학모델을 활용하는 금융공학에도 적용되어, 시장 자체의 변동성 등을 반영한 주식을 기반으로 거래하는 파생상품을 만들어낸다. 금융시장에서 돈을 버는 사람들은 이러한 방법에 관심을 갖는다.

각 슈팅의 분수 값을 더하는 것이 합리적인 이유는 바로 큰 수의 법칙 때문이다. 특정 슈팅으로 득점할 확률이 0.12라면 각 슈팅이 득점으로 연결될 기댓값은 $(0.12 \times 1)+(0.88 \times 0)=0.12$다. 따라서 한 경기에서 비슷한 슈팅이 10번 나온다면 이런 슈팅 전체로부터 나올 총득점의 기댓값은 $10 \times 0.12=1.2$다(슈팅을 많이 할수록 기댓값이 커진다).

이것이 무엇을 의미하는지 생각해봐야 한다. 분명 데이터를 이용한 영리한 분석 작업이다. 하지만 축구에서 승자는 실제로 얼마나 득점을 많이 했는지로 결정되지 계산된 기대 득점으로 결정되는 것이 아니다.

예를 들어 리버풀 팬이라면 2022년 챔피언스리그 결승전이 끝나고 억울했을 것이다. 발표된 기대 득점 대부분은 실제 승자인 레알 마드리드보다 리버풀이 더 높았다. 이는 기대 득점 시스템 자체의 한계 때문이다. 기대 득점을 계산할 때는 평균적인 과거 결과들을 바탕으로 한 슈팅 위치와 수비수 배치만을 고려한다. 골키퍼의 실력이라는 중요한 요인은 제외되어 있다. 리버풀은 기대 득점값이 높았지만 대부분의 슈팅이 결승전에서 맹활약한 상대편의 세계 정상급 골키퍼에게 막혀버렸다. 이전 경기들에서 실력이 부족했던 다른 골키퍼들이 같은 유형의 슈팅을 막지 못했는지 여부는 이번 결승전 결과와는 별 관련이 없다.

한 가지를 더 살펴봐야 한다. 바로 무작위성이다. 동전을 1만 번 던질 때 정확히 5,000번 앞면이 나온다고 기대하지 않듯이, 꼭 기대 득점이 그대로 최종 득점이 될 것이라고 기대하지 않는다. 더군다나 기대 득점은 정수가 아니다. 실제로 한 경기가 진행되는 동안 꽤 많은 무작위성이 개입한다. 선수들의 위치도 무작위성이 개입하는 '동전 10번 던지기' 사례와 비슷할 수 있다.

내가 좋아하는 축구 경기로 이를 설명해보자. 2020년 10월 4일, 내가 응원하는 팀인 애스턴 빌라가 이전 시즌 리그 챔피언 리버풀과 붙어서 7 대 2로 이겼다. 두 팀의 이전 성적에 비춰볼 때 과장이 아니라 그야말로 놀라운 결과였다. 이날 경기의 기대 득점을 봐도 분명 그 결과는 약간 놀라웠다. 여러분의 이해를 돕고자 언더스탯닷컴understat.com이 제시한 애스턴 빌라와 리버풀 각각의 기대 득점 3.08, 1.66을 사용해 넓은 범위의 결과가 나올 수 있음을 보여주겠다. 제시된 기대 득점을 고려하면 애스턴 빌라가 실제 결승전에서 올린 득점은 정말 값지다. 상대 팀의 일부 장거리 슈팅을 수비수들이 잘 막아냈을 뿐 아니라 다른 무작위 사건 역시 발생했기 때문이다.

이 결과를 더 잘 이해하려면 기대 득점을 확률로 변환한 다음 동전 던지기와 주사위 던지기 사례에서 봤던 것과 같은 그래프를 그려봐야 한다. 가장 표준적인 방법은 실제 득점 수가 푸아송분포Poisson distribution에 따라 무작위로 생성됐다고 가정하는 것이다. 이 분포는 드물게 일어나는 사건의 발생 가능성을 표현하는 표준적인 방법이며 다양한 상황에서 등장한다. 자신이 타던 말에게 차여서 사망한 프러시아 장교 같은 희한한 상황의 발생 확률을 표현할 때도 쓰인다. 3.08과 1.66을 푸아송분포의 공식에 대입하면 다음과 같은 확률 그래프가 나온다.

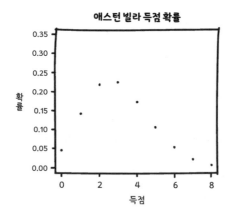

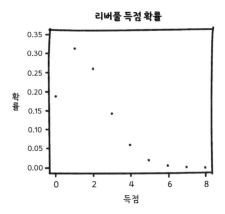

리버풀 득점 확률

이 그래프로 알 수 있듯이 결과의 범위가 넓다. 애스턴 빌라가 7득점할 확률은 꽤 낮았지만 다른 득점 확률도 낮기는 마찬가지였다(가장 가능성이 높은 값은 3인데 그마저도 확률이 약 22퍼센트였다). 실제로 이 모델에 따르면 애스턴 빌라가 시도한 슈팅들로 2점 이하를 득점할 확률이 40퍼센트였으며 리버풀이 3점 이상을 득점할 확률은 23퍼센트였다.

한 걸음 더 나아가 이 그래프에서 각 팀의 최종 득점이 독립적으로 나왔다고 해보자. 현실적인 가정으로 보긴 어렵다. 한 팀의 득점이 다른 팀에 영향을 끼치기 때문이다. 예를 들어 한 팀이 1 대 0으로 앞서고 있다면 지고 있는 팀이 상대를 따라잡기 위해 적극적으로 공격할 동기가 더 커진다. 이와 달리 한 팀이 4 대 0으로 앞서고 있다면 상대 팀은 경기를 포기하거나 공격을 하지 않고 수비에만 집중할 수 있다.

하지만 어떻게든 두 팀의 득점이 독립적이라고 가정해 최종 득점의 확률을 계산해보더라도 7 대 2라는 결과는 지극히 나오기 어렵다. (야간 경기에서 빛난 애스턴 빌라의 화려한 공격력을 반영한) 기대 득점 분포로 보더라도 7 대 2라는 결과가 나올 확률은 정확히 0.6퍼센트에 불과하다. 같은 방식으로 계산해보면 애스턴 빌라가 이길 확률은 66.1퍼센트, 무승부일 확률은 15.5퍼센트이며 리버풀이 이길 확률은 18.3퍼센트다. 따라서 경기 결과가 반대로 나올 수 있었다고 생각해도 합리적이다.

이러한 결과가 주는 진짜 교훈은 바로 예측 불가능성이야말로 스포츠의 매력이라는 것이다. 예측 불가능성을 줄이기 위해 수학모델만 믿다가는 뜻밖의 장소에서 번개가 칠 수도 있다는 사실을 간과할 수 있다. 적어도 기대 득점이란 경기를 많이 반복할 때 나오는 평균적인 결과를 설명해줄 뿐이라는 점을 잊지 말아야 한다. 단 한 번의 경기에도 무작위성이 있다. 경기의 평균적인 결과는 한 시즌에 리그가 진행되는 동안 균등해지는 경향이 있지만 그럼에도 뜻밖의 경기 결과는 언제든지 나오기 마련이다.

불규칙한 데이터가 모이는 곳: 중심극한정리

큰 수의 법칙에 따라 한 가지 실험을 충분히 많이 반복하면 표본평균이 기댓값에 가까워진다. 이 현상에 대해 더 자세히 알아보자. 예를 들어 동전 던지기에서 앞면이 나오는 횟수의 기댓값은 0.5이므로 동전을 1만 번 던져 앞면이 나오는 횟수의 표본평균은 0.5에 가깝다. 다시 말해 동전을 던진 횟수의 약 절반, 곧 5,000번 앞면이 나올 것이다.

앞면이 나오는 횟수의 결괏값마다 확률을 계산하면 다음과 같은 그래프가 나온다.

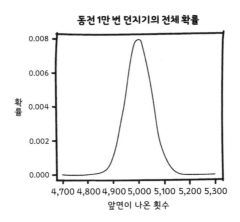

이 그래프에서 여러 가지 결과를 확인할 수 있다. 첫째, 특별히 발생 확률이 높은 결괏값은 없다. 가장 확률이 높은 결괏값은 5,000번인데 이조차도 0.8퍼센트다. 비록 그 수가 기댓값일지라도 정확하게 5,000번은 나오기가 매우 어렵다. 둘째, 확률들로 나타낸 곡선은 종 모양을 닮았다. 이런 곡선을 정규곡선normal curve 또는 가우스곡선Gaussian curve이라고 한다. 셋째, 정규곡선은 주사위를 10번 던져 나온 숫자의 확률에서 봤던 곡선과 닮았다. 가장 흥미로운 점이다. x축과 y축의 값은 서로 다르지만 두 곡선의 모양은 매우 비슷하다.

이것은 우연의 일치가 아니다. 정규곡선은 무언가를 세거나 평균을 구하는 많은 상황에서 보편적으로 등장한다. 평균을 구하는 수들이 서로 독립적이고 너무 큰 값이 아닌 경우에 말이다. 한마디로 정규곡선은 데이터를 모델링할 때면 거의 항상 등장한다.

큰 수의 법칙에 따라 어떤 시행을 충분히 많이 반복하면 표본평균이 기댓값에 접근할 뿐 아니라 표본평균이 특정 값이 될 확률이(심지어 편향된 동전 던지기에서도) 대략 정규곡선에 가까워진다. 이 개념을 중심극한정리 central limit theorem라고 한다.

주의할 점이 하나 있다. 중심극한정리가 일반적으로 적용되기는 하지만 그렇지 않은 상황도 있다. 평균을 구할 항목들이 독립적이지 않거나 값이 클 가능성이 너무 높으면 순진한 분석은 통하지 않는다. 실제로 심각한 문제를 일으키기도 했다. 2007년부터 2008년까지 이어진 세계 금융위기는, 플로리다와 캘리포니아의 주택담보대출 채무불이행이 서로 독립적이라고 가정했기 때문에 발생했다. 사실 그 2가지는 국가 경제 상황에 따라 동시에 발생한다. 곧 채무불이행의 증가는 따로따로 발생하는 것이 아니라, 두 지역에서 동시에 발생할 가능성이 더 높다. 다시 말해 전체 손실은 본래 분석에서 예상한 정도보다 훨씬 더 크다.

또한 중심극한정리는 모든 데이터가 종 모양 곡선에 가까워진다는 내용이 아니다. 엄밀히 말해 이 정리는 충분히 독립적인 대규모 데이터를 합산하거나 그 평균을 구할 때만 적용된다. 이 종 모양 곡선은 다른 방식으로 얻게 되는 데이터세트를 설명할 때도 적용된다. 예를 들어 무작위로 추출한 사람들의 키를 그래프로 나타내면 종 모양 곡선이 나온다.

하지만 다른 곡선들의 경우 중심극한정리에 기반해 예측한 결과에 오류가 있을 수 있다. 이에 대해서는 7장에서 살펴본다. 그 이유 중 하나는 종 모양 곡선의 대칭성 때문이다. 종 모양 곡선에서는 곡선의 중앙선을 기준으로 양쪽에 똑같은 양이 나타날 가능성이 같다. 더 전문적으로 말하면 중앙값 median(곡선의 양쪽에서 중간에 위치하는 확률값)이 표본평균과 동일하다.

모든 데이터세트에 이런 대칭성이 있는 것은 아니다. 또한 기댓값과 중앙값의 차이가 꽤 클 수 있다. 예를 들어 영국통계청UK Office for Nation Statistics, ONS이 보고한 가구 가처분소득 막대그래프를 보면 소득 분포가 대칭에서 한참 벗어나 있다. 평균이 중앙값보다 대략 7,000파운드(약 1,160만 원)가 높다. 한쪽으로 분포가 치우쳐 있기 때문이다. 상대적으로 적은 수의 고소득자들이 평균을 끌어올리지만 중앙값에는 별다른 영향을 주지 않는다.

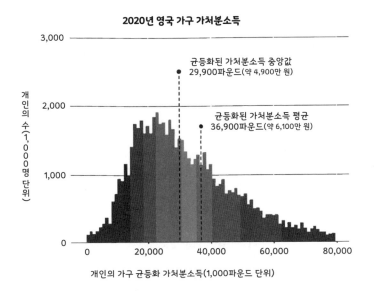

이 개념을 이용해 2장에서 살펴본 이메일 개수 세기를 다시 생각해보자. 가구소득 데이터처럼 극단적으로 높은 트래픽을 생성하는 일부 계정(봇, 뉴스레터 등)이 있으면 송신 이메일 개수의 중앙값이 평균보다 상당히 낮을 수 있다. 하지만 수신 이메일의 경우 더 평평하게 분포할 가능성이 높다. 이는 수신 이메일 개수의 중앙값이 평균에 가까울 수 있음을 의미한다. 수학적으로 설명하자면 수신 이메일 개수의 분산은 송신 이메일 개수의 분산보다 작을 것이다. 값들이 덜 흩어져 있기 때문이다.

그럼에도 중심극한정리는 매우 위력적인 도구다. 반복 실험 결과들의 합계가 종 모양 곡선을 이루며 정확히 어떤 모양이 되는지도 알려준다. 다시 말해 종 모양 곡선의 범위를 살펴볼 수 있다. 폭이 매우 좁고 위로 높게 솟은 모양부터 폭이 훨씬 넓고 좌우로 완만한 모양까지 다양하다. x축을 늘이거나 압축시켜서(그리고 x축에 맞춰 y축을 줄이거나 늘여서) 한 곡선에서 다른 곡선으로 바꿀 수도 있다.

쉽게 말하자면 종 모양 곡선이 좁을수록 분포된 값들이 기댓값에 가까우며 넓을수록 분포된 값들의 불확실성이 더 크다. 여기서 분산의 개념을 떠올린 사람도 있을 것이다. 중심극한정리에 따르면 분산값이 낮은 실험은 집중된 결과(좁은 곡선)를 보여주는 반면 분산값이 높은 실험은 더 불확실한 결과(넓은 곡선)를 보여준다.

이런 특성을 이해하기 위해 기댓값이 3.5인 동전 던지기와 주사위 던지기 실험을 다시 살펴보자. 보다시피 3과 4를 동전의 앞뒤에 적은 다음 던지면 공정한 주사위를 하나 던질 때와 기댓값이 같다. 하지만 동전 던지기는 주사위 던지기보다 분산값이 훨씬 낮기 때문에(각각 분산은 4분의 1과 12분의 35다) 결괏값이 더욱 집중되어 있다.

중심극한정리는 각 실험을 1만 번 시행해 합계를 내면 결괏값의 범위가 어떻게 나타날지 알려준다. 이를 그래프로 표현하면 2가지 종 모양 곡선이 나온다. 예상하다시피 두 곡선은 가운데 기댓값이 3만 5,000이다. 하지만 옅은 회색 곡선(동전 던지기 결과)은 폭이 좁다. 거의 모든 결괏값이 기댓값으로부터 100 이내에 놓인다는 뜻이다. 이와 달리 짙은 회색 곡선(주사위 던지기 결과)은 폭이 넓으며, 기댓값과 300 이상 차이 나는 결괏값이 나올 확률이 상당히 높다.

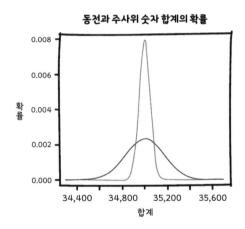

마찬가지로 중심극한정리에 따르면 같은 실험을 더 많이 반복할수록 정규곡선이 더 좁아진다. 이는 이번 장의 앞부분에 나온 표에서 동전 던지

는 횟수를 100배 늘리면 나올 수 있는 비율의 범위가 10배 좁아지는 특성까지 설명해준다.

언제나 예외는 있다

기댓값과 분산은 무작위적 결과들의 중앙값과 양쪽 분포 상태를 파악하기에는 유용하지만 이 수치들로는 부족할 수 있다. 그래서 이른바 꼬리, 다시 말해 어떤 극단값이 나올 수 있는지 파악해야 한다.

이는 특히 환경과 기후변화를 다룰 때 중요해진다. 매일매일의 일반적인 기상 조건이 아니라 홍수, 폭염, 눈보라를 몰고 오는 특별한 날들이야말로 우리의 삶에 큰 영향을 끼친다. 따라서 기후모델 설계자들은 '100년에 한 번 날 정도의' 홍수 같은 기상 상황을 예측해내려고 한다.

여기서 극단적인 상황이 아니라 평상시를 바탕으로한 우리의 직관이 흔들린다. 여러 가지 요인이 합쳐지면 어떤 수학모델로도 예측하기 어려운 결과가 나올 수 있다. 1968년 멕시코올림픽에서 밥 비먼Bob Beamon이 세운 멀리뛰기 세계신기록 8.90미터를 생각해보자. 이 기록은 그 뒤 50년 동안 단 한 차례(1991년 도쿄세계육상선수권대회에서 마이크 파월Mike Powell이 기록을 경신했다) 깨지긴 했지만 이전의 기록과 비교하면 굉장한 도약이었다. 비먼은 이전 세계기록보다 55센티미터를 더 뛰었다. 이는 1925년부터 1967년까지 모든 육상선수가 경신한 것보다 훨씬 더 대단한 기록이었다.

어떠한 통계 모델도 개최지의 고도와 유리한 바람 덕분에 비먼이 그런 성적을 올릴 것이라고 예측하지 못했을 것이다. 하지만 그 일이 실제로 일어났다. 여러분도 좋아하는 스포츠 경기에서 2등보다 월등하게 좋은 성적을 기록한 선수들을 떠올려보라. 돈 브래드먼^{Don Bradman}의 테스트 크리켓^{test cricket}(국제 수준에서 진행되는 크리켓의 한 형태-옮긴이) 평균 점수인 99.94라든가 월트 체임벌린^{Wilt Chamberlain}이 한 NBA 경기에서 달성한 100득점, 케이티 러데키^{Katie Ledecky}가 여자 수영 800미터 자유형 경기에서 다른 선수보다 9초 빨리 들어온 역사상 최고 기록 등이 그 예다.

스포츠 경기에서는 이런 극단값들이 나오면 즐거운 추억이 된다. 하지만 극단적 현상이 훨씬 더 심각한 결과로 이어지는 경우도 있다. 기후변화 문제를 살펴보자. 제대로 된 예측값을 계산해내려면 컴퓨터를 이용해 철저하게 모델링 작업을 해야 한다. 이 방법 대신 나는 극단값들로 이 사안을 설명해보겠다. 기후모델에 따르면 다른 조치를 하지 않을 경우 전 지구의 평균 기온이 섭씨 2도 높아진다. 이 결과가 그다지 심각해 보이지 않을 수 있다. 영국의 쾌적한 여름 날씨인 섭씨 23도에서 25도가 된다는 말인데 딱히 경계할 이유가 있겠는가.

하지만 극단값으로 가면 결과가 훨씬 심각해진다. 영국의 최고 기온 추이를 보자. 최고 기온은 1세기 만에 섭씨 3.6도가 올랐다. 1911년에 36.7도로 시작해 단계적으로 여러 차례 올라 2019년에 38.7도를 기록했다. 2022년 7월 19일에는 40.3도로 크게 뛰었다. 아주 짧은 기간 기록된 이 기온 상승폭은 지금까지 전 지구의 평균 기온 상승폭인 약 1.2도보다 더 높았다. 다시 말해 기후변화의 결과에서 평균만 살피면 그 심각성을 제대로 이해할 수 없다. 기온 분포의 형태까지 고려해야 하는 것이다.

기온이 섭씨 40도가 넘으면 위험하다고 할 때, 기후모델에서 제시한 대로 평균 기온이 2도 상승하면 이전에 38도였을 날이 위험 범위에 포함된다. 온도가 종 모양 정규곡선을 따른다면 이전에 38도였던 날 중 대부분이 40도를 넘게 된다. 이것이 문제다. 비교적 작은 기온 변화 때문에 위험 범위에 속하는 날이 급증할 수 있다.

실제 상황은 이보다 더 나빠질 수 있다. 기댓값이 증가하면 기후변화가 기온 분포의 분산을 증가시켜 기온의 변동성을 높인다. 그러면 분포의 양쪽 극단값이 훨씬 빈번하게 나타난다. 그러면 기온이 평균적으로는 상승하더라도 극단적으로 추운 날씨와 더운 날씨가 훨씬 더 자주 나타난다(물론 더운 쪽 극단에서 이런 경향이 더 크다).

이보다 상황이 나쁠 수도 있다. 앞서 기온의 범위가 정규곡선을 따르는 상황을 가정했다. 하지만 정규곡선이 아닌 극단적인 사건이 발생할 확률이 높은 위험한 곡선들이 있다. 이때 정규곡선 형태를 바탕으로 위험도를 계산한다면 실제 위험은 매우 과소평가된다. 실제 데이터가 앞서 설명한 꼬리가 무거운 분포heavy-tailed distribution에서 나왔다면 말이다. 2012년 기후변화에 관한 정부간 협의체Intergovernment Panel on Climate Change, IPCC 특별 보고서 〈기후변화 적응을 위한 극한 현상 및 재해 위험 관리Managing the Risks of Extreme Events and Disasters to Advance Climate Change Adaptation〉에서 나온 다음 수치가 그 예다.

실제로 분포의 형태를 잘못 가정하는 바람에 2007~2008년 금융위기

기온 분포의 변화로 인한 극단값 변화

a) 전체 분포가 따뜻한 기후 쪽으로 단순히 이동해 생기는 효과

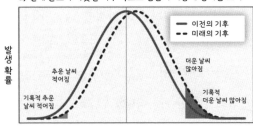

b) 평균 변화 없이 기온 변동성만 증가해 생기는 효과

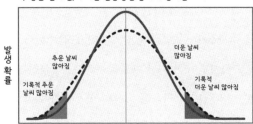

c) 분포의 형태(곡선의 모양) 변화 효과
이 사례에서는 더운 날씨 쪽으로 분포가 이동함으로써 비대칭성이 생김

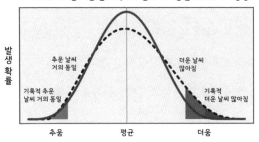

현재와 미래 기후 사이 기온 분포의 상이한 변화와 그것이 분포의 극단값에 끼치는 효과를 보여준다.

라는 심각한 결과가 발생했다. 10장에서 보겠지만 금융시장에 대한 표준 모델들은 위험을 심각하게 잘못 예측했다. 그 모델들은 기본적으로 주식시장의 변동이 정규곡선 분포를 따른다고 가정했지만 실제 일일 주가 변동폭은 예측보다 훨씬 컸다.

골드만삭스Goldman Sachs의 최고재무책임자는 2007년 9월 《파이낸셜타임스Financial Times》와의 인터뷰에서 이렇게 말했다. "며칠 연속으로 25 표준편차 변동이 발생했습니다." 무슨 뜻인지 설명하겠다. 어떤 정규곡선에서 기댓값으로부터 2 표준편차(분포 정도를 나타내는 또 다른 값, 분산의 제곱근)를 벗어난 결괏값이 나올 확률은 약 5퍼센트다. 정규곡선에서 기대값보다 굉장히 큰 결괏값이 나올 확률은 급격하게 감소한다. 따라서 기댓값으로부터 25 표준편차만큼 벗어난 결괏값이 나올 확률은 약 10^{-136}으로 어마어마하게 작은 수다. 며칠 연속은 고사하고 우주가 존재하는 한 이런 일이 일어날 것이라고는 상상도 하지 못한다. 저 말은 골드만삭스의 예측 모델이 틀렸으며, 세계 경제에 재앙을 일으킬 극단적인 사건의 발생 확률을 과소평가했다는 뜻이다. 따라서 데이터세트를 볼 때는 중앙값과 양쪽 분포뿐 아니라 극단값을 함께 파악해야 한다. 모델을 설계할 때 표준적이지만 틀린 가정을 하는 바람에, 세계 금융시장 붕괴라는 매우 심각한 사건이 발생할 가능성을 안이하게 평가하고 말았다. 똑같은 일이 기후변화에서도 일어날 수 있다.

✚✚ 요약

이번 장에서는 무작위성을 파악하고 상이한 무작위적 현상들을 비교하며 데이터의 특징을 설명하는 개념들을 익혔다. 그중에서도 기댓값과 분산 개념을 토대로 데이터의 중앙값과 그 주위에서 일어나는 변동의 크기를 살펴봤다. 또한 큰 수의 법칙과 중심극한정리는 장기적 평균과 관련된 이론이다. 예를 들어 동전을 던지는 횟수가 많을수록 앞면이 나오는 횟수의 비율이 2분의 1에 가까워지는 이유를 알려준다. 이 개념들을 통해 축구 경기의 기대 득점 같은 수치를 이해하고 극단값을 살피며, 기후변화나 금융위기의 잠재적 위험성을 파악한다.

✖✖ 제안

주사위와 동전으로 설명했던 단순한 실험을 직접 해보고 싶은가? 여러분이 얻은 결괏값들이 내가 설명한 이론적 분포들과 비교했을 때 어떤지 알아보면 흥미로울 것이다. 다른 무작위적 현상들도 알고 싶지 않은가? 모노폴리monopoly 보드게임을 한다면 두 주사위를 함께 던졌을 때 합계의 기댓값은 얼마일까? 3번 연속으로 더블double(두 주사위의 숫자가 같은 경우-옮긴이)이 나와 감옥에 가야 할 확률은 얼마일까? 복권을 한 장 산다면 기대수익은 얼마일까? 내가 당첨될 가능성이 가장 높은 금액은 얼마일까? 당첨금이 이월되어 지난주의 1등 당첨금이 이번 주의 당첨금에 더해진다면 결괏값은 어떻게 달라질까?

6장.
매력적인 오답에 속지 않는 법

그 판단은 얼마나 믿을 만한가

한 제약회사가 뇌졸중 예방약을 개발했다고 생각해보자. 생산 비용이 높고 약간 불쾌한 부작용이 있을 가능성도 있기 때문에 그 약을 뇌졸중 예방약으로 선뜻 권하기가 어렵다. 하지만 약이 효과가 있다면 뇌졸중 치료제 시장의 판도를 바꿀 수도 있다! 그렇다면 이 약의 판매를 허가할지 말지는 어떻게 결정해야 할까?

핵심은 임상시험을 시행하는 것이다. 실제 임상시험에서는 복잡한 세부사항을 고려해야 한다. 일단 비슷한 사람들로 이루어진 두 집단이 있어야 한다. 한 집단은 진짜 약을 받고 다른 집단은 인체에 무해한 위약placebo을 받는다. 환자들은 각 집단에 무작위로 배정되며 의사들조차도 누가 어떤 치료를 받는지 몰라야 한다.

좀 더 단순한 상황으로 설명해보겠다. 현재 70세 남성 중 1퍼센트에게서 매년 뇌졸중이 발병한다고 하자(숫자를 신경 쓰진 말자. 그냥 내가 지어낸 것이다!). 제약회사가 이 연령층에서 1,000명을 무작위로 골라 1년 동안 개발한 약을 투여했다. 그 결과 1년이 지났을 때 고작 5명에게서만 뇌졸중이 발병했다. 이 약의 판매를 허가해야 할까?

일단은 약의 효과가 대단한 듯하다! 5장에서 배운 내용을 적용하면, 약이 효과가 없을 때 이 집단의 뇌졸중 발병 수의 기댓값은 1,000×0.01=10이다. 5는 10보다 작기 때문에 약이 효과가 있는 것 같다! 그러나 5장에서 봤듯이 이상한 현상들(예를 들어 애스턴 빌라가 리그 챔피언을 상대로 7득점한 축구 경기)이 무작위적인 우연 때문에 일어날 수 있다. 이번에도 그런 경우일까?

직감이 아니라 확률과 통계로 기준을 세워 결정하는 방법이 있다. 바로 귀무가설 null hypothesis이라는 중요한 개념이다. 귀무가설은 세계에 관한 기본적인 믿음의 일종이다. 예를 들어 임상시험의 경우 신약이 현재 판매하고 있는 약과 비교해(좋은 쪽으로든 나쁜 쪽으로든) 효과가 없다는 사전 믿음에서 시작한다. 기존 인식을 바꿔 새로운 치료법을 사용하려면 돈과 노력이 들기 때문에 어느 정도 증거를 갖춰야 한다. 이 경우는 '기존의 치료로는 같은 결과가 나오기 어렵다'라는 사실을 확인시켜주는 임상시험 결과가 있어야 한다. 따라서 핵심 질문은 다음과 같다. 약이 효과가 없다면, 실제 실험집단에서 1년에 5명만 뇌졸중이 발병했다는 사실이 얼마나 놀라운 일인가?

이 질문을 더 잘 이해하기 위해 5장에서 나온 공정한 동전 던지기로 돌아가보자. 나올 수 있는 결과들의 표를 토대로 동전이 공정한지를 알아낼 수 있다. 동전 던지기의 횟수와 표본의 크기도 중요하다. 만약 남성 10만 명으로 이뤄진 무작위 집단에서 500명에게 뇌졸중이 발병했다면 결정이 달라졌을 것이다.

동전 하나를 1만 번 던졌더니 앞면이 5,072번 나왔다면 5장에서 본 표로 볼 때 이는 공정한 동전 던지기에서 기대할 만한 결과의 범위에 속한다. 따라서 동전이 공정하다는 귀무가설을 기각할 이유가 없다. 같은 실험을 했는데 앞면이 5,200번 나왔다면 이것은 공정한 동전 던지기에서 예상되는 결과가 아니다. 따라서 동전이 공정하다는 귀무가설을 기각해야 한다. 이때 5,200번 앞면이 나왔다는 결과를 '통계적으로 유의미하다'고 하며 우리가 달성하고자 하는 상태다. 이때 통계적으로 유의미하다는 판단은 대충 짐작해서가 아니라 통계적으로 합당한 상황에서만 내려야 한다.

다음과 같이 생각해보면 정확하게 이해할 수 있다. 확률을 계산했을 때 동전이 공정하다면 앞면이 5,000번보다 200번 넘게 나오는 경우는 16,505번당 한 번꼴로 나타난다. 이를 근거로 하면 그런 결과가 우연히 발생할 것이라고 보기 어렵고 따라서 동전이 공정하지 않다고 믿을 만하다.

16,505분의 1, 곧 0.006퍼센트의 확률을 p값$^{p\ value}$이라고 한다. 전문적으로 설명하면 귀무가설이 참이라고 가정했을 때 극단적인 결과가 실제로 나올 확률이다. 일반적으로 많은 사람과 과학 학술지는 p값이 5퍼센트 미

만이면 귀무가설을 기각하는 데 충분한 기준으로 간주한다. 물론 어느 정도 임의적인 문턱값이기 때문에 사안마다 p값을 직접 제시해 판단하는 것이 가장 좋다. 어쨌든 본질적으로 p값이 작을수록 해당 결과가 우연히 발생할 가능성이 낮다는 뜻이므로 귀무가설을 기각하는 것이 더 타당하다.

동전 던지기 표를 보면 동전이 공정하다는 가정하에 95퍼센트의 확률로 발생하는 값들의 범위가 나온다. 이를 통해 동전이 공정한지 아닌지 판단할 수 있다. 예를 들어 동전을 100번 던졌더니 앞면이 나온 총횟수가 40~60번의 범위에서 벗어난다면 동전이 공정하다는 가설을 기각하는 것이 타당하다.

다시 뇌졸중 예방약 임상시험으로 돌아가자. 신약 투여 결과, 계산해보면 1,000명의 표본 중 5명 이하에게서 순전히 우연으로 뇌졸중이 발병할 확률이 약 6.6퍼센트다. 대규모 임상시험을 통한 추가적인 조사를 해볼 만한 잠정적 결과지만 통계적으로 유의미하진 않다. 이 확률이 과학 학술지에서 기준으로 삼는 p값인 5퍼센트 이하가 아니기 때문이다.

여기서 유의해야 할 점이 있다. 1,000명 모두 공정한 동전을 100번 던진다고 해보자. 대략 20명 중 19명꼴로 앞면이 나온 총횟수가 40~60번 사이다. 하지만 20명 중 1명꼴, 곧 50명쯤은 앞면이 나온 횟수가 이 범위를 벗어난다. 따라서 50명 각각은 자신의 동전이 공정하지 않다고 잘못 판단할 것이다. 임상시험에 적용해보면 효과가 없는 50건의 치료를 효과가 있다고 판단할 수 있다는 뜻이다. 다행히도 통계학자들은 이런 문제를 해결하기 위해 효과의 가능성이 더 높은 치료법을 시험할 때면 더 강력한 증거

를 요구한다!

그럼에도 xkcd(미국의 인기 있는 과학 웹툰 사이트-옮긴이)에 실린 만화에서 풍자했듯이 이런 잘못된 결과가 우연히 발표될 위험성이 있다. 1,000명의 과학자가 독립적으로 초능력의 존재를 검증하기 시작했다고 해보자. 그 결과 50명이 통계적으로 유의미하다는 결과를 얻었고, 그 결과를 학술지에 발표한다면 초능력이 정말로 존재하는 것처럼 보인다. 따라서 임상시험은 이러한 파일서랍 문제^{file drawer problem}(출판편향^{publication bias}이라고도 한다)가 발생하지 않도록 사전에 등록하고 공시해야 한다.

친구들의 근사한 인스타그램 피드를 생각해보자. 올린 사진만 보면 친구들은 항상 멋지게 살고 있다. 환상적인 칵테일을 마시고 고급 식당에서 식사를 하며 바닷가에서 석양을 본다. 하지만 그런 친구들이 소시지빵 6개를 앉은 자리에서 한꺼번에 먹어치우는 사진은 올리지 않는다는 사실을 명심하라. 꼼꼼히 골랐지만 대표성은 없는 인스타그램 사진들이 친구들의 삶에 관한 그릇된 인상을 심어준다. 마찬가지로 선별된 실험 결과만 골라 발표하는 과학자들은 관찰한 효과의 타당성에 관한 오해를 불러일으킨다.

마찬가지로 한 명의 과학자가 비양심적이어서든 통계 원리를 오해해서든, 같은 데이터세트로 서로 다른 통계적 실험을 아주 많이 시행할 수 있다. 그러면 통계적으로 유의미한 효과가 없음에도 무작위적 우연으로 인해 실험을 만족시키는 가설이 나온다. 이를 p-해킹^{p-hacking}이라고도 하며 이 역시 과학 학술지의 잠재적 문제점이다.

이런 문제들로 볼 때 통계적 절차는 무언가를 결정하기 위한 완전무결

한 방법이 아니다. 어느 정도의 오차가 통계적 절차에 포함될 수밖에 없다. 왜냐하면 극단적인 사건들도 때로는 순전히 무작위적 우연으로 인해 발생하기 때문이다. 그러므로 임상시험 결과를 논의할 때 이 점을 유념해야 한다.

옳고 그름을 판단하는 최소의 기준

중심극한정리에 따른 추론은 어떤 가설이 참인지를 시험할 때뿐 아니라 관심 있는 양을 추정해 오차범위를 계산할 때도 사용된다.

　예를 들어 무작위로 고른 한 영국인이 오이피클을 좋아할 확률을 측정한다고 해보자. 이 확률을 p라 하면 당연히 이 값이 얼마인지는 모른다. 이론상으로는 전국의 모든 사람에게 일일이 오이피클을 좋아하는지 물어보면 된다. 하지만 시간과 비용이 너무 많이 든다. p의 값(그냥 확률 p의 값을 가리키며, 앞에서 나온 p값 p value과는 다르다-옮긴이)을 알아내는 현실적인 방법은 여론조사다. 충분히 많은 사람을 무작위로 선택해 영국인 전체를 대표할 표본을 구한 다음 그들에게 같은 질문을 하면 된다.

　이때 여론조사를 시행하는 기술적 방법이 문제가 된다. 대표성이 있는 표본을 구하는 것이 말은 쉽지만 실제로는 만만하지 않다. 이 문제는 11장에서 다시 다루겠다. 일단은 표본을 구하는 문제가 해결됐다고 가정하자. 큰 수의 법칙에 따르면 표본에서 오이피클을 좋아하는 사람의 비율이 진짜 확률 p에 가까울 것이다.

다시 말해 미지의 확률 p는 설문조사를 통해 얻은 표본의 오이피클을 좋아하는 사람의 비율에 가깝다. 다른 정보가 없을 경우 가장 합리적인 p의 값의 추정값은 그냥 이 비율이다. 통계학자는 이를 p의 점추정point estimate이라고 한다. 이런 용어를 쓰는 이유는 '추정하기'가 '알아맞히기'보다 훨씬 더 과학적인 느낌이 들기 때문이다.

p의 점추정값만 인용하는 것은 일반적으로 좋은 방법이 아니다. 공정한 동전을 1만 번 던져 앞면이 정확히 5,000번 나오길 기대하지 않듯이, 표본에서 오이피클을 좋아하는 사람의 비율이 정확히 p일 것이라고 기대하지 않는다. 따라서 점추정은 완벽하지 않다. 이 불확실성은 중심극한정리를 바탕으로 한 주장을 통해 이해할 수 있다.

5장의 표에서 공정한 동전의 앞면이 나올 확률(p=50퍼센트)을 계산했듯이, 임의의 p가 주어지면 통계학자는 다음 그림에서 중심극한정리를 이용해 우리가 알아보려는 오이피클을 좋아하는 사람의 비율의 범위를 알아낸다(오른쪽 화살표). 반대로 표본에서 관찰된 비율과 양립할 수 있는 p의 값이 얼마인지 알아낼 수도 있다(왼쪽 화살표).

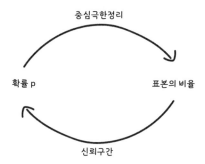

중심극한정리

확률 p   표본의 비율

신뢰구간

이 과정을 통해 합리적으로 참이라고 믿을 수 있는 확률 p의 값의 범위를 구한다. 이를 신뢰구간이라고 한다. 구체적으로는 20번 중에서 19번 꼴로 올바른 값을 포함하는 비율의 범위를 살폈기 때문에 엄밀히 말하면 이를 95퍼센트 신뢰구간이라고 한다.

100명에게 설문조사해 얻은 자료를 바탕으로 한 다음 그래프에서도 알 수 있다(더 많은 사람을 조사할수록 마름모가 더 좁아진다). 5장의 표처럼 p의 값이 나올 수 있는 비율의 범위를 계산한 다음, x축 위에 있는 p의 값에 맞춰 수직 구간으로 표시한다. 이 간격들을 왼쪽에서 오른쪽으로 모으면 마름모꼴이 되는데, 바로 표본 조사에서 나타나는 실제 확률 각각에 대한 표본비율의 범위를 의미한다. 마름모 대각선 양쪽의 영역은 비교적 좁다.

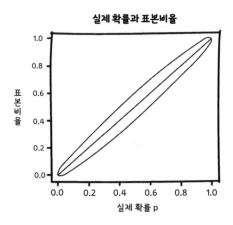

이제 반대 방향으로도 가보자. 한 표본에 오이피클을 좋아하는 사람이

45퍼센트 포함되어 있다고 할 때 0.45에서 수평으로 직선을 긋는다. 이 직과 교차하는 마름모 영역이 바로 표본에서 관찰된 45퍼센트 수치와 양립할 수 있는 p의 값들의 집합이다. 어림잡아 45퍼센트 양옆의 좁은 구간, 다시 말해 35퍼센트에서 55퍼센트 사이쯤이다. 이것이 100명의 표본을 바탕으로 추론한, 영국 인구 중 오이피클을 좋아하는 사람의 비율에 대한 신뢰구간이다.

점추정값뿐 아니라 신뢰구간을 함께 제시함으로써 추정값의 불확실성 정도를 항상 보여주는 것이 좋다. 영국 정치권에서는 1,000명을 대상으로 여론조사를 실시하는 것이 기본이다. 이때 '오차범위' 3퍼센트란 말이 붙는다. 이 오차범위가 곧 지금까지 설명한 신뢰구간이다. 일반적으로 여론조사 대상의 표본이 클수록 신뢰구간은 좁다.

신뢰구간을 계산하는 과정에는 전문 통계학자만이 할 수 있는 절차들이 있다. 나도 여러분이 그 계산을 직접 할 것이라고 기대하지는 않는다. 어쨌든 제대로 된 과학 논문에는 추정값뿐 아니라 신뢰구간이 포함되어 있다는 점을 명심하자.

이상적으로는 언론이 이 신뢰구간을 항상 보도해야 한다. "영국 인구 중 45퍼센트가 오이피클을 좋아한다는 사실이 새로운 연구에서 밝혀지다"와 같은 표제 기사 뒤에 이 값의 신뢰구간을 표시해야 한다. 그래야 독자가 제시된 값을 얼마나 신뢰할지 판단할 수 있다. 적어도 뉴스 기사나 대학신문 보도는 출처가 되는 연구 논문을 밝힌다. 관심 있는 독자가 스스로 신뢰구간을 찾아볼 수 있도록 말이다.

대체로 점추정값이 어떤 의미로는 가장 확률이 높은 값이지만, 신뢰구간에 포함된 값은 모두 가능성이 있다고 생각해야 한다. 우리에게 선행하는 증거 자료가 있을 때, 그 증거에 대응하는 값이 신뢰구간에 속한다면 보통 그 자료를 버리지 않는다. 예를 들어 이전의 여러 가지 설문조사에서 영국인의 40퍼센트가 오이피클을 좋아한다는 결과가 일관되게 나왔다면, 앞서 나온 35~55퍼센트 사이의 신뢰구간에 속하므로 과거의 이 수치가 지금도 유효하다고 결론 내린다.

몸무게가 늘어난다고 과식한 것은 아니다

쓸모가 많은 또 다른 통계 기법은 바로 선형회귀linear regression다. 2가지의 데이터 사이의 관계를 살펴 상관관계가 있는지, 다시 말해 어떤 유형의 데이터가 증가할 때 다른 유형의 데이터가 체계적으로 증가(또는 감소)하는지를 알아내는 기법이다.

파이를 먹으면 몸무게가 늘어난다는 가설을 믿는다고 하자. 이제 총인구에서 표본을 선택해 몸무게를 잰 다음, 그들이 일주일에 파이를 몇 개 먹는지 기록하고 데이터를 그래프로 표현한다. 한 사람이 먹은 파이 개수는 x축에, 그 사람의 몸무게(킬로그램 단위)는 y축에 표시한다. 보통 설명하려는 양을 y축에 표시하며, 그것을 설명하기 위해 사용하는 다른 양을 x축에 표시한다. 조사 대상자 각각이 그래프의 각 점이라 할 수 있다.

이 그래프에서 먹은 파이의 개수와 몸무게의 관계를 찾는다고 하자. 한 가지 방법은 일단 두 대상이 선형적 관계라고 가정하는 것이다. 일주일 동안 먹은 파이 개수에 따라 몸무게가 일정하게 늘어난다고 말이다. 이 가정이 옳은지 검증하기 위해 각 점과 가까이 지나가는 직선을 찾아본다. 이 직선을 최적선best-fit line이라고 한다.

1장의 과적합 사례에서 봤듯이 모든 점이 하나의 직선에 놓이기는 어렵다. 하지만 점들이 어떤 직선 가까이에 놓일 수는 있으며 직선에서 점들이 조금 벗어난 이유는 무작위 변동 때문이라고 설명할 수 있다.

이를 다음 그래프가 보여준다. 이 그래프는 먹은 파이 개수와 몸무게에 관한 가설이 옳다는 꽤 설득력 있는 증거로 보인다. 최적선이 모든 점을 꽤 가까이 지나가며 오른쪽 위로 향하는 경향이 강하게 드러난다. 파이를 많이 먹을수록 대체로 몸무게가 늘어난다는 뜻이다.

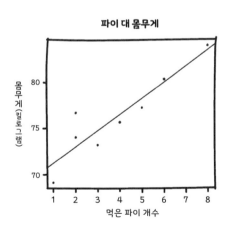

최적선을 계산하는 과정은 모두 설명하기에 너무 전문적이다. 요점만 말하자면 최적선은 두 평균에 대응하는 점(x값이 먹은 파이 개수의 평균이고 y값이 몸무게의 평균인 점)을 반드시 지나야 한다. 그런 다음 최대한 많은 점과 가까이 지나도록 직선을 위아래로 옮기면서 가장 적절한 기울기를 찾는다. 점들이 무작위 변동의 영향으로 인해 다소 임의의 위치에 놓이기 때문에 최적선을 확정된 것으로 생각해서는 안 된다. 기울기값의 범위가 해당 데이터와 대략 일치한다고 보는 정도가 합리적인 결론이며, 기울기에 관한 신뢰구간을 제시하는 것이 이상적이다.

1장의 아이싱번 사례를 예로 들어 살펴보자.

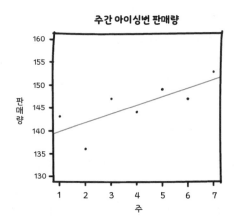

아이싱번 판매 데이터는 상승하는 경향이 있는 것처럼 보이지만, 모든 데이터 점을 지나는 하나의 다항함수 곡선을 그리면 터무니없는 결과가 나

온다. 그런 곡선으로 예측한 몇 주 뒤의 상황은 어처구니없다.

반면 선형적합$^{linear fit}$은 훨씬 더 믿을 만하다. 최적선은 정확하게 모든 점을 지나가지는 않지만 점들과 가까이 있다. 게다가 직선 그래프로 예측한 상황은 훨씬 현실적이다. 직선의 기울기를 보면 매주 아이싱번 판매량이 2개씩 증가하는 듯하다. 야단스러운 다항함수보다 합리적이고 지속 가능한 동향을 예측할 수 있다. 또한 기울기의 신뢰구간도 계산해보면 0.1에서 3.7 사이다. 다시 말해 매출액이 전혀 증가하지 않을 가능성도 포함한다.

파이와 아이싱번 사례에서 봤듯이 직선이 데이터와 잘 들어맞는 것 같지만 결론을 내리기 전에 몇 가지를 주의해야 한다. 첫째, 우리가 다룬 표본들은 작다. 각각 고작 8명과 7주 동안의 데이터다. 확실하게 결정하려면 더 많은 증거가 필요하다.

둘째, 어디선가 들어봤겠지만 '상관관계는 인과관계가 아니다'. 이런 그래프들은 상관관계만을 보여준다. 다시 말해 한 가지 양이 늘었고 다른 양도 마찬가지라는 것이다. 이론상으로 파이 그래프를 거꾸로 그려 몸무게를 x축에 표시하고 파이 개수를 y축에 표시할 수도 있다. 이때도 마찬가지로 직선은 모든 점과 가까이 지나간다. 그렇다고 몸무게가 늘어날수록 더 많은 파이를 먹게 된다는 결론이 타당할까?

셋째, 두 변수가 관련된 것처럼 보이게 만드는 다른 공통 요소가 있을 수 있다. 나이 든 사람이 젊은 사람보다 몸무게가 더 많이 나가며 파이도 더 좋아할지 모른다. 다시 말해 몸무게와 파이의 상관관계를 단순하게 제시하는 것보다는 나이, 사회경제적 지위, 성별 같은 요소에 따라 데이터를 적절히 조정하는 것이 이상적이다.

실제로는 증거가 별로 없는데도 어느 정도 상관관계가 있다고 암시하는 최적선을 제시하고 싶을 수도 있다. 예를 들어 몸무게를 조사한 사람들에게 이번에는 지난달에 책을 몇 권 읽었는지 물어보고 그 결과를 그래프로 그렸다고 하자. 이 경우 점들을 가장 가까이 지나는 직선이 포함된 다음과 같은 그래프가 나온다.

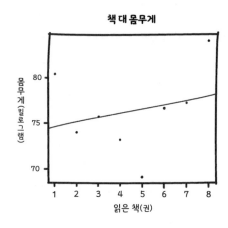

이번에도 직선이 오른쪽 위로 올라가는 경향성이 보인다. 책을 더 많이 읽는 사람일수록 몸무게가 더 많이 나간다는 의미다. 그러나 이 직선은 충분히 많은 점과 가깝지는 않기 때문에 상관관계가 약하다는 점에 유의해야 한다.

상관관계의 정도는 R^2이라는 양으로 측정한다. R^2은 항상 0과 1 사이의 값이며, 직선이 평균인 점에서 얼마나 가까운지를 나타낸다. R^2이 0에서 멀수록 상관관계가 더 확실하다. 예를 들어 파이 사례에서는 R^2이 0.84고 아이싱번 사례에서는 R^2이 0.61이다. 이 정도면 충분한 상관관계가 있다고 볼 수 있다. 반대로 책의 사례는 R^2이 0.07로서 상관관계가 매우 약하다.

　　상관관계의 정도를 살피는 또 다른 방법은 직선이 얼마나 평평한지 살펴보는 것이다. 극단적인 예로 책의 사례에서 직선이 완전하게 평평하다면 읽은 책의 권수와 몸무게는 아무런 상관관계가 없다. 통계적 관점에서 실제 직선(표본 데이터가 아닌, 전수조사 데이터로 도출한 직선−옮긴이)이 평평할 가능성을 배제할 수 없다. 그렇다면 기울기가 0일 가설에 대한 p값을 찾아야 한다. 다시 말해 실제로는 전혀 효과가 없는데도 점들과 잘 들어맞는 직선이 나올 확률을 구하는 것이다. 각각의 경우에 대한 결괏값은 다음과 같다.

사례	R^2	p값(퍼센트)	해석
파이	0.84	0.14	강한 상관관계
빵	0.61	3.91	어느 정도 강한 상관관계
책	0.07	53	상관관계가 없을 가능성이 높음

　　하지만 구체적인 해석은 정도의 문제다. R^2이 작고 p값이 크면 상관관계가 약하다는 뜻이긴 하지만, 상관관계가 없음을 확실하게 의미하는 문턱 값은 정해져 있지 않다.

숫자 계산은 정확하지만 그래프는 거칠다

또 한 가지 중요한 점은 현재 데이터 모델링과 미래 데이터 예측 간의 차이다. 일반적으로 전자는 쉽지만 비교적 제한적으로 유용한 반면 후자는 상당히 어렵지만 훨씬 더 유용하다.

일정 범위의 데이터 점들과 최적선 하나가 주어져 있다면, 주어진 값들의 범위 안에서 미지의 어떤 값을 찾아내는 내삽interpolation은 확실하게 할 수 있다. 예를 들어 파이를 한 개 먹은 사람부터 8개 먹은 사람까지 각각의 몸무게 데이터가 있다면, 이를 바탕으로 파이를 7개 먹은 사람의 몸무게를 추정할 수 있다. 가장 먼저 떠오르는 방법은 최적선상에서 대응하는 값을 이용해 몸무게를 추정하는 것이다. 하지만 이는 수학적 추상화일 뿐이며 모든 점이 직선상에 정확하게 놓이지 않는다. 이 방법 대신 참값을 포함할 가능성이 높은 신뢰구간을 찾아야 한다.

이미 설명했듯이 모든 점의 위치는 다소 무작위적이다. 새롭게 구해야 하는 몸무게도 마찬가지다. 따라서 예측값을 포함한 신뢰구간은 예상보다 조금 더 넓어진다. 직선의 기울기에 대한 불확실성과, 새로운 값이 직선에 얼마나 가까울지에 대한 불확실성을 모두 감안해야 하기 때문이다. 이를 이용해 파이를 7개 먹은 사람의 몸무게를 추정한다. 단 최적선에 놓인 값을 중심으로 나올 수 있는 값들의 범위와 함께 그 주위의 불확실성에 관한 양도 함께 제시해야 한다.

파이를 100개 먹은 사람의 몸무게를 추정할 때는 2가지 문제가 생긴다. 첫째, 기울기로 추정하는 값은 부정확하다. 주어진 데이터 범위의 중간에 가까운 점들을 고려할 때는 비교적 불확실성의 영향이 적다. 하지만 훨씬 먼 점에 대해서는 불확실성의 영향이 더욱 커진다. 왜냐하면 거리 효과로 직선 기울기의 각도에 생기는 작은 변화의 영향이 중심에서 멀어질수록 커지기 때문이다(매우 긴 사다리의 끝을 잡고 사다리 위치를 조정할 때를 생각해보라). 값의 범위가 넓을 때는 선형적 관계가 유효할지 고민해봐야 한다.

이런 식으로 원래의 관찰 범위를 넘는 값을 추정하는 기법을 외삽이라고 한다. 외삽에 따르는 두 번째 문제는 각 점에 관한 무작위성이 모두 같은 방식으로 발생했다고 가정한다는 것이다. 정말 그럴까? 우리가 세운 모델은 파이를 한 개 먹은 사람부터 8개 먹은 사람까지를 연구한 데이터를 바탕으로 한다. 과연 같은 모델이 이 범위를 훌쩍 넘는 개수를 먹은 사람에게도 적용된다고 확신할 수 있을까?

선형회귀에서는 한 가지 더 주의할 사항이 있다. 바로 모든 데이터를 선형적 관계로 설명할 수는 없으며 데이터의 속성에 따라 거짓된 직선을 얻을 수도 있다는 점이다. 이를 멋지게 포착해낸 것이 앤스컴 콰르텟 Anscombe's quartet이라는 데이터세트 집합이다. 이 명칭은 1973년에 이 개념을 도입한 통계학자 프란시스 앤스컴Francis Anscombe의 이름에서 따왔다.

이론적으로는 데이터세트를 보지 않고도 회귀 계산을 할 수 있다. 다시 말해 우리가 그리는 직선은 항상 두 변수의 평균에 대응하는 점을 지나며, 직선의 기울기는 분산이나 상관관계 같은 데이터세트의 속성들로 결정된다. 데이터세트가 서로 달라도 요약 통계summary statistics(수집한 데이터의 특성을 요약해 보여주는 통계지표들로, 평균, 중앙값, 최빈값, 분산 등이 있다-옮긴이)는 같을 수 있기 때문에 같은 직선이 나올 수 있다. 하지만 똑같은 직선이더라도 두 데이터세트 모두를 잘 설명할 수는 없다.

이를 잘 보여주는 사례가 앤스컴 콰르텟이다.

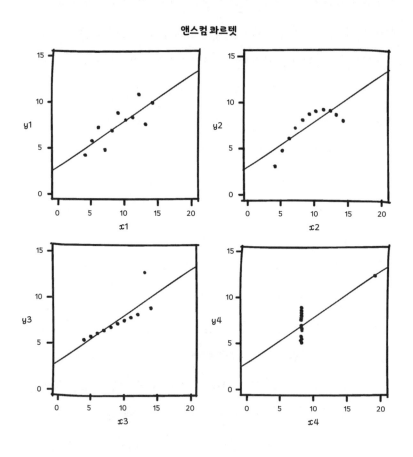

이는 데이터세트 4개로 구성되며 모두 요약 통계와 최적선이 같다.

첫 번째 데이터세트는 이미 살펴본 유형으로, 직선이 소음이 낀 데이터를 잘 설명해준다. 두 번째 데이터세트는 직선보다는 1장의 테니스공 던지기의 궤적과 같은 포물선이 훨씬 더 잘 설명한다. 세 번째 데이터세트에는 확실한 이상값이 있다. 다른 점은 모두 한 직선과 가깝게 놓여 있는데 점 하나만 직선에서 멀리 벗어나 있다. 이 경우 데이터 기록 오류 등 이상값이 나온 이유가 있는지 자세히 검토한다. 네 번째 데이터세트 역시 선형적 관계가 적합하지 않다. 거의 모든 점의 x값이 같지만 y값은 서로 다르며 직선의 각도와 위치는 오른쪽에 멀찍이 떨어진 점 하나 때문에 정해진다. 이 점 역시 이상값일 수 있으므로 직선이 그 점까지 지나게 그리는 것은 비합리적이다.

흥미롭게도 앤스컴 콰르텟의 직선 모두 R^2이 같다. 직선이 데이터 점들을 적합시키는 품질이 같은 것이다. 하지만 두 번째 데이터세트는 포물선을 그리는 다른 함수가, 세 번째 데이터세트는 떨어진 한 점을 빼면 다른 직선이 더 적합해 보인다. 앤스컴 콰르텟이 주는 교훈은 컴퓨터로 데이터를 회귀 직선에 맞추는 기계적인 절차에만 의존해서는 안 되며, 먼저 데이터세트를 평면상의 점들로 표시한 다음 주의 깊게 살펴야 한다는 점이다.

숨겨진 위협을 찾아낸 직선 하나

지금까지 살펴본 모든 내용을 바탕으로 통계학자들이 어떻게 전염병을 이해했는지 알아볼 준비를 마쳤다. 영국의 팬데믹을 예로 들어보자. 그 전에 한 가지 짚고 넘어가야 한다. '통계'라는 단어는 '데이터'라는 단어와 바꿔 쓰일 때가 많다. 하지만 나는 데이터는 발표되는 미가공 수치들을 나타낼 때, 통계는 그것을 분석한 결과를 나타낼 때 쓰겠다. 물론 대중적으로 쓰일 때는 내 관점이 통하지 않을 수 있다는 점을 나도 인정한다.

통계는 ONS가 보고하는 주간 감염자 동향을 파악하는 데 중요한 역할을 했다. 오이피클 조사처럼 통계 결과는 대략 들어맞았다. 매주 약 10만 명이 코로나바이러스 검사를 받았다. ONS는 확진 판정을 받은 사람 수를 이용해 유병률(영국 전역에서 코로나에 걸린 사람들의 백분율)을 추정했다. 또한 큰 표본을 지역이나 나이에 따른 하위집단으로 나누어 지역별·연령대별 유병률도 추정했다. 이 모든 결과를 매주 기록해 총감염자 수가 늘었는지 줄었는지, 얼마나 변했는지 동향을 추적했다.

ONS의 수치는 팬데믹의 확산을 이해하는 데 큰 도움이 됐다. 실제 발병 건수는 검사의 이용 가능성, 검사 대상이 바이러스 급속 확산 지역인지 여부에 따라 크게 달라지지만 대상 집단은 무작위로 표집됐기 때문에 확실히 대표성이 있었다. 이런 이유로 ONS가 발표한 결과는 유병률 추정에서 최적의 기준이었고 여러 언론에서 널리 보도했다.

ONS는 유병률 추정값을 보고할 때 신뢰구간을 포함하는 등 단서를 붙이며 주의했지만, 그런 단서들이 언론 보도에 항상 등장하지는 않았다. 앞서 말했듯이 신뢰구간은 동향을 이해하는 데 필수 요소다. 참값은 제시된 범위의 어느 곳에도 놓일 수 있기 때문이다.

ONS 통계치의 점추정과 신뢰구간은 얼마일까? 2020년 6월 8일에서 21일까지 ONS는 영국 인구의 0.09퍼센트가 감염됐다고 추정했지만 신뢰구간을 0.04퍼센트에서 0.19퍼센트까지로 제시했다. 이는 2만 2,000명에서 10만 4,500명까지로서 하한과 상한의 차이가 무려 5배 정도다. 쉽게 말해 10만 명의 표본에서 나온 유병률을 기준으로 하면 확진 판정을 받은 사람은 고작 90명으로 예상된다는 뜻이다. 따라서 아주 작은 무작위 변동에도, 예를 들어 한두 명만 검사를 잘못해도 추정값이 크게 달라진다.

이와 대조적으로 2022년 3월 27일에서 4월 2일까지 ONS의 유병률 추정값은 7.06퍼센트로 높아졌다. 이 발표에 포함된 신뢰구간은 7.40퍼센트에서 7.79퍼센트까지, 곧 영국 인구수로 보면 407만 명에서 428만 4,500명까지였다. 비율로 따지면 범위가 훨씬 좁다. 이 높은 유병률 추정값에는 표본에 대략 7,600명의 확진 판정을 받은 사람이 포함되기 때문에 검사를 몇 건 잘못했더라도 영향을 적게 끼친다.

임페리얼칼리지 런던의 연구진은 실시간 지역사회 전파 평가**Real-time Assessment of Community Transmission, REACT** 조사를 통해 더욱 정교하게 유병률을 추정했다. 이번에도 비슷한 방식으로 2~3주 동안 매일 약 1만 명을 표본으로 삼았다. REACT는 날마다 확진 판정자 수를 세어 일일 유병률을 추정했고 감염의 일간 동향을 도출해냈다. 이를 바탕으로 R_0를 추정해 전염병 규모가 얼마나 빠르게 증가하거나 감소하는지 알아냈다.

이것 역시 매우 인상적인 분석 결과였으며 R_0 추정값에 관한 신뢰구간과 함께 제시됐다. 하지만 이번에도 신뢰구간이 항상 보도되지는 않았다.

불확실할 수도 있다는 경고도 없이 엉뚱하고 동떨어진 값들이 제시된 것이다. 바람직한 상황이 결코 아니었다.

이런 상황은 표본이 지역별 하위집단으로 나누어졌을 때 더 나쁜 영향을 끼쳤다. 일간 표본 크기가 더 작아지는 바람에 불확실성이 더 커진 것이다. 예를 들어 2020년 10월 말에 많은 신문의 보도에 따르면 REACT 6회차 분석의 잠정적 결과에서는 남서부의 R_0가 2.06으로 추정됐다. 감염자 수가 5~6일마다 2배씩 증가한다는 충격적인 가능성을 내포한 수치였다. 하지만 신문들은 0.98(전염병 축소)에서 3.79(3월보다 더 빠르게 확산)까지의 신뢰구간을 보도하지 않았다. 이 신뢰구간으로 볼 때 REACT가 하위집단에 관한 결정적인 내용을 밝혔다고 보기 어려우므로 인용된 2.06이라는 수치도 다시 확인해야 했다.

6회차 분석의 최종 결과가 발표되면서 이런 의구심이 옳았음이 입증됐다. 2주 뒤에 발표된 최종 결과에서는 R_0의 추정값이 0.95였다(신뢰구간은 0.51에서 1.53 사이). R_0가 2를 웃돌다가 1 미만으로 낮아지려면 전염병 확산 상황에서 결정적인 변화가 있어야 한다. 이에 대해서는 첫 번째 조사의 참값이 2.06보다 어느 정도 낮고 두 번째 조사의 참값이 0.95보다 어느 정도 높다는 설명이 타당하겠다. 이 결과를 신뢰구간과 함께 제시해야 데이터와 설명이 일치하는지를 판단할 근거가 생긴다.

지금까지 신뢰구간이 코로나바이러스 수치 분석에서 어떻게 자연스럽게 등장하는지 설명했다. 이제 선형회귀가 어떻게 도움이 되는지에 관해 개인적인 사례를 들려주겠다. 2020년 9월 초, 잉글랜드 북서부에 있는 병원의 코로나바이러스 환자 수치를 보고 정말 놀랐었다. 모든 데이터는 영국공중보건국Public Health England, PHE(나중에 영국보건안정청UK Health Security Agency, UKHSA으로 바뀌었다) 게시판에서 나왔다.

팬데믹 제1차 대유행에서 NHS에 속한 잉글랜드 북서부 지역 코로나 환자들이 이용한 병상 수는 2020년 4월 13일 최고 2,890개에 달했다. 여름 동안 봉쇄 조치를 계속 시행해 환자 수가 줄어들면서 이 수치는 꾸준히 낮아졌으며 대략적으로 지수적 붕괴를 나타냈다. 2020년 8월 26일 환자 수는 77명으로 줄었다. 이는 최고값에 비해 매우 작은 수로, 알고 보니 이때 환자 수가 가장 적었다. 그 뒤 속도는 느리지만 지속적으로 환자 수가 늘어났다. 8월 26일부터 매일 환자 수는 77, 85, 87, 103, 102, 113, 117, 112, 124, 130, 133, 139, 164, 166, 173으로 이어졌다.

이 추세가 얼마나 심각한 결과였는지가 문제였다. 전체 증가량만 보면 증가세가 엄청나게 크지는 않다. 14일 동안 96개 병상이 찼으니 하루에 7개 정도씩 채워진 셈이다. 이 비율대로 진행된다면 이전 최고점에 도달하는 데 1년 넘게 걸릴 테니 별로 걱정할 필요가 없어 보였다.

하지만 나는 금세 걱정에 휩싸였다. 왜냐하면 이는 선형적 증가(보이저호의 이동거리와 같은 증가 현상)를 전제로 한 분석이기 때문이다. 3장에서 설명했듯이 전염병 확산에 관한 모델은 지수적 증가나 붕괴(은행 이자처럼 늘거나 줄어드는 현상)를 적용하는 것이 더 적절하다. 이를 근거로 볼 때 환자 수가 12일 동안 약 2배 증가했다는 것은 훨씬 걱정스러운 상황이었다. 77명의 최저 환자 수가 37배만 되면 감소세 이전의 이용 병상 수 최고치를 따라잡는다. 37배는 대략 2의 다섯제곱이므로, 2개월(60일)만 지나면 이전의 최고치를 뛰어넘게 된다는 뜻이었다.

각 날짜의 입원한 코로나 환자 수는 어느 정도 무작위적이므로 두 점 사이에 직선을 그어 외삽하는 것은 어리석다. 더 나은 방법은 지수적으로 움직이는 데이터 점들을 로그스케일로 나타낸 다음에 선형회귀를 이용해 최적선을 찾는 것이다. 분석 결과는 다음 그래프와 같다. 점들이 직선상에 정확히 놓이지는 않지만 지수적 증가의 가능성이 충분히 높은, 강한 상관관계가 나타난다.

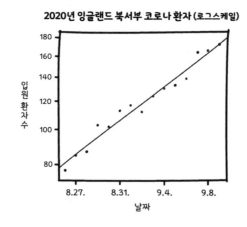

2020년 잉글랜드 북서부 코로나 환자 (로그스케일)

동일한 그래프의 더 걱정스러운 버전이 다음 그래프다. 이 그래프를 통해 같은 비율로 아무런 장애물 없이 지수적 증가가 계속되면 제1차 대유행 당시 최고치를 2020년 10월 말에 따라잡는다는 사실을 확인할 수 있다.

내가 트위터와 《스펙테이터^{The Spectator}》에서 이를 경고하긴 했으나 이용 병상 수 약 3,000개는 너무나 먼 이야기처럼 들렸다. 앞서 설명했듯이 선형적 추세에서 멀리 떨어진 시점에 관해 외삽을 할 때는 주의해야 한다. 사람들이 행동을 바꾸거나 병원 입원 기준이 바뀔 수도 있고 바이러스 확산을 막기 위한 사회적 규제 조치가 시행될 수 있기 때문이다.

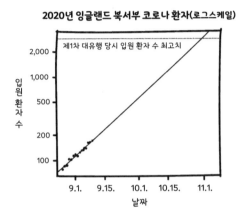

2020년 잉글랜드 북서부 코로나 환자(로그스케일)

다음 그래프를 보면 알 수 있듯 실제로 같거나 비슷한 추세가 오랫동안 이어졌다. 10월 말에 곡선이 약간 평평해지긴 했지만 결국 11월 9일에 이전 최고치를 넘어섰다.

나로서는 행운이 따라준 추측이었다. 지수적 증가를 예측했지만 실현되지 않은 유명한 사례도 많다. 토머스 맬서스^{Thomas Malthus}의 인구론이나 〈심슨 가족^{The Simpsons}〉의 등장인물인 디스코 스투가 미래 디스코음악의 인

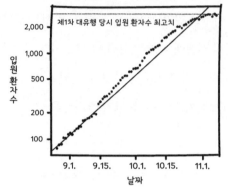

2020년 잉글랜드 북서부 코로나 환자(로그스케일)

제1차 대유행 당시 입원 환자수 최고치

입원 환자 수

2,000
1,000
500
200
100

9.1.   9.15.   10.1.   10.15.   11.1.

날짜

기를 낙관적으로 예측한 것 등이 그 예다. 하지만 3장에서 설명했듯이 지수적 증가가 전염병 확산 양상을 예측하는 기본 모델임을 감안할 때 그 가능성을 심각하게 받아들여야 한다. 또한 로그스케일 그래프에서 데이터의 선형회귀를 이용하는 것은 그런 주장들에 합리적인 근거가 있는지 검증하는 가장 쉬운 방법이다.

➕➕ 요약

이번 장에서는 다양한 통계 용어, 귀무가설, p값, 통계적 유의미성, 신뢰구간을 설명했다. 조금 벅찰 수 있지만 모두 이 세상에서 정보에 입각한 결정을 내리는 데 필요한 방법이다. 신약이 더 나은지 판단할 때 직감에 따라 결정하는 것이 아니라 무작위 변동에 관한 개념들을 이용하면, 임상시험 결과가 우연히 나온 것인지 알아낼 수 있다. 회귀라는 기법을 통해 데이터 점들 사이를 지나는 직선을 그려 몇 가지 통계적 질문을 시각적으로 생각해볼 수 있다. 이 직선이 데이터에 잘 들어맞을까? 직선의 기울기가 0이 되는 것은 가능할까? 애초에 데이터를 지나는 직선을 그린다는 발상이 합리적일까?

✖✖ 제안

앞에서 나온 개념들을 더 깊이 이해하고 싶다면 이미 발표된 그래프들을 다시 살펴보라. 특히 데이터 점들 사이에 직선이 그려진 그래프가 유용하다. 그 직선은 어떤 정보를 담고 있는가? 직선이 모든 데이터와 잘 들어맞는가? 고작 한두 점에 과도한 영향을 받고 있지는 않은가? 다음부터 뉴스에서 임상시험 결과를 보게 된다면 표제를 꼼꼼히 살펴보라. 어떤 약이 질병 치료에 효과가 있다는 기사에서 출처가 되는 연구 논문을 찾을 수 있는가? 대학 신문 기사로 올바른 방향을 찾을 수도 있다. 관련 논문을 찾았다면 생각해볼 거리가 많다. 표본 크기는 얼마인가? p값은 얼마인가? 예를 들어 p값이 0.01퍼센트로 작다면, 그 가설은 매우 훌륭한가? 또는 p값이 4.8퍼센트라면 단지 무작위적 우연과 출판편향 때문에 발생한 매우 사소한 가설인가? 이 가설은 얼마나 강력한 영향을 끼칠 것 같은가?

7장.
확률 사용법

사건의 종속성

2022년 6월 4일 삐딱한 태도로 유명한 언론인 토비 영^{Toby Young}이 트윗 하나를 올렸다. "아이슬란드에서 백신 접종을 시작한 뒤 코로나바이러스로 인한 사망자의 91퍼센트가 백신 접종자들이었다. 하지만 그 나라 인구 중 고작 90퍼센트만 백신을 맞았다. 이 결과에는 나이가 영향을 끼쳤을지 모른다." 놀랍게도 그가 옳았다. 나이는 심각한 영향을 끼친다. 수학적으로 표현하면 사건의 종속성^{dependence of events}이 영향을 끼친다. 종속성이 개입하는 상황에서 확률을 이해하는 것이야말로 오늘날 세상을 이해하는 데 필요한 핵심 능력이다.

예를 들어 여러분이 중고차를 사려고 한다. 특정 차량이 고장 날 가능성이 어느 정도인지 알아보려고 할 때 도로에 다니는 평균적인 차량의 내구성을 생각하는 것은 무의미하다. 그 대신 여러분이 관심 있는 그 차량의 제조회사, 모델, 연식, 주행거리 같은 정보들을 살펴야 한다. 다시 말해 모든 차를 대상으로 생각하는 것이 아니라 특정한 차를 살펴보는 방식으로 바뀌어야 한다. 보험회사도 여러분이 다음 해에 사고를 낼 확률을 판단할 때, 전체 인구에 관한 정보가 아닌 여러분의 나이, 지난 보험료 청구 기록 등을 살핀다.

사건의 종속성을 이해하면 말 그대로 생명을 구할 수 있다. 백신을 둘러싼 올바른 정보와 잘못된 정보를 구분할 수 있기 때문이다. 영의 주장과 비슷한 주장이 담긴 영국 데이터를 살펴보자. 예를 들어 한 블로그 게시물에서 다음과 같이 주장한다. "최근 코로나바이러스로 인한 사망의 80퍼센트는 백신 접종자들이다. 이제 겨우 인구의 72퍼센트만이 백신을 맞았는데 말이다. 보다시피 백신은 도움이 되지 않는다!" 이때 중요한 점은 백신 접종을 받겠다는 사람들의 결정은 그들이 처한 위험성과 무관하지 않다는 것이다. 2장에서 살펴봤듯이 코로나바이러스로 인한 사망률은 나이에 매우 종속적이다. 다시 말해 고령자일수록 감염될 경우 사망 위험이 더 높다. 따라서 대다수 국가의 백신 접종 프로그램은 나이를 중요하게 고려해 고령자부터 먼저 접종하게 했다.

그 결과 영국에서 80세 이상 고령자의 약 97퍼센트가 여러 번 백신 접종을 받았다. 따라서 블로그의 주장을 완전히 뒤집어야 마땅하다. 올바른 관점은 이렇다. 위험성이 가장 높은 집단 중 고작 3퍼센트만이 백신 접종을 받지 않았는데도 사망자 중 20퍼센트가 백신 미접종자였다! 대략적으로 말하면 백신 미접종자가 6, 7배 더 위험할 수 있다(여기서 저자는 대다수 사망자가 고령자에서 나왔다고 가정하는 것으로 보인다-옮긴이). 물론 제대로 분석하려면 더 자세한 정보가 필요하다. 예를 들어 연령대별 백신 접종률과 사망률을 비교하고, 백신 접종자의 결괏값과 미접종자의 결괏값을 별도로 살펴야 한다. 어쨌든 블로그의 주장은 보기보다 그럴듯하지 않다.

일반적으로 우리는 이미 아는 정보를 바탕으로 결정을 내린다. 예를 들어 다음과 같은 이메일을 받았다고 하자. "X 회사의 주식을 사면 좋다." 이메일에 따라 행동할지 여부는 나에게 사기를 치려는 생판 남이 보낸 스팸메일인지 아니면 성공적인 투자 경력이 있는 믿을 만한 친구가 보낸 진심 어린 조언인지에 전적으로 달려 있다. 이메일 발송자에 관한 사전 정보가 그 내용을 얼마나 믿을지를 결정한다.

심지어 그런 이메일을 열어볼지 말지 결정하는 것도 비슷한 수학적 사고방식에 달려 있다. 이메일 스팸 필터는 제목이 모두 대문자로 되어 있거나 '글ㅈ5들이 이와 같2' 깨져 있는 등의 특징에 점수를 매기는 방식으로 이메일이 믿을 만한지 휴지통에 가야 할지를 결정한다. 이 점수들은 조건부확률conditional probability이라는 개념을 사용해 계산되고 도출된다. 조건부확률은 현대 AI 알고리즘을 작동시키는 핵심 개념이며 오늘날 세상의 심장부라 해도 과언이 아니다.

놀랍게도 조건부확률 개념 덕분에 의료 검사를 더 잘 이해할 수 있다. 어떤 검사도 완벽하지는 않다. 따라서 같은 종류의 사전 정보, 구체적으로는 검사의 정확성에 관한 정보와 해당 질환의 유병률에 관한 정보 없이 임의의 검사 결과를 해석하는 것은 불가능하다. 이번 장에서 사전 정보를 이용해 검사 결과를 이해하는 방법을 설명하겠다.

중요하지만 이해하기 어려운 주제다. 우리가 찾는 어떤 답은 반尽직관적이다. 이번에도 확률이 등장한다. 백신, 스팸메일 필터, 의료 검사 등의 사례를 이해하려면, 동전 던지기 같은 독립적이고 단순한 상황뿐 아니라 한 사건이 다른 사건에 영향을 끼치는 상황까지 이해해야 한다.

A가 주어졌을 때 B의 확률

단순한 사례를 하나 살펴보자. 학교에 아이들이 100명 있다. 22명은 축구와 감자칩을 둘 다 좋아하고, 6명은 축구를 좋아하지만 감자칩을 좋아하지 않는다. 또한 40명은 감자칩을 좋아하지만 축구를 좋아하지 않고 32명은 둘 다 좋아하지 않는다. 이를 표로 정리하면 다음과 같다.

	축구 좋아함	축구 좋아하지 않음	
감자칩 좋아함	22	40	62
감자칩 좋아하지 않음	6	32	38
	28	72	100

표의 세로줄과 가로줄을 따라 합산하면 22+6=28명이 축구를 좋아하

고 22+40=62명이 감자칩을 좋아한다. 따라서 학생 한 명을 무작위로 골랐을 때 그 학생이 축구를 좋아할 확률은 100분의 28, 곧 28퍼센트다.

무작위로 고른 학생 한 명이 감자칩을 좋아한다고 하자. 그렇다면 그 학생이 축구도 좋아할 확률은 얼마일까? 표에서 감자칩을 좋아하는 학생은 총 62명이다. 따라서 해당하는 줄에 있는 학생들만 살펴보면 된다. 감자칩을 좋아하는 학생 중 22명이 축구도 좋아한다. 따라서 감자칩을 좋아하는 학생 중 무작위로 한 명을 골랐을 때 축구도 좋아할 확률은 28퍼센트가 아니라 62분의 22, 곧 약 35퍼센트다.

어떻게 된 일일까? 한 학생이 감자칩을 좋아하는 사건과 축구를 좋아하는 사건은 독립적이지 않다. 이 경우 어느 한 쪽의 정보를 알면 우리의 상황 인식이 달라지므로 확률을 재평가할 수밖에 없다. 수학적으로 표현하면 감자칩을 좋아한다는 '조건하에서'(다시 말해 '학생이 감자칩을 좋아한다는 사실이 주어졌을 때') 축구를 좋아할 확률이 35퍼센트다. 한편 감자칩을 좋아하는 것과 축구를 좋아하는 것은 양의 상관관계positive correlation를 갖는 사건들이다. 한 사건이 일어났다면 다른 사건도 일어날 가능성이 높다는 뜻이다.

표에서 볼 때 학생이 감자칩을 좋아한다는 사실을 알면 '감자칩 좋아하지 않음'의 값을 무시해도 된다. 결과적으로 학생 100명이 아니라 62명만 다루면 된다. 다시 말해 모집단은 '감자칩 좋아함' 가로줄에 해당하며 그 가로줄의 해당 값을 가로줄의 전체 학생 수로 나누면 조건부확률이 나온다. 곧 '감자칩과 축구 둘 다 좋아하는 학생 수'÷'감자칩을 좋아하는 학생 수'가 조건부확률이다.

이때 질문을 다음과 같이 반대로 바꾸면 답이 달라진다. 곧 한 학생이 축구를 좋아할 때 그 학생이 감자칩을 좋아할 확률은 얼마일까? 앞의 정보를 통해 그 학생이 축구를 좋아하는 28명 중 한 명임을 알 수 있다. 따라서 그 학생이 감자칩도 좋아할 확률은 28퍼센트나 35퍼센트가 아니라 28분의 22, 곧 약 79퍼센트다. 이와 같이 반대 방향의 조건부확률이 반드시 같지는 않다.

조금 더 수학적인 언어를 사용해 표현해보자. B가 주어졌을 때 A의 확률은 A가 주어졌을 때 B의 확률과 같지 않다. 이때 A는 '축구를 좋아함'이고 B는 '감자칩을 좋아함'이다. 매우 간결하면서도 위력적인 한 통계적 결과에 따르면 이 두 확률 사이에는 단순한 관계가 있다. 이 결과를 베이즈정리 Bayes' theorem라고 한다. 이 정리를 발견한 18세기 영국 목사 토머스 베이즈 Thomas Bayes의 이름을 딴 명칭이다.

앞에 나온 두 분수인 62분의 22와 28분의 22 둘 다 분자가 같다는 데 주목하면 이 정리를 쉽게 이해할 수 있다. 이것은 우연의 일치가 아니다. 왜냐하면 두 계산에 모두 같은 항목, 곧 '축구와 감자칩을 둘 다 좋아하는 학생 수'가 관여하기 때문이다. 따라서 한 분수에서 다른 분수로 옮겨가려면 각 분수의 분모만 알면 된다. 분모는 각각 감자칩을 좋아하는 학생의 수와 축구를 좋아하는 학생의 수이므로 쉽게 계산할 수 있다.

다시 말해 베이즈정리 덕분에 B가 주어졌을 때 A의 확률을 알면 A가 주어졌을 때 B의 확률을 계산할 수 있다(반대로도 계산할 수 있다). 이것은 중요하다. 예를 들어 A가 '우리가 관찰한 데이터'이고 B가 '우리가 세운 가설은 옳다'라고 하자. 보통 B가 주어졌을 때 A의 확률을 안다. 왜냐하면 가설이 데이터가 생성되는 방식을 규정하기 때문이다. 그리고 베이즈정리를 통해 더 흥미로운 반대 방향의 확률, 곧 가설이 참일 확률을 계산할 수 있다.

동전 던지기 사례를 다시 보자. A가 '동전을 1만 번 던졌더니 앞면이 5,200번 나왔다'는 사건이고, B가 '그 동전은 공정하다'는 사건이라고 하자(동전 중 어느 정도 비율이 공정한지에 대해서는 쉽게 가설을 세울 수 있다). 5장에서 설명했듯이 B가 주어졌을 때 A의 확률은 비교적 쉽게 계산할 수 있다. 따라서 베이즈정리를 이용하면 더 흥미로운 확률인 A가 주어졌을 때 B의 확률, 곧 관찰된 결과가 주어졌을 때 동전이 공정할 확률을 계산할 수 있다.

베이즈 추론이라는 통계학의 한 분야가 베이즈정리를 바탕으로 이루어져 있다. 이 개념은 시리가 음성을 인식하고 스마트폰이 사진을 주제별로 자동분류하는 기술이나, 언젠가는 자율주행 차량을 제어할 현대의 기계학습 알고리즘(좀 더 긍정적으로 부르자면 AI)의 바탕이 된다. 데이터와 가설의 관점에서 살펴보기 위해 사건 A가 '마이크가 어떤 소리를 수신했다', 사건 B가 '사람이 물고기라는 단어를 말하고 있다'라고 하자. 다량의 훈련 데이터, 곧 물고기라고 말하는 사람들의 집합이 있으면 마이크가 그 단어를 수신할 때 제대로 알아들을 확률을 알아낼 수 있다. 그다음에 베이즈정리를 이용해 반대로 마이크에서 어떤 소리를 수신했을 때 사람이 물고기라고 말했을 확률을 계산할 수 있다.

알고리즘이 어떻게 작동하는지를 이렇게 단순하게 설명하면 스마트폰에 말을 걸 때 어떤 일이 벌어지는지는 대략적으로 알 수 있다. 그러나 연산능력과 공학기술 분야에서 일궈온 수많은 발전 사례를 생략해버리는 것이기는 하다. 8장에서 베이즈정리의 의미를 몇 가지 더 설명하겠다.

확률을 표로 재구성하기

앞의 조건부확률에 관한 내용을 보면 B가 주어졌을 때 A의 확률은, A와 B가 함께 발생할 확률을 B의 확률로 나눈 값임을 알 수 있다(예를 들어 62분의 22는 100분의 22를 100분의 62로 나눈 값이다). 이 공식을 다시 배열하면 A와 B가 함께 발생할 확률은, B가 주어졌을 때 A의 확률을 B의 확률과 곱한 값이다(예를 들어 100분의 22는 62분의 22를 100분의 62와 곱한 값이다). 정보가 이런 형태로 제시되는 경우가 있는데, 이 공식 덕분에 앞의 표를 재구성할 수 있다.

다음과 같은 예를 들어 설명해보자. 한 대학에 학생 1,000명이 다니는데 그중 4분의 3은 이과생이고 4분의 1은 문과생이다. 오늘 어떤 강의를 이과생 중 5분의 1이 빠졌고 문과생의 절반이 빠졌다면 이는 조건부확률에 관한 진술이다. 한 학생이 이과생일 때 그 학생이 강의에 빠졌을 확률에 관한 진술이라는 뜻이다. 우리는 강의에 빠진 학생이 총 몇 명인지, 나아가 강의에 빠진 학생 중에서 이과생의 비율이 얼마인지를 계산해볼 수 있다.

전체 학생 수를 바탕으로 이과생이 750명이고 문과생이 250명임을 알아냈다. 이 수치들을 각 가로줄의 합계란에 적는다. 그다음 이과생을 5분의 1 집단과 5분의 4 집단으로 나눠 첫 번째 가로줄에 150, 600을 적는다. 문과생은 절반으로 나눠 두 번째 가로줄에 각각 125를 적는다. 마지막으로 세로줄의 합계를 내면 강의에 빠진 총 학생이 275명이다.

	강의 빠짐	강의 빠지지 않음	
이과생	150	600	750
문과생	125	125	250
	275	725	1,000

이 표를 보고 직접 계산하거나 베이즈정리를 이용해 강의에 빠진 학생 중 이과생 비율을 알아낼 수 있다(275분의 150, 약분하면 11분의 6, 곧 약 55퍼센트). 이 방법은 비교적 간단하면서도 어떻게 확률들을 조합해 흥미로운 질문들에 답을 구하는지 보여준다. 오른쪽과 같이 격자를 그려서 시각적으로 확률을 표시해 이 계산법을 이해해볼 수 있다.

먼저 격자의 세로칸을 이과생과 문과생의 비율로 나눈다. 학생의 4분의 3이 이과생이므로 세로칸 3개로 이과생을 표현하고 한 개로 문과생을 표현한다. 그다음 각각의 세로칸에서 강의에 빠진 학생 수를, 필요한 개수의 가로칸에 빗금을 쳐서 표시한다. 이과생의 5분의 1이 강의에 빠졌기 때문에 첫 번째부터 세 번째까지 세로칸 10개 중 2개에 빗금을 치고, 문과생의 절반이 강의에 빠졌기 때문에 가장 오른쪽 세로칸 10개 중 5개에 빗금을 친다.

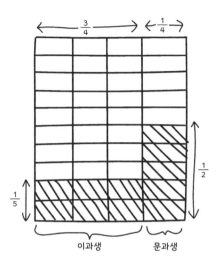

앞에서는 베이즈정리를 이용해 '강의에 빠진 학생 중에서 이과생의 비율은 얼마인가?'라는 질문의 답을 구했다. 격자를 이용해도 시각적으로 똑같이 계산할 수 있다. 이제 강의에 빠진 학생들만 살피면 된다. 빗금 친 칸만 보면 되는 것이다. 그러면 똑같은 질문이 이렇게 바뀐다. '빗금 친 칸 중 왼쪽에 있는 칸의 비율은 얼마인가?' 그냥 세면 된다! 빗금 친 칸이 11개인데 그중 6칸이 왼쪽에 있으므로 11분의 6이다.

이런 시각적 방법은 일반적인 상황뿐 아니라 더 복잡한 구성에서도(예를 들어 대학생 구성이 이과생, 문과생, 예체능생일 때도) 적용된다. 빗금 친 칸들의 비율만 확인하면 되므로 앞에서 사용했던 세로칸과 가로칸 개수가 아니어도 상관 없다. 올바른 비율로 나누기만 하면 20개의 가로칸과 12개의 세로칸을 사용할 수도 있다. 그래도 결과는 여전히 11분의 6이 나온다. 아예 격자를 사용하지 않아도 된다. 그냥 직사각형을 하나 그린 다음 비율에 맞게 부분들을 표시해도 된다. 중요한 것은 그 결과로 나오는 면적의 비율이다. 여러분도 직접 해보기를!

위험의 비대칭성을 놓치면

눈치챘겠지만 이런 분석으로는 무작위로 고른 어느 강의에서 이과생이 빠졌는지 문과생이 빠졌는지를 알 수는 없다. 베이즈정리가 할 수 있는 최대의 역할은, 어떤 사건이 일어날 확률을 알려주고 우리가 그 확률에 따라 잘 추측하도록 돕는 것이다. 궁극적으로 불확실성이 존재하는 상황에서는 이것이 최선이다.

그런 추측에 어떻게 점수를 매길지 생각해보자. 예를 들어 앤이 동전을 여러 번 던질 때마다 빌이 결과를 추측하는 단순한 상황을 상상해보자. 동전을 던질 때마다 빌의 추측이 맞으면 앤이 빌에게 1파운드를 주고 틀리면 빌이 앤에게 1파운드를 준다. 이때 빌이 잘 맞힐 수 있는 특별한 전략은 없다. 이미 말했듯이 동전 던지기의 결과는 균일하고 독립적이기 때문이기 때문에 빌은 추측하는 것 말고는 결과를 맞힐 수 있는 다른 방법이 없다. 장기적으로 볼 때 빌의 추측은 약 절반이 적중할 테니 얼추 본전은 챙길 것이라고 기대한다.

더 공식적인 내기 용어로 말하면 빌은 추측할 때마다 판돈 1파운드를 건다. 추측이 틀리면 그는 판돈을 잃고 추측이 맞으면 판돈과 더불어 판돈 1파운드를 더 얻는다. 이를 흔히 '반반 내기betting at evens'라고 한다. 장기적으로 보면 빌이 본전은 지킬 것으로 예상되므로 이것은 공정한 게임에 해당한다(실제로 마권업자나 운영사 들은 앤처럼 너그럽지 않으며 빌은 점점 돈을 잃는다). 내기의 승산을 통해 어떻게 확률에 관해 통찰할 수 있는지는 8장에서 더 자세히 설명하겠다.

이 게임은 어느 쪽으로 잘못 추측하든 결과는 같다는 점에서 조금 단순하다. 앞면을 추측했는데 뒷면이 나오든 뒷면을 추측했는데 앞면이 나오든 나쁘기는 마찬가지라는 뜻이다. 이런 경우를 각 사건에 관한 손실이 대칭이라고 한다. 하지만 팬데믹에서는 추측이 틀린 방향에 따라 결과가 다르며 손실이 결코 대칭적이지 않았다.

예를 들어 멀쩡한 사람이 중합효소연쇄반응polymerase chain reaction, PCR 검사나 간이 검사에서 환자로 잘못 판정받고 격리당해 급여를 받지 못하는 상황이 벌어지기도 했다. 감염자가 건강하다고 진단을 받아 더 많은 사람을 감염시킨 경우도 있다. 각각의 결과는 결코 동일하지 않다. 경제적 위험과 건강상 위험을 비교할 때 어느 것이 더 나쁜지도 명확하지 않다. 어떤 유형의 결과보다 다른 유형의 결과를 과도하게 중시하면 여기저기서 큰 문제가 생긴다. 곧 아무도 양성으로 진단받지 못하거나 모두가 양성으로 진단받는 것이다.

손실이 대칭적이지 않은 또 다른 시나리오는 의료 자원 모델링에서 등장한다. 환자들을 감당할 수 있다고 예상했지만 실제로는 병상 수가 부족했다면, 환자들이 치료받지 못해 의료 서비스가 재앙 수준으로 붕괴할 수 있다. 반대로 많은 병상이 필요하다고 예상했으나 실제로 그렇지 않다면 돌이켜 봤을 때 불필요한 급증 대응능력surge capacity(예를 들어 영국의 응급 나이팅게일 병원들, 그곳에서 일하는 직원, 의료 물자)에 자원을 낭비하고 만다.

물론 이런 일들에는 비용이 들기 마련이다. 하지만 나는 '나이팅게일 병원들은 사용되지 않았으니 그곳에 투자한 돈을 낭비한 것이다'라는 주장은 관련된 위험의 비대칭성을 이해하지 못한 터무니없는 주장이라고 생각한다. 어쨌든 예측은 정확해야 하고 특정 방향으로 일관되게 잘못 판단하지 말아야 한다.

발병만 많은 전염병

팬데믹에 관한 통계 주제 중에서 거짓양성false positive 결과 문제만큼 억측과 오해를 낳은 것은 없다. 처음 몇 달 동안 코로나바이러스 검사는 거의 모두 PCR 검사로 실시했다. DNA 시료를 채취해 배양한 다음 코로나바이러스와 관련된 유전물질을 찾는 검사다. 완벽한 방식은 아니어서 검사 오류와 유병률의 문제를 둘러싼 오해가 생겼고, 이는 2020년 여름의 '발병만 많은 전염병'이라는 그릇된 인식을 조장하는 데 일조했다. 다시 말해 발병 건수가 늘었다고 해서 심각한 상황이라고 할 수는 없다는 주장이 나온 것이다.

왜냐하면 시간이 더 지나고 나서야 사망자 수가 증가하기 시작했기 때문이다.

검사의 부정확성은 코로나바이러스에 국한된 문제가 아니다. 서구권 국가 대부분에서 특정 연령 이상의 사람들은 정기적으로 암 검진을 받는다. 이 검사도 완벽하지는 않아서 암에 걸린 일부 환자를 선별하지 못하거나 멀쩡한 사람을 암 환자로 잘못 진단하기도 한다.

두 효과는 서로 상쇄될 수도 있다. 극단적으로 조심해서 조금만 의심스러워도 모조리 양성으로 진단할 수 있다. 반대로 특정 암이 존재한다는 확신이 들 때만 양성 판정을 내릴 수도 있다. 검사의 민감도^{sensitivity}(검사를 양성으로 판단하는 데 필요한 증거의 문턱값)를 높이거나 내려서 사용할 수 있는 치료 전략들의 전체 범위를 정할 수도 있다. 검사의 민감도는 전체 결과에 분명한 영향을 끼친다. 해당 질병의 유병률과 개인적 위험 요인들도 마찬가지다. 예를 들어 젊은 사람에게 특정 암의 가족력이 있다면 검사해보기로 결정할 수도 있다.

이런 문제들에 간단한 해답은 없다. 조기에 암을 진단하지 못하면 치료 기회를 놓쳐 건강에 심각한 문제가 발생한다. 반대로 암이 아닌데 암으로 오진하는 경우가 늘면 너무 많은 사람에게 쓸데없는 스트레스를 주고, 위험도가 아주 낮은 사람도 조직검사에 시간을 쓰게 되며, 결국 전체 의료 시스템의 신뢰도가 떨어진다. 또한 검사 오류의 영향은 질병의 유형마다 다르다. 암 환자에게 완치 판정이 잘못 내려지면 그 암 환자의 건강만 영향을 받는다. 하지만 전염병 환자를 다 나았다고 잘못 진단하면 그가 전염병 예방 수칙을 지키지 않거나 해서 결국 다른 사람 여러 명을 감염시킬 수 있다.

조건부확률과 손실의 개념을 이용하면 의료 검사의 속성을 이해하고 거짓양성, 거짓음성^{false negative} 오류가 발생하는 비율을 알아낼 수 있다. 임의의 검사에서 핵심 속성 2가지는 특이도^{specificity}와 민감도이며 둘 다 조건부확률로 정의된다.

특이도는 질병이 없는 사람에 대한 검사가 얼마나 정확한지를 측정하며, 음성 검사 결과의 비율을 나타내는 값이다. 참음성^{true negative} 비율이라고도 한다. 질병이 없는 사람들은 검사 결과가 음성으로 나와야 하기 때문이다. 수학적으로는 한 사람이 건강할 때 검사 결과가 음성일 확률이다. 어떤 사람이 질병이 없는데도 검사 결과 양성인 경우를 거짓양성이라고 한다.

민감도는 질병이 있는 사람에 대한 검사가 얼마나 정확한지를 측정하며, 양성 검사 결과의 비율을 나타내는 값이다. 참양성^{true positive} 비율이라고도 한다. 그 질병이 있는 사람들은 검사 결과가 양성으로 나와야 하기 때문이다. 수학적으로는 한 사람이 건강하지 않을 때 검사 결과가 양성일 확률이다. 어떤 사람이 질병이 있는데도 검사 결과 음성인 경우를 거짓음성이라고 한다.

	질병 있음	질병 없음
음성 검사 결과	거짓음성	참음성
양성 검사 결과	참양성	거짓양성

특이도와 민감도 모두 검사의 성공률을 나타내므로 최대한 높아야 한다. 하지만 어리석은 방식으로 이 결과를 낙관적으로 판단할 우려가 있다. 예를 들어 환자를 보지도 않고 건강하다고 판정한 검사는 특이도가 100퍼센트다(건강한 사람은 모두 검사 결과가 올바르다). 하지만 정작 그런 검사는 민감도가 0퍼센트다(질병이 있는 사람은 모두 잘못된 결과를 받는다). 반대로 모두가 질병이 있다고 판정하는 검사는 민감도가 100퍼센트지만 특이도가 0퍼센트다. 한편 동전 던지기로 판정을 내린다면 특이도와 민감도가 50퍼센트일 것이다.

이런 단순한 예로 알 수 있듯이 검사는 특이도와 민감도가 모두 높아야 한다. 다만 한 검사를 조정하며 2가지를 절충해야 할 수도 있다. 병의 증거를 더 열심히 찾아 민감도를 높이면 틀린 증거를 찾아낼 확률이 높아져 특이도가 낮아지며, 그 반대의 경우도 가능하다.

검사의 전체적인 정확도를 어느 정도 측정할 수 있어야 하고 무작위로 고른 한 사람이 높은 확률로 정확한 진단을 받아야 한다고 생각하기 쉽다. 하지만 한 질병의 유병률 자체가 지극히 낮기 때문에 현실은 우리의 생각과는 다르다. 이 조건들을 충족하더라도 1퍼센트의 사람들이 그 병에 걸렸다고 한다면 '검사해보지도 않고서 모두가 비감염자라고 판정하는' 식으로 어설프게 짐작해 검사 정확도가 99퍼센트라고 잘못 판단할 수 있다.

이제 코로나바이러스 PCR 검사의 성과를 분석할 준비가 됐다. 이 모든 계산은 민감도, 특이도, 유병률만 있으면 다른 형태의 의료 검사에서도 할 수 있다. 하지만 구체적인 사례를 들어 설명하기 위해 코로나바이러스 검사에만 집중하겠다.

ONS의 추산에 따르면 PCR 검사는 민감도가 85퍼센트에서 98퍼센트 사이다. 기본적으로 검체 채취를 잘못한 감염자 때문에 오류가 발생한다. 특이도는 논쟁의 여지가 있지만 ONS가 2020년 여름 동안 진행한 감염 조사에서 확진 판정의 비율이 매우 낮다는 것을 근거로 하면 최소 99.9퍼센트다(아무도 감염되지 않았는데 검사 대상자의 0.1퍼센트만 확진 판정을 받았다면 거짓음성률은 0.1퍼센트고 민감도는 99.9퍼센트다).

전반적으로 PCR 검사는 민감도와 특이도 모두 놀랍도록 높다. 하지만 낮은 유병률 때문에 몇 가지 문제가 생긴다. 앞에 나온 이과생, 문과생 사례와 조금 비슷한 결과의 표를 만들어보면 이해하기 쉽다. 특이도와 민감도는 조건부확률로 표현된다는 점에서 두 사례의 성격이 비슷하기 때문이다. ONS가 제시한 범위보다 비관적인 수치인 민감도 80퍼센트와 특이도 99.5퍼센트를 살펴보자.

이과생, 문과생 사례에서 전체 대학생 중 이과생과 문과생의 비율이 필요했듯이 한 가지 수치, 곧 질병의 유병률이 필요하다. 구체적으로 설명하기 위해 유병률이 1퍼센트라고 가정하고 무작위로 1,000명을 검사한다고 하자. 그중 약 10명이 질병에 걸렸을 것으로 예상된다. 민감도는 검사에서 확진 판정을 받은 실제 감염자의 비율을 뜻하므로, 민감도가 80퍼센트라면 10명 중 8명이 확진 판정을 받고 2명이 음성 진단을 받는다. 마찬가지로 특이도가 99.5퍼센트라면 990명이 감염자가 아니지만 약 985명만 음성 진단을 받고(가끔씩 올림·내림을 해서 정수값을 사용할 것이다) 5명은 잘못된 확진 판정을 받는다. 이를 표로 정리하면 다음과 같다.

	검사 결과 양성	검사 결과 음성	
감염	8	2	10
감염 아님	5	985	990
	13	987	1,000

베이즈정리를 사용하든 표를 살펴보든 이제 다음 중요한 질문에 답할 수 있다. 확진 판정을 받은 사람이 실제로 감염됐을 확률은 얼마일까? 확진 판정은 13건이고 그중 8건이 감염자에게서 나왔으니 확진 판정 중 62퍼센트가 옳고 38퍼센트는 틀렸다. 결과가 놀라울 정도로 나빠 보인다. 특이도와 민감도가 높아 최적의 기준으로 불리는 PCR 검사인데도 신뢰도가 높지 않은 확진 판정 결과가 나온 것 같다.

결과가 이렇게 나온 이유는 낮은 유병률 때문이다. 표본에서 감염자 수가 매우 적기 때문에 참양성이 적을 수 있다. 검사의 민감도가 100퍼센트라도 참양성이 10건이고 거짓양성이 5건이므로 확진 판정 중 3분의 1이 틀렸다. 따라서 PCR 검사는 정확하긴 하지만 유병률이 낮을 때 대량으로 검사하면 문제가 있다.

지금까지 설명한 내용은 팬데믹 동안 PCR 검사를 사용한 일반적인 방식이 아니다. PCR 검사는 주로 증상이 있는 사람들이나 기존 감염자와 접촉한 적이 있는 사람들에게 제한적으로 사용했다. 베이즈정리를 사용해 이런 검사 방식이 계산에 어떤 영향을 끼치는지 알아보자. 이번에도 전체 인구의 1퍼센트가 코로나바이러스에 걸렸으며 그중 절반이 발열, 기침 등의 증상을 보인다고 가정하자. 물론 이 증상만으로 코로나바이러스에 감염됐다고 진단할 수는 없다. 왜냐하면 비감염자의 5퍼센트가 관련 없는 다른 질병으로 같은 증상을 보이기 때문이다. 어쨌든 이 수치들을 이용해 똑같이 계산할 수 있다.

	증상 있음	증상 없음	
감염	5	5	10
감염 아님	50	940	990
	55	945	1,000

핵심은 '증상 있음' 세로줄을 살피는 것이다. 11명 중 1명꼴(약 9퍼센트)로 유증상자가 곧 코로나바이러스 감염자다. 아주 유용하지는 않은 듯한 값이다. 어차피 우리도 유용성을 기대하지 않았다. 어느 의사도 이런 증상만으로 감염됐다고 진단하진 않을 테니까. 유병률로만 보면 유증상자 입장에서는 감염 확률이 1퍼센트에서 9퍼센트로 높아졌으니 검사를 기다리는 동안 자가격리를 해야 할 타당한 이유가 생기긴 했지만 말이다.

유증상자에게만 PCR 검사를 함으로써 이제는 이전처럼 10명이 아니라 검사자 중 90명(1,000명의 9퍼센트)이 감염자라고 예상한다. 표를 다시 작성해보자.

	검사 결과 양성	검사 결과 음성	
감염	72	18	90
감염 아님	4.5	905.5	910
	76.5	923.5	1,000

이제 감염 확률이 훨씬 높아졌다. 76.5건의 확진 판정 중에서 72건이 실제 코로나바이러스 감염자다. 이는 PCR 검사를 통해 코로나바이러스 확진 판정을 받은 사람 중 94퍼센트가 실제로 감염자라는 뜻이다.

따라서 거짓양성 비율에 대한 우려는 부풀려진 것이었다. 무작위 대상자를 검사하는 것보다 감염 가능성이 높은 대상자들만 검사하자 비감염자가 확진 판정을 받는 비율이 지극히 낮아졌다.

이를 통해 유용한 검사 방법을 설계할 수 있다. 예를 들어 2021년 3월부터 영국에서는 모든 학생에게 간이 검사를 받으라고 권고했다. 여기에도 거짓양성 결과가 나올 확률은 낮지만 0은 아니다. 이것은 앞에서 설명한 위험성을 지닌 큰 규모의 인구에 대한 검사이므로, 유병률이 낮을 때 확진 판정에서는 거짓양성의 비율이 높을 수 있다. 하지만 데이터에 따르면 2021년 4월에 간이 검사 확진에서 양성 반응이 나온 사람 중 82퍼센트가 PCR 검사에서 확진 판정을 받았다. 상당히 고무적인 비율이다. 이 비율은 오미크론omicron 변이 때문에 유병률이 높아질 때까지 계속 증가했기 때문에 2022년 1월에는 PCR 검사를 하지 않게 됐다.

앞에서 했던 계산 결과에 따르면 거짓음성에 더 신경을 써야 했다. 감염된 18명은 건강하다는 잘못된 판정을 받았기 때문에 그렇지 않았을 경우보다 훨씬 더 위험하게 행동했을 수 있다. 앞서 언급했듯이 손실함수는 대칭적이지 않으며, 어느 쪽으로든 잘못된 검사 결과는 실제로 매우 다른 결과를 가져올 수 있다.

질병의 특이도와 민감도, 유병률, 유증상자의 비율에 관해 내가 제시한 숫자는 단지 상황을 알려주기 위한 것이다. 그 숫자들은 합리적 추론을 제공하기 위해 어느 정도 페르미 추정에 따라 선택했다. 숫자들을 비교적 작은 값으로 바꿔도 계산 결과는 별로 달라지지 않는다. 어쨌든 이는 PCR 검사를 이용하는 집단 선별검사^{mass screening}에서 다수의 거짓양성 결과가 나오겠지만 검사 대상을 좁히면 결과를 신뢰할 수 있음을 보여준다.

숨어 있는 불평등 찾아내기

이번 장의 핵심 내용은 조건부확률과 이것을 이용한 계산법의 가치다. 결과를 그런 식으로 표현할 수 있는 상황들은 많이 발생한다. 이때 결과를 표로 구성하고 그 의미를 이해할 수 있는 것은 매우 중요한 기술이다.

예를 들어 조건부확률을 잘 이해하면 사회적 불평등의 원인을 찾을 수 있다. 뉴스 보도에서는 어느 한 집단이 불균형하게 대표됐다는 식으로 결과의 불평등에 초점을 맞춰 보도한다. 하지만 그런 일이 어떻게 일어났는지 이해하려면 과정의 불평등에 초점을 맞춰야 한다. 그렇게 하려면 조건부확률을 충분히 이해하고 있어야 한다.

다음과 같은 단순한 상황을 살펴보자. 두 엔지니어링회사가 있는데 둘 다 대규모 인력을 채용한다. 채용이 끝나고 나서 두 회사 모두 남성을 여성의 2배나 더 채용했다는 사실을 알고 실망했다. 왜냐하면 두 회사는 전체적으로 구성원들의 다양성을 반영해서 인력을 확보하길 원했기 때문이다.

수치들을 조금 더 자세히 살펴보고 조건부확률을 생각하면 다음과 같은 사실을 알 수 있다. 두 회사에 서로 다른 방식으로 불평등이 나타났고 검토해야 하는 채용 절차가 서로 다르다.

채용됐거나 탈락한 남성과 여성의 수를 회사별로 표로 표현해보자. 먼저 A 회사는 이렇다.

	채용	탈락	
남성	20	30	50
여성	10	40	50
	30	70	

가로줄을 보건대 지원자 수는 남성과 여성 모두 50명씩이다. 그중 남성 20명과 여성 10명이 채용됐다. 조건부확률로 보자면 남성 지원자의 채용 확률은 50분의 20, 곧 40퍼센트인 반면에 여성 지원자의 채용 확률은 고작 50분의 10, 곧 20퍼센트다. 선별 단계에서 불평등이 일어났다. 그러니 채용 담당자들에게 편견이 있거나 성별에 따라 서로 다른 채용 요건을 적용했는지를 조사해볼 필요가 있다.

반면 B 회사의 표는 조금 다르다.

	채용	탈락	
남성	20	40	60
여성	10	20	30
	30	60	

'채용' 세로줄을 보면 A 회사와 채용 결과가 같다. 하지만 가로줄에 따라 조건부확률을 생각해보면 다르다. 지원자 수가 A 회사와 꽤 다르다. 선별 과정은 남녀 각 집단에 비슷한 효과를 나타냈다. 두 집단 모두 지원자의 3분의 1이 채용됐다(각각 60분의 20과 30분의 10). 이는 선별 과정 자체가 아니라 더 전 단계에서 불평등이 있었다는 뜻이다. 여성 지원자 수 자체가 줄어들도록 채용 공고에 여성 지원자가 거부감을 느낄 수 있는 차별적 메시지가 있었거나 애초에 엔지니어링 전공자 성비가 불균형하기 때문일 수도 있다.

이는 쉽게 설명하기 위해 단순화한 사례이며 현실의 수치는 결코 이렇게 단순하지 않다. 게다가 지원자의 표본이 작으면 무작위 변동이 어느 정도 자연스레 생기기 마련이다. 하지만 더 큰 조직이라면 이를 심사숙고할 사안으로 삼아 더 정확한 데이터를 토대로 점검해봐야 한다.

이 분석을 더 많은 절차에 적용해볼 수도 있다. 최종 후보자 선정 단계나 면접 단계에 불균형이 있었는지를 살피는 것이다. 이런 심사는 아테나스완Athena Scientific Women's Academic Network, Athena SWAN이라는 성평등 평가의 일환으로 영국 대학교들에서 일상적으로 실시한다. 이 평가가 확실하게 증명해낼 수 있는 사실은 없다. 하지만 올바르게 이해하면 논의의 좋은 출발점이 될 수 있으며 조직이 진행하는 과정들의 특정 절차에 주의를 기울일 수 있다.

++ 요약

여러 가지 중요한 문제를 종속사건들의 차원에서 조건부확률이라는 기법을 적용해 이해할 수 있다. 베이즈정리와 표, 그림을 사용해 코로나바이러스 검사나 채용 표본 모델의 불평등 진단 같은 상황들을 이해할 수 있다. 틀린 예측이라고 해도 예측의 방향성에 따라 서로 다른 결과가 나타난다는 생각을 정량화한 손실의 개념을 이용해, 베이즈정리가 적용되는 상황에서 추론하고 결정하는 법을 살펴봤다.

✖✖ 제안

뉴스 같은 자료에서 인용되는 확률을 찾아보며 지식을 더 확장해보라. 여러분이 보는 것이 그냥 확률인지 아니면 조건부확률(그렇다면 무엇에 관한 조건인지?)인지 생각해보라. 특히 베이즈정리를 이용해 계산 과정을 확인해야 'B가 주어졌을 때 A' 형태와 'A가 주어졌을 때 B' 형태의 조건부확률을 혼동하지 않는다. 예를 들어 '병에 걸렸을 때 확진 판정을 받을' 확률과 '확진 판정을 받았을 때 병에 걸렸을' 확률의 차이는 크다. 이 둘을 바꾸거나 그릇된 방식으로 제시하는 경우를 조심하라. 확률표를 직접 재구성해보거나 대응하는 그림을 그려보라.

8장.
확률을 뒤집으면 이기는 전략이 보인다

∞　∫　√　△

도박장에 간 수학자

방금 나는 한 마권업자에게 가서 라이클리 래드^{Likely Lad}란 말이 켐프턴파크 경마장의 한 경주에서 우승하는 것에 3 대 1의 승산으로 1파운드를 베팅했다. 이 말은 도대체 무슨 뜻일까? 나는 그렇게 베팅했을 때 확률이 얼마라고 생각했을까? 먼저 답하자면 라이클리 래드의 우승 확률이 25퍼센트를 넘는다고 생각했다. 하지만 이 모든 수 사이에는 무슨 관계가 있을까? 왜 3 대 1의 승산이 우승 확률 25퍼센트에 해당할까?

이미 이야기했듯이 수학자는 무작위성, 확률, 불확실성이라는 개념을 이용해 세계를 본다. 마권업자와 도박꾼도 이런 개념들을 이해하는 데 도움을 준다. 이 사람들은 말 그대로 돈을 벌기 위해 확률을 이용한다. 확률 계산을 칼같이 해야 하는 동기가 강력한 사람들이므로 그들의 말을 새겨들어야 한다!

확률이론의 많은 분야는 내기 도박에서 생기는 질문들에 답하기 위해 등장했다. 5장에서 소개한 기댓값의 개념도 프랑스 수학자 블레즈 파스칼Blaise Pascal이 '점수 문제problem of points'를 해결하기 위해 처음 도입했다. 도박 게임이 부득이한 이유로 도중에 종료됐다면 판돈을 어떻게 배분해야 공정한 결과인지에 관한 문제다. 상트페테르부르크의 역설St. Petersburg paradox(확률을 무한급수로 나타내고 경우의 수에 따라 배정된 값을 같은 방식으로 증가시키면 기댓값이 무한이 된다는 역설-옮긴이), 도박꾼의 파산gambler's ruin(유한한 초기 자산을 가지고 도박을 하는 도박꾼은 결국에는 파산하게 된다는 통계학적 개념-옮긴이), 마팅게일martingale 전략(도박꾼이 돈을 잃을 때마다 그다음에 2배의 금액을 거는 전략으로서, 이론상 한 번만 이기면 큰 수익을 낼 수 있다-옮긴이) 등 확률이론의 다른 많은 개념도 도박 상황을 설명하기 위해 만들어졌다.

단순한 예로 도박을 해본 적 있는 사람이라면 누구나 익숙한 내기의 승산과 관련된 확률이론을 알아보자. 나는 영국 마권업자들이 사용하는 표준적인 용어와 체계로 도박의 과정을 설명하겠다. 다른 나라의 관례는 영국과 다를 수 있다. 내가 건 판돈은 1파운드다. 라이클리 래드가 경주에서 우승하지 않으면 판돈을 잃는다. 하지만 우승하면 마권업자는 내 판돈 1파운드에 당첨금 3파운드(약 5,000원)를 더 보태 돌려준다. 당첨금은 내 판돈에 승산을 곱한 값이다(3 대 1이란 곧 3을 뜻하며 1분의 3이라는 분수로 생각할 수도 있다).

내가 욕심이 많았다면 더 큰 판돈을 걸었을 것이다. 라이클리 래드가 우승하지 못하면 판돈을 잃겠지만 우승하면 판돈에 승산을 곱해 돌려받는다. 모든 판돈은 동일한 배수로 곱해지므로 설명을 위해 판돈을 1파운드로 고정할 것이다.

현실의 마권업자는 자선사업가가 아니다. 그들은 대체로 돈을 번다. 도박꾼이 확률을 제대로 판단하지 못하기 때문이 아니라 마권업자가 제시하는 승산과 공정한 승산의 차이 때문이다. 일반적으로 마권업자는 뒤에서 설명할 분석 결과보다 조금 낮은 승산을 제시한다. 확률에 따른 금액보다 조금 적은 금액을 마권업자가 지급한다는 뜻이다. 결국 어떤 의미에서 그 게임은 공정하지 않으며 승산은 마권업자에게 유리하게 기울어져 있다.

이 점을 무시하고 공정한 승산을 제시하기로 결심한 너그러운 마권업자가 있다고 가정해보자. 그런 마권업자가 표준적인 동전 던지기에서 앞면에 거는 내기에 제시하는 공정한 승산은 얼마일까? '반반 내기'라는 승산인데, 이는 앞에 나온 용어로 이야기하면 '1 대 1'의 승산에 해당한다. 곧 내가 이 승산으로 1파운드를 걸었는데 뒷면이 나오면 나는 한 푼도 돌려받지 못하고, 앞면이 나오면 원래 내 판돈과 당첨금 1파운드를 합쳐 총 2파운드를 돌려받는다(7장에서 설명한 앤과 빌의 게임과 똑같다).

기댓값을 생각해보면 이 내기의 승산이 공정한지가 분명해진다. 공정한 동전은 각 경우의 수가 나올 확률이 같기 때문에 마권업자가 내게 주는 금액은 기댓값이 (0+2)÷2=1파운드다. 내가 건 판돈과 똑같다. 다시 말해 이 내기에서 기대되는 전체 수익은 0이다. 물론 동전 던지기는 무작위적이며 어떤 결과를 보장하지는 않는다. 하지만 동전을 아주 많이 던지면 큰 수의 법칙에 따라 나는 본전치기를 할 것이다.

이런 식으로 특정한 내기에 대한 공정한 승산이 결정된다. 따라서 기대되는 전체 수익을 0으로 만들 승산을 찾는 일이 핵심이다. 이런 내기라면야 친구와 즐기면서도 할 수 있다. 약간의 위험성 덕분에 스릴이 있으면서도 어느 한 사람에게만 유리한 결과가 나오지 않기 때문이다.

이번에는 편향된 동전을 가정해 똑같이 1파운드를 거는 경우 공정한 승산이 얼마일지 살펴보자. 어떤 동전을 던져보니 앞면이 나올 확률이 3분의 1이라면 앞면이 나오는 데 거는 내기에 대한 공정한 승산은 2 대 1이다. 이번에도 다음과 같이 생각할 수 있다. 뒷면이 나오면 나는 한 푼도 돌려받지 못하고 앞면이 나오면 3파운드를 돌려받는다(내 판돈 1파운드+배당금 2파운드). 따라서 기대수익은 $(1/3 \times 3) + (2/3 \times 0) = 1$파운드로 내 판돈과 같다. 일반적으로 확률이 2분의 1보다 낮으면 공정한 승산은 반반보다 더 높다. 왜냐하면 일어나기 어려운 결과에 판돈을 걸기 때문이다.

반대로 동전의 앞면이 나올 확률이 2분의 1보다 크다면 승산은 반반보다 낮아야 한다. 예를 들어 앞면이 나올 확률이 5분의 4라면 공정한 승산은 4분의 1 대 1, 곧 1 대 4다. 그렇다면 앞면이 나올 때의 수익은 1.25파운드(내 판돈 1파운드+배당금 4분의 1파운드)이며, 내기의 기대수익은 이번에도 $(4/5 \times 1.25) + (1/5 \times 0) = 1$파운드다. 확률이 2분의 1보다 큰 경우 공정한 승산은 반반보다 낮아진다.

실제로 이렇게 계산하면서 임의의 확률에 대응하는 공정한 승산을 찾아낼 수 있다. 여러분도 그런 단순한 규칙을 찾을 수 있다. 가장 주목할 점은 확률이란 0과 1 사이의 수라는 사실이다. 이는 분수로 표현하면 분모가 분자보다 반드시 커야 한다는 뜻이다. 분수를 알면 그것을 수의 쌍으로 고쳐 쓸 수 있다. 바로 분모에서 분자를 뺀 수(줄여서 분모-분자) 대 분자의 쌍이다.

지금까지 살펴본 사례들을 다음 표로 정리했다. 마권업자의 승산은(분모-분자)÷분자 대 1의 형태로 표현된다. 분수가 5분의 3이면 분자는 3이고 분모-분자는 2이며 공정한 승산은 3분의 2 대 1, 곧 2 대 3이다.

확률(분수)	분모-분자	분자	마권업자의 승산	베이즈 승산
1/2	1	1	1 대 1	1
1/3	2	1	2 대 1	1/2
1/4	3	1	3 대 1	1/3
4/5	1	4	1/4 대 1(1 대 4)	4
3/5	2	3	2/3 대 1(2 대 3)	3/2

라이클리 래드 사례에서 인용한 3 대 1 승산도 표에 넣었다. 앞에서와 똑같이 계산해보면 이 승산은 말이 우승할 확률이 25퍼센트(분수로 표시하면 4분의 1)인 상황에서 공정하다. 이것이 25퍼센트 확률일 때의 공정한 승산이다. 말의 우승 확률이 그보다 더 높으면 이 게임은 나에게 유리하다(기댓값이 양수다). 물론 실제 확률이 이보다 낮으면 기댓값은 음수다. 기댓값이 양수라고 해서 내가 이긴다는 보장은 없다. 단지 경주가 장기적으로 반복되면 그런 일이 일어날 수 있다는 뜻이다. 내가 이기기 전에 돈을

몽땅 잃을 수도 있다.

수학자와 도박꾼은 많은 점에서 의견이 같지만 승산을 표시하는 방법에 대해서는 의견이 일치하지 않는다. 표의 가장 오른쪽 세로줄은 수학자의 승산이다. 그냥 마권업자의 승산을 뒤집은 것이다. 곧 확률의 '분자÷(분모-분자)'다. 나는 이를 베이즈 승산이라고 부른다. 그 이유는 조금 뒤에 설명하겠다. 둘의 차이를 강조하기 위해 마권업자의 승산을 3 대 1처럼 표시하고 베이즈 승산을 3분의 1 같은 단일한 수로 표시한다.

여러 가지 면에서 베이즈 승산이 더 자연스럽다. 특히 확률이 높을수록 베이즈 승산은 높아진다. 하지만 단순히 분수를 뒤집어 어느 한 값에서 다른 값으로 펼쳐 놓은 것이기 때문에, 베이즈 승산은 표준적인 마권업자 승산의 순서를 바꾼 버전일 뿐이다. 예를 들어 표의 마지막 가로줄은 마권업자의 승산으로는 3분의 2 대 1이고 베이즈 승산으로 2분의 3이다.

확률을 승산으로 바꾸는 규칙을 설명했다. 흥미롭게도 승산을 확률로 바꾸는 단순한 규칙도 있다. 이 규칙은 특정한(베이즈) 승산이 있을 경우, 이에 대응하는 확률은 '승산÷(1+승산)'이다. 예를 들어 라이클리 래드 사례에서 베이즈 승산은 3분의 1이므로, 이 규칙에 따라 계산할 때 확률은 $1/3÷(1+1/3)=1/3÷4/3=1/4$로 나온다. 이와 달리 마권업자의 승산일 경우 확률은 '1÷(1+승산)'이다. 따라서 마권업자가 제시한 라이클리 래드의 승산 3을 이 규칙에 넣으면 확률은 $1÷(1+3)=1/4$로 똑같다.

전쟁의 판도를 바꾼 베이즈정리

앞에서 봤듯이 이런 규칙을 통해 확률을 마권업자의 승산으로 변환하거나 승산을 확률로 변환할 수 있다. 승산과 확률은 서로 함수 관계다(둘 중 어느 하나에서 다른 것으로 변환하는 규칙이 있다). 따라서 둘 중 어느 하나를 알면 다른 것을 알 수 있다. 그런데 과연 이 '정신적 묘기'를 부려서 얻는 것은 무엇일까?

흥미로운 역사적 사례에서 한 가지 답을 얻을 수 있다. 위대한 영국인 수학자 튜링의 업적까지 거슬러 올라간다. 튜링은 세계 최초로 컴퓨터 개발에 일조했을 뿐 아니라 컴퓨터 연산의 기본 개념을 공식화했다. 또한 최근에 유명해진 것처럼 튜링은 제2차 세계대전 동안 블레츨리파크에서 독일의 에니그마 암호 해독에 도움을 줬다. 헨리크 지갈스키Henryk Zygalski, 마리안 레예프스키Marian Rejewski 같은 폴란드 암호학자의 중대한 업적을 바탕으로 거둔 성과였다. 튜링은 할리우드 영화(〈이미테이션 게임The Imitation Game〉), 자서전, 연극(〈브레이킹 더 코드Breaking the Code〉)의 소재가 되는 등 수학자로서는 매우 드물게 대중적인 지명도를 얻었다. 현재 영국의 50파운드 수표에도 그의 모습이 등장한다. 하지만 튜링의 진정한 업적이 무엇인지 생각해본 사람은 몇 없는 듯하다.

누구나 에니그마 암호 해독을 거대한 십자말풀이나 엄청나게 큰 직소퍼즐jigsaw puzzle, 곧 순전히 연역적인 논리만으로 푸는 수수께끼 정도로 상상할 것이다. 그러나 튜링은 확률이론에 단단하게 토대를 둔 발상으로 암호를 풀었다. 그의 첫 연구 업적은 중심극한정리를 새로 증명한 일이었고, 이 공로로 케임브리지대학교 킹스칼리지에서 3년 연구교수직을 얻었다.

튜링이 통계와 확률 분야에서 이룬 가장 큰 업적은 블레츨리파크에서 나왔다. 안타깝게도 국가안보상의 이유로 그의 사후에야 제자였던 어빙 존 굿Irving John Good의 노력 덕분에 간접적으로 세상에 알려졌다. 굿의 설명에 따르면 튜링의 개념들은 베이즈정리를 토대로 해서 7장에서 본 것보다 훨씬 더 아름다운 방식으로, 확률이 아닌 승산을 이용해 체계화됐다.

그것이 자연스러운 체계임은 에니그마의 작동 방식을 생각해보면 이해된다. 에니그마는 카이사르 암호Caesar cipher 같은 고정된 암호, 곧 A는 항상 B로 암호화되고 B는 항상 C로 암호화되는 방식이 아니라, 방대한 수의 암호를 매번 다르게 생성하도록 설계됐다. 자판 하나를 누를 때마다 배선과 회전자로 구성된 시스템을 통해 전기신호가 송출되면 다른 문자에 대응하는 키보드 자판에 전구가 켜졌다. 기본적으로 각 배선 구성과 회전자 위치마다 다른 암호가 생성됐고, 자판을 누르면 회전자가 한 칸씩 돌아갔다. 연속적인 문자들이 별도의 방식으로 암호화됐다는 뜻이다.

에니그마 암호를 해독하는 것은 엄청나게 복잡한 문제였다. 가능한 문자 조합이 너무 많았기 때문에 모든 경우의 수를 시도하는 것은 불가능했다. 유일한 단서는 문자가 쌍으로 나온다는 기본적인 사실이었다. 예를 들어 자판 A를 누르면 키보드의 G 문자 아래의 전구가 켜지고 자판 G를 누르면 A 문자 아래의 전구가 켜진다. 기계는 어느 문자도 자기 자신과 짝이 될 수 없도록 설계됐다. 하지만 이 단서를 알아도 암호를 해독하는 것은 불가능해 보였다.

이때 튜링은 베이즈정리를 이용해 암호를 해독할 수 있음을 알아냈다. 7장에서 봤듯이 베이즈정리를 통해 '우리가 관찰한 데이터'처럼 보이는 사건 A를 '가설이 옳다는' 설정 B와 관련시킬 수 있다. 튜링은 관찰된 데이터인 사건 A를 에니그마 기계의 출력으로 간주하고, 이를 무선 기사가 모스부호로 들을 수 있다는 사실을 알아냈다. 검증해야 할 가설인 설정 B는 예를 들어 이런 형태다. '첫 번째 배선이 문자 W와 F를 짝짓는다.' 설정 B가 주어져 있을 때 A가 출력될 확률은 기계의 배선이 결정한다. 그러므로 튜링은 출력 A가 관찰될 때 설정 B의 확률을 베이즈정리를 이용해 정확하게 역연해낼 수 있음을 깨달았다.

데이터가 충분히 주어진다면 이 조건부확률에 따라 설정을 정확하게 알 수 있다. 이론상으로는 단순한 것처럼 들리겠지만 에니그마 기계가 매우 복잡하기 때문에 계산은 아찔할 정도로 어려웠다. 오늘날처럼 프로그래밍 컴퓨터도 없었다. 하지만 튜링은 보통 확률로 표현되는 베이즈정리를 승산으로 표시하면 더 쉽게 계산할 수 있다는 사실을 알아냈다.

굿은 한 가설을 지지하는 증거의 관점에서 튜링의 연구를 설명했다. 그는 베이즈 인자^{Bayes factor}라는 양을 사용해 베이즈정리를 재구성하고, 증거가 더해질수록 승산이 어떻게 달라지는지를 설명했다. 이렇게 재구성한 베이즈정리에 따르면 증거가 접수된 뒤 가설이 참일 베이즈 승산은 '원래의 베이즈 승산' × '베이즈 인자'다.

튜링은 모든 증거를 한꺼번에 받는다고 생각하는 대신, 순차 분석 sequential analysis을 사용해 계산 과정을 더 단순화할 수 있음을 알아냈다. 다시 말해 에니그마 기계로 생성된 각각의 새 문자는 새로운 증거의 조각이고, 이것이 새로운 베이즈 인자다. 이 베이즈 인자를 원래의 승산에 곱하면 새로운 승산이 생긴다.

한편 승산에 로그를 취하면 계산이 훨씬 더 자연스러워진다. 3장에서 봤듯이 $8×4=32$는 $2^3×2^2=2^5$로 표현된다. 여기서 3, 2, 5는 각각 8, 4, 32의 로그다. 일반적으로 두 수를 곱할 때 결괏값의 로그는 원래 수의 로그들의 합이다. 따라서 승산을 새 베이즈 인자와 곱하는 대신, 승산의 로그를 베이즈 인자의 로그와 더하는 것이 더 자연스럽다. 흥미롭게도 튜링과 굿은 정보를 수학적 대상으로 여기는 사고방식에 근접했다. 이런 사고방식은 9장에서 다시 설명하겠다. 여담이지만 9장에서 설명할 클로드 섀넌과 달리 이 둘은 '비트 bit' 단위가 아니라 '밴 ban'이라는 자신들만의 정보 단위를 사용했다.

참일 확률이 1에 가까운 가설을 찾아야 한다는 점을 기억하자. 이는 분수에서 분자가 분모-분자보다 훨씬 큰, 곧 베이즈 승산이 매우 높은 가설이다. 다시 말해 이런 일이 생길 만큼 충분히 연속적인 베이즈 인자들을 수집해야 한다.

구체적으로 말하자면 튜링은 베이즈정리를 이용해 특정 가설을 지지하는 증거의 가중치를 비교하는 방식으로 암호를 해독했다. 앞서 봤듯이 에니그마 기계는 순차적으로 암호를 만들어내는데, 이는 '연속적인 문자들이 매번 별도의 방식으로 암호화됐다'는 뜻이다. 하지만 초기 회전자 위치가 비슷한 상태에서 에니그마 기계 두 대를 사용하면 각 기계에서 암호들의 순서는 동일하되 두 기계 사이에는 시간상의 차이만 있다(예를 들어 한 기계가 다른 기계보다 7단계 앞서거나 28단계 뒤에 있거나).

두 기계가 한 단계나 두 단계 차이 난다 등의 가설을 지지하는 증거의 가중치를 찾으면 이 가설을 검증할 수 있다. 이 증거는 기계의 출력에서 우연히 얻었다. 영어나 독일어 메시지는 어느 정도 예측할 수 있기 때문이다. 예를 들어 문자 E는 문자 Q보다 더 많이 쓰인다(나의 학문적 영웅인 클로드 섀넌이 측정해낸 언어의 예측 가능성은 9장에서 자세히 살펴본다). 단계 차이만 정확하게 추측했다면 두 기계는 상태가 같을 것이고, 따라서 같은 문자를 암호화해 같은 출력을 내놓을 확률은 (알파벳이 26개임을 고려할 때) 26분의 1보다 어느 정도 높다.

블레츨리파크 팀은 특수하게 제작된 종이를 이용해 이런 우연의 일치가 나오는 횟수를 세고 베이즈 승산의 로그를 계산함으로써 에니그마 기계들의 쌍 사이에 나타날 수 있는 단계 차이를 알아냈다. 이런 차이는 '봄브bombe'라는 자동화된 장치를 사용해 검증했다. 이렇게 해서 연합국은 에니그마 기계의 설정을 차츰 알아내면서 송신되는 메시지를 해독했고, 획득한 정보를 토대로 노르망디상륙작전의 성공에 일조했다.

튜링의 연구를 바탕으로 발전한 현대 통계학의 기본 개념은 앞서 말했듯이 베이즈정리다. 물론 현대 통계학에서는 컴퓨터 연산능력이 관건이긴 하지만, 이 또한 추상적인 수학 문제를 풀기 위해 물리적 장치를 제작하려고 했던 튜링의 아이디어를 바탕으로 발전했다.

베이즈 인자로 맞춤 의료 검사 만들기

베이즈 인자를 이용하는 방법이 실생활에서 어떻게 쓸모가 있는지 자세히 살펴보자. 7장의 의료 검사를 다시 살펴보면, 확률보다 승산으로 표현할 때 계산이 어떻게 훨씬 더 자연스러워지는지 알 수 있다.

우리가 살펴볼 증거는 한 질병에 확진 판정이 내려졌다는 사실이다. 증거가 나오기 전에 해당 질병에 걸렸을 확률이 존재했다. 이를 승산으로 변환해보자. 이 승산을 배경 승산background odds이라고 하겠다. 검사를 통한 실제 결과를 알기 전에 그 상황에 대해 알려준다는 의미에서 붙은 이름이다. 배경 승산은 전체 인구에 대한 질병의 유병률에 바탕을 둔다. 하지만 이상적으로는 해당 질병에 대한 유전적 기질 같은 개인적 요인, 비만과 흡연 등의 생활방식, 발현 증상이나 감염자와의 최근 접촉 이력 등 단기적 표지를 종합해 정한다.

앞서 봤듯이 튜링의 개념에 따라 우리가 확진 판정을 받았을 때, 실제 감염이 됐을 베이즈 승산은 '우리가 감염자일 배경 승산'×'베이즈 인자' 다. 이때 베이즈 인자는 병에 걸렸을 때 양성으로 진단받을 확률을, 병에 걸리지 않았을 때 양성으로 진단받을 확률로 나눈 값이라고 알려져 있다.

왜 그런지 이해하기 위해 7장에서 강의에 빠진 문과생과 이과생의 사례로 돌아가자. 예로 든 가상의 대학교에서는 4분의 3이 이과생이고 나머지가 문과생이다. 그리고 이과생의 5분의 1, 문과생의 2분의 1이 강의에 빠졌다. 이것을 다음 그림과 같이 나타냈다.

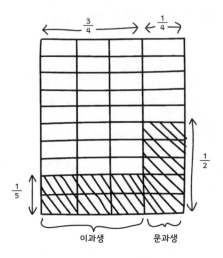

튜링의 개념에 따르면 강의에 빠진 학생이 이과생일 베이즈 승산은 '학생이 이과생일 배경 승산'×'베이즈 인자'다. 이 대학교의 사례에서 베이즈 인자는 이과생일 때 강의에 빠질 확률을 문과생일 때 강의에 빠질 확률로 나눈 값이다.

어렵게 들리겠지만 우리가 이미 아는 수들을 대입해 공식이 어떻게 작동하는지 확인해보자. 학생이 이과생일 베이즈 승산은 3이다[확률은 4분의 3이므로 분자÷(분모-분자) 규칙에 따라 3÷(4-3), 곧 3÷1=3이다]. 그러면 베이즈 인자는 5분의 1(이과생일 때 강의에 빠질 확률)÷2분의 1(문과생일 때 강의에 빠질 확률), 곧 5분의 2다. 튜링의 규칙에 따라 우리가 찾는 베이즈 승산은 3×5분의 2, 곧 5분의 6이다. 이것은 바로 앞 장에서 나온 계산 결과와 완벽하게 일치한다. 앞에서는 한 학생이 강의에 빠졌다고 할 때 그가 이과생일 확률이 11분의 6이었다. 이 값에 분자÷(분모−분자) 규칙을 적용하면 우리가 바라는 5분의 6이라는 베이즈 승산이 나온다.

이 사례를 통해 베이즈 인자를 찾는 방법이 어떻게 나왔는지, 왜 통하는지 이해할 수 있다. 5분의 6이라는 승산은 왼쪽에 있는 빗금 친 칸 수와 오른쪽에 있는 빗금 친 칸 수의 비율이다. 6은 세로줄 수 3과 가로줄 수 2를 곱한 값이며 5는 세로줄 수 1과 가로줄 수 5를 곱한 값이다. 따라서 이 분수를 6/5=(3×2)÷(1×5)로 분해할 수 있다. 바꿔 적으면 (3/1)×(2/5)다. 여기서 앞쪽 항이 배경 승산이고 뒤쪽 항이 베이즈 인자다.

이 설명을 이해했다면(제발!) 6장에 나오는 수치들을 대입해 코로나바이러스 무작위 검사를 확인해보자. 인구의 1퍼센트가 감염됐으며, 감염자의 80퍼센트가 확진 판정을 받고 감염되지 않은 사람의 0.5퍼센트가 확진 판정을 받게 된다고 가정했다.

무작위로 검사하면 나오는 감염자 1퍼센트는 분수 100분의 1에 해당한다. 따라서 분자는 1이고 분모−분자는 99이기 때문에 배경 승산은 99분의 1이다. 베이즈 인자는 우리가 질병에 걸렸을 때 확진 판정을 받을 확률을, 질병에 걸리지 않았을 때 확진 판정을 받을 확률로 나눈 값이다. 따라서 베이즈 인자는 0.5분의 80, 곧 160이다.

따라서 이 두 수를 곱하면 확진 판정을 받았을 때 우리가 감염자일 베이즈 승산은 1/99×160, 곧 약 5분의 8이다(단순하게 표시한 값이다!). 이 값은 더 복잡한 방법으로 7장에서 얻은 승산과 일치한다. 앞서 확진 판정을 받은 13명 중 8명이 감염자임을 알았다. 분자÷(분모−분자) 규칙으로 분수 13분의 8을 변환하면 5분의 8이라는 베이즈 승산이 나온다. 두 방법으로 얻은 값이 일치함을 알 수 있다.

숫자로만 설명하면 이해하기 어려울 수 있다. 이번에도 그림을 그려 답을 명확하게 알아보자. 영역이 잘 보이도록 축척을 조금 과장하긴 했지만 다음 그림은 해당 확률을 나타낸다. 전체 정사각형에서 가장 왼쪽의 1퍼센트는 감염자들을 나타내고 왼쪽 직사각형의 80퍼센트는 확진 판정을 받은 감염자들을 빗금으로 표시했다. 아랫쪽에 누워 있는 직사각형의 0.5퍼센트는 확진 판정을 받은 비감염자를 빗금으로 표시했다.

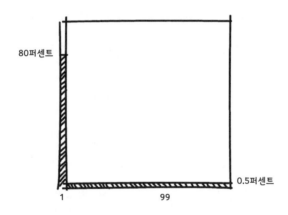

이 그림에서 우리가 관심을 갖는 승산은 빗금 친 두 직사각형, 곧 왼쪽과 아랫쪽 직사각형 넓이의 비율이다. 첫 번째 직사각형은 넓이가 1×80=80이며 두 번째 직사각형은 넓이가 99×0.5=49.5다. 두 넓이의 비율은 49.5분의 80, 곧 약 5분의 8이다. 이번에도 49.5분의 80이라는 분수를 다음과 같이 고쳐 쓸 수 있다. $(1 \times 80) \div (99 \times 0.5) = (1/99) \times (80/0.5) = (1/99) \times 160$. 첫 번째 항은 배경 승산이고 두 번째 항은 베이즈 인자다.

이것은 코로나바이러스에 대한 PCR 검사가 효과적이라는 사실을 정량화하기 위해 돌아가는 길이다. 마권업자 관점에서 생각해보면, PCR 검사 결과가 양성임을 안다는 것은, 이길 승산이 거의 없는 후보를 승산이 높은 유력 후보로 바꾸는 내부자 정보를 얻은 것과 비슷하다. 우리는 블레츨리파크 사례처럼 비교적 작은 배경 승산과 곱해 훨씬 더 큰 값을 만들어낼 큰 베이즈 인자를 찾고 있다. 바로 PCR 검사에서 본 결과다. 베이즈 인자의 형태를 보면 이 큰 값이 어떻게 나왔는지 알 수 있다. 다시 말해 확진 판정을 받아야 하는데 실제로 받은 사람들의 높은 비율(80퍼센트)을, 확진 판정을 받지 않아야 하는데 실제로는 받은 사람들의 지극히 낮은 비율(0.5퍼센트)로 나눠서 나온 값이다.

극단적인 사례로 거짓양성 비율이 0퍼센트라면 0으로 나누게 되므로 베이즈 인자는 무한대가 된다. 이는 최상의 상황이며, 확진 판정을 받은 모두가 진짜로 병에 걸렸다는 직관적인 이해와도 일치한다. 반대로 베이즈 인자가 1 미만인 검사를 상상해보자. 이 경우 확진 판정은 누군가가 감염됐을 승산을 낮춘다. 다시 말해 검사가 잘못된 정보를 제공한다! 이처럼 베이즈 인자는 검사의 질을 측정하는 데 유용하다. 한마디로 베이즈 인자가 클수록 검사가 정확하다.

지금까지는 얻은 것이 많지 않다고 느낄지 모르겠다. 어떤 계산 방식을 다른 방식으로 바꿔, 7장에서 얻은 답과 똑같은 답이 나왔음을 확인했을 뿐이기 때문이다. 하지만 계산을 반복해보면 진가를 알 수 있다. 핵심은 베이즈 인자가 오직 검사에만 의존한다는 점이다. 다시 말해 베이즈 인자는 보편적인 양이다. 검사를 워싱턴에서 하든 웰링턴에서 하든 베이즈 인자는 같다. 달라지는 것은 배경 승산을 통해 표현되는 유병률뿐이다.

예를 들어 7장에서 무작위 검사 대신에 유증상자만 대상으로 한 검사를 바탕으로 거짓양성 비율을 반복해서 계산했다. 그 경우 해당 집단의 유병률은 9퍼센트였고 배경 승산은 91분의 9였다(9퍼센트는 100분의 9이므로 분자는 9이고 분모-분자는 91이다). 이것을 160이라는 동일한 베이즈 인자와 곱하면 베이즈 승산은 (9/91)×160, 곧 약 16이다. 이 값은 7장의 계산 결과와 일치한다. 72건이 참양성이고 4.5건이 거짓양성으로 나왔는데 이 두 수의 비율은 바로 앞의 베이즈 승산과 같다.

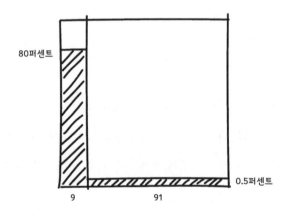

그림으로 보자면 구분선을 더 오른쪽으로 옮겨, 빗금 친 왼쪽 직사각형이

더 넓어진 상황이다. 직사각형이 넓어지면서 승산도 높아졌다. 빗금 친 직사각형의 비율은 달라지지 않아서 둘 다 80퍼센트와 0.5퍼센트로 이전과 동일하다. 왜냐하면 조건부확률은 검사 자체의 내재적인 속성이기 때문이다.

이 그림으로 유증상자만 검사할 때 왜 베이즈 승산이 높아지는지 알 수 있다. 베이즈 승산이란 바로 왼쪽 직사각형과 아래쪽 직사각형의 넓이의 비율이기 때문이다. 왼쪽 직사각형은 이제 폭이 9배 넓어졌으므로 넓이도 9배 커졌다. 아래의 직사각형은 이전과 넓이가 비슷하다. 유증상자만 검사한 결과 베이즈 승산은 9배 높아졌다.

이것은 튜링 방식으로 승산을 계산해 거짓양성 문제를 다룰 때의 매력이다. 곧 검사 자체를 (베이즈 인자로 표현해) 검사 대상 인구의 배경 승산과 분리할 수 있다. 실제로 베이즈 공식은 명쾌한 결과를 내놓는다. 유병률이 2배면 승산도 2배고 유병률이 절반이면 승산도 절반이다.

이 방식 덕분에 나는 2021년 가을에 영국의 코로나바이러스 검사 시스템에 문제가 있다는 점을 밝혔다. 유병률이 높아질 때 (간이 검사 결과가 양성이었고 그뒤 PCR에서까지 확진 판정을 받은 건수의 비율로 측정된) 승산이 실제로는 감소했다. 이는 말이 되지 않는 결과였다. 특정 실험실에 문제가 있다는 신호였다. 이런 측정값들을 조사하면 앞으로 발생할 수 있는 문제들을 찾아내는 데 도움이 된다.

전체 인구를 대상으로 한 검사뿐 아니라 의료 검사를 받는 개인에게도 같은 논리를 적용할 수 있다. 나이, 흡연, 음주 같은 여러 가지 알려진 위험 요인을 가진 개인이 특정 암 검사를 받는다고 해보자. 이런 위험 요인과 검사 결과를 종합해 검사받은 개인이 암에 걸렸을 확률을 판단하고자 한다.

분명 베이즈정리가 적합한 방법이다. 물론 모든 의사가 이 계산을 할 만큼 충분한 실무적 통계 지식이 있거나, 검사 성공률을 살펴볼 시간이 있거나, 업무 중에 필요한 수학 계산을 할 것이라고 기대하기는 어렵다. 하지만 베이즈 승산을 이용하면 의사들도 이 문제를 쉽게 해결할 수 있다.

앞서 봤듯이 확진 판정을 받았을 때 병에 걸릴 승산은 '해당 사람에 대한 배경 승산' × '베이즈 인자'다. 그리고 이 내용을 로그를 이용해 고쳐 쓰면 승산의 로그는 '배경 승산의 로그' + '베이즈 인자의 로그'다.

중요한 점을 다시 짚자면 베이즈 인자의 값은 이런 모든 검사에서 동일하다. 따라서 의료 규제기관에서 미리 표준값을 정할 수 있다. 의사는 이 검사를 실시할 때마다 해당 환자의 위험 요인을 사전에 평가해 배경 승산을 알아내기만 하면 (베이즈 인자와의 관계를 통해) 확진 판정을 받았을 때 그 병에 실제로 걸렸을 승산으로 변환할 수 있다.

이것을 다음의 그래프로 표현했다.

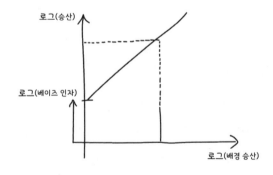

각각의 검사에 대해 베이즈 인자의 로그를 표시한 그래프 하나만 있으면 된다. 그러면 의사가 환자의 배경 승산을 알아내 x축에서 해당 점을 찾고, 기울어진 직선에 그 점을 대응시켜 y축의 승산을 읽으면 된다. 실제로는 이보다 훨씬 더 쉬울 수도 있다. 그저 승산에 대한 어떤 적절한 문턱값, 예를 들어 '승산이 0.2 이상이면 추가 검사가 필요하다'는 문턱값을 정할 수 있다. 당연히 이 승산은 배경 승산으로 간단히 변환할 수 있다. 다시 말해 의사는 그래프를 볼 필요도 없다. 배경 승산이 특정 수치 이상인 사람이 확진 판정을 받으면 추가 검사를 권하면 된다.

누가 시장을 장악할 것인가?

분수 대신 승산을 이용하면 과정이 얼마나 매끄럽게 진행되는지 보여주는 다른 상황들도 있다. 많은 상황에서 S자형 곡선 또는 시그모이드sigmoid(S를 뜻하는 그리스어 단어에서 유래했다) 곡선을 보게 된다. 다음 쪽에 나오는 그래프가 그런 곡선의 한 예다. 컴퓨터로 생성한 한 장난감 모델이다.

이는 시장점유율 그래프다. 한 신제품의 점유율이 거의 0퍼센트에서 시작해 매우 가파르게 증가한 다음 거의 포화 상태에 도달했다. 이 곡선의 특정 단계들에 이상은 없는지 확인해야 한다. 초기에는 지수적으로 증가하는 것처럼 보인다(대략적으로는 옳은 말이다). 하지만 지수적 증가가 영원히 유지될 수는 없다. 특히 시장점유율에는 100퍼센트라는 분명한 상한이 있기 때문이다.

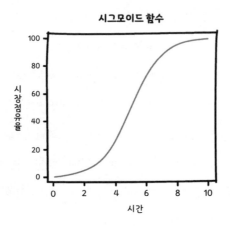

시그모이드 함수

이 곡선은 100퍼센트 수준까지 지수적으로 증가한 다음 멈추지 않는다. 대신 차츰 평평해진다. 그 이유를 새로운 기업의 발전이라는 관점에서 생각해보자. 초기에는 한 제품의 시장점유율을 높이기가 쉽다. 제품이 좋다고 소문이 떠들썩하게 나면 신규 고객이 늘어난다. 시간이 지나면 이런 상황을 유지하기가 어려워진다. 시장점유율을 50퍼센트 달성하고 더 끌어올리려면 나이나 소득 또는 고집스러운 취향 때문에 구매를 꺼리는 나머지 50퍼센트의 마음을 돌려야 하기 때문이다.

따라서 이 시그모이드 곡선들은 시장을 완전히 장악하지 못한다. 예를 들어 스마트폰 사용자 중에서 스마트폰 사용자의 백분율을 나타낸 그래프나 웹 이용자 중 구글 크롬 Google Chrome 브라우저 사용자의 백분율을 나타낸 그래프를 보면 각 곡선이 시장점유율 100퍼센트에 도달하기 전에 평평해진다. 마이크로소프트 Microsoft 나 애플의 자체 브라우저가 설치된 컴퓨터를

스마트폰 시장에서 스마트폰 점유율

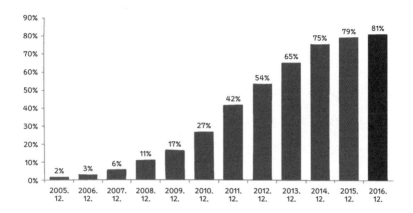

웹브라우저 점유율

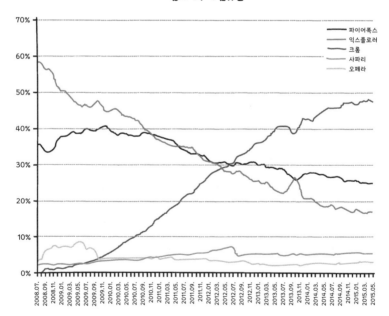

파이어폭스
익스플로러
크롬
사파리
오페라

사는 일정 비율의 웹 이용자는 새로운 브라우저를 설치할 필요성을 느끼지 않기 때문이다(또는 그렇게 하기에는 기술적 자신이 없을 수 있다).

이런 시그모이드 증가 양상은 알파, 델타, 오미크론 등 코로나바이러스 변이가 세계 각국에서 우세종이 되어갈 때의 추세와 같다. 변이들은 처음에 발병 비율이 지극히 낮았지만 급속도로 기존 바이러스를 추월하여 코로나바이러스 검사 표본의 거의 100퍼센트를 차지했다.

시그모이드 곡선이 어떻게 생겨날 수 있는지를 이해하면 곡선의 미래를 예측하고 모델링할 수 있다. 보기보다는 간단하고 예측하기 쉽다. 앞에 나온 단순한 모델로 돌아가 백분율 등 비율의 관점이 아니라 베이즈 승산의 관점에서 생각해보자. 앞에서처럼 분자÷(분모−분자)를 계산해 그래프로 나타내자. 시장점유율이 증가할수록 베이즈 승산이 높아질 것이다. 그렇다면 어떤 곡선이 나타날까?

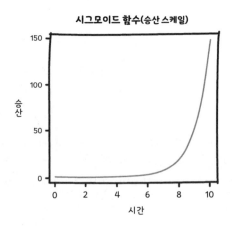

시그모이드 함수(승산 스케일)

곡선은 평평하게 시작하지만 자꾸 가팔라진다. 이는 지수적 변화를 나타낸다. 3장처럼 승산을 로그스케일로 표시해 확인해보자. 이 경우 다음과 같은 직선이 나온다. 승산이 지수적으로 증가한다는 뜻이다.

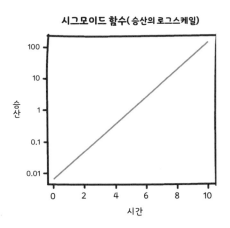

코로나바이러스의 새 변종이 확산되는 양상을 살펴볼 때에도 이 내용은 타당하다. 변종이 A형과 B형 2가지가 있다면 더 빠르게 증가하는 변종의 비율은 A형 개체수를 'A형 개체수'+'B형 개체수'로 나눈 값이다. 썩 훌륭한 표현은 아니지만 그것을 분자÷(분모-분자) 규칙을 통해 승산으로 변환해보자. 승산은 단지 'A형 개체수'÷'B형 개체수'다. 따라서 두 변종이 지수적 비율로 증가 또는 감소한다면 승산도 지수적으로 변할 것이다. 승산의 분자와 분모 모두 주기마다 서로 다른 일정한 배수로 곱해지기 때문이다.

3장에서 봤듯이 로그스케일 y축을 이용해 데이터를 그래프로 나타내면 지수적 증가율을 추정할 수 있다. 이와 비슷하게 로그스케일 y축을 이용해 승산을 그래프로 나타내면 두 변종의 증가율 차이를 추정할 수 있다. 다시 말해 로지스틱 플롯logistic plot이라고도 불리는 그래프로 새 변종이 경쟁우위 상태인지를 알 수 있다.

이런 계산 덕분에 과학자들은 알파, 델타, 오미크론 같은 변종이 더 빠르게 퍼지고 있음을 알아냈다. 승산의 로그를 앞에서 본 그래프로 표현했을 때 직선이 나타났기 때문이다. 뒤이어 전 세계 여러 국가에서도 똑같은 그래프가 나오면서 사실로 확인됐다. 많은 곳에서 변종들의 경쟁우위가 일관되게 나타났다(어느 곳이든 승산의 로그 기울기가 대체로 동일했다).

이런 방식으로 분수나 비율을 그래프로 나타내면 해석하기 조금 어려운 데이터의 시그모이드 곡선이 직선에 가깝게 바뀐다. 웹브라우저 사용자에 관한 데이터세트도 같은 방식으로 변환할 수 있다. 먼저 확률을 승산으로 변환하고 승산의 로그를 그래프로 나타낸다. 그러면 구글 크롬의 점유율이 얼마나 빠르게 증가하는지 파악하고 앞으로도 얼마나 빠르게 증가할지 외삽할 수 있다.

흥미롭게도 이 책의 두 주제는 이런 식으로 합쳐진다. 먼저 3장에서는 데이터의 로그가 유용하다고 주장했다. 이번 장에서는 분수에 관해 고찰할 때 승산이 자연스러운 방법이라고 주장했다. 이 둘을 합치면 승산의 로그는 그 자체로서 흥미로운 양이다. 또한 그것을 추적하면 의료 검사, 코로나바이러스 변종 확산과 신제품의 시장점유율에 대해 통찰력을 얻는다.

➕➕ 요약

이번 장에서는 확률을 도박꾼 승산의 관점에서 생각하며 사건의 발생 가능성을 새롭게 통찰했다. 튜링이 블레츨리파크에서 한 연구와 의료 검사에서 거짓양성을 둘러싼 문제를 새롭게 이해했다. 게다가 승산을 확률로 변환하는 기법과 지수적 증가의 개념을 결합하면 직선 그래프로 나타낼 수 있고, 이를 바탕으로 변종 바이러스의 확산 양상을 예측할 수 있다.

✖✖ 제안

살펴본 개념 중 일부를 직접 활용해보고 싶은가? 마권업자의 웹사이트나 다른 곳에 제시된 승산을 살펴보고 '승산÷(1+승산)' 규칙을 이용해 확률로 변환해보라. 그렇게 나온 확률이 타당해 보이는가? 만약 그 내기에 걸면 돈을 벌 수 있을까? (물론 직접 내기를 할 것까지야 없다. 얼마나 수치적으로 잘 가늠해서 판단했는지 확인하는 연습으로 삼으면 된다.) 의료 검사에서 승산을 이용해 내가 한 것처럼 계산해볼 수도 있다. 검사의 참양성 비율과 거짓양성 비율이 각각 50퍼센트와 0.03퍼센트라고 하면 유병률이 0.1퍼센트, 5퍼센트, 10퍼센트인 경우 각각에서 확진 판정이 올바를 승산은 얼마일까?

3부.

복잡한 현대사회에서
더 빛나는 수학의 힘: 정보

9장.
모든 것이 데이터가 되는 세상에서

이야기는 클로드 섀넌에서 시작한다

2020년 2월 23일 미국 CBS에서 흥미로운 여론조사 결과를 발표했다. 조사원들은 유권자들에게 가을에 있을 대통령 선거에서 누구에게 투표할 것인지 묻는 대신에, 누가 이길 것이라고 예상하는지를 물었다. 단순한 확률 평가일 뿐이었지만 지지 정당에 따라 엄청난 차이를 보였다. 공화당 지지자의 90퍼센트는 도널드 트럼프Donald Trump 대통령이 '확실히 또는 아마도' 재선에 성공할 것이라고 생각하는 데 반해, 민주당 지지자는 고작 3분의 1만 그렇게 생각했다. 이런 차이를 어떻게 설명할 수 있을까?

이것은 필터 버블filter bubble의 한 예다. 사람들은 유력한 당선자를 판단할 때 후보자가 유명한지를 기준으로 생각하며 적어도 자신이 아는 후보자를 중심으로 생각한다. 예를 들어 여러분의 SNS 친구들이 열렬한 트럼프 지지자라면 여러분은 그들이 전체 인구를 대표하는 표본이라고 생각할 것이다. 나이와 사회계급에 따른 계층화와 미국 정치의 양극화로 인해, 공화당 지지자는 공화당 지지자와 친구일 가능성이 높고 민주당 지지자는 민주당 지지자와 친구일 가능성이 높다. 따라서 각 집단은 편향된 세계관을 전달받으면서 자기 관점이 실제보다 더 대중적이라고 믿는다.

이런 효과는 선거 결과가 조작됐다는 믿음을 불러일으킬 위험성이 있다. 그러므로 사람들이 세계 정세에 대한 잘못된 정보를 어떻게 전달받게 되는지 이해하는 것이 중요하다. 지금까지 내가 주장했듯이 수학은 데이터를 올바르게 표현하고 동향을 추적하며 추정 오차를 이해하는 강력한 도구다. 놀랍게도 수학은 모순되는 것 같은 사실들을 조화시키고 정보를 걸러내며 데이터가 쏟아지는 현상을 이해하는 역할도 한다.

그런데 정보란 정확히 무엇을 뜻하며 어떻게 정보를 측정하고 정량화할 수 있을까? 이 모든 일은 독보적인 천재 클로드 섀넌의 연구와 함께 시작됐다. 그는 1948년에 논문 한 편을 발표하면서 정보이론information theory이라는 완전히 새로운 학문 분야를 창조해냈다. 나는 섀넌을 수학자로 부르지만 어떤 사람은 그가 공학자라고 주장할 것이다. 틀린 말은 아니지만 그의 혁신적인 연구 논문의 제목이 〈전자통신의 수학이론A Mathematical Theory of Communication〉이므로 나는 주저 없이 그를 수학자로 부르겠다.

섀넌은 나의 학문적 영웅이다. 그의 별로 진지하지 않은 성향도 내겐 매력적이다. 예를 들어 그는 물리적 장치를 갖고 노는 것을 좋아했다. 저글

링 로봇이나 미로에서 빠져나오는 장난감 쥐를 만들기도 했다. 전 세계에 컴퓨터가 몇 대 없고 그마저도 집채만 한 크기였던 시절에 그가 한 일이다. 새로운 장치를 만들어내는 자질 덕분에 섀넌은 자신의 경력에서 최초의 업적을 이뤄냈다. 인류 역사상 가장 위대하다고 널리 인정받는 석사 학위 논문을 21세의 대학생 신분으로 발표했을 때다. 1937년의 이 논문에서 그는 현재로선 당연한 내용을 정립했다. 다시 말해 0과 1로 표현할 수 있는 (아일랜드 수학자 조지 불^{George Boole}의 이름을 딴 불 대수^{Boolean algebra}가 적용되는) 모든 연산 문제는 전기회로를 이용해 해결할 수 있다는 내용이다.

제2차 세계대전 동안 섀넌은 정부가 맡긴 극비 암호 해독 문제들을 연구했다. 그중 하나가 올바르게 실행되기만 하면 일회용 암호표가 해독이 불가능한 암호 체계임을 증명하는 일이었다. 일회용 암호표는, 예를 들어 독립적이고 공정한 동전을 여러 번 던져서 앞면이나 뒷면이 나온 결과에 따라 1과 0을 번갈아 표시하는 방식으로 작동한다.

구체적인 상황을 가정하고 살펴보자. 파리에 있는 영국 대사관이 '여기는 이상 없음'이라는 뜻의 01101011이라는 메시지를 런던에 보내려고 한다. 영국 대사와 런던 본부가 동일한 일회용 암호표의 사본을 갖고 있으면 안전하게 메시지를 주고받을 수 있다. 이것은 단지 미리 합의된 0과 1의 수열로서, 예를 들어 공정한 동전 하나를 반복적으로 던져서 앞면이 나오면 1을 뒷면이 나오면 0을 적는 방식으로 생성됐다.

한 일회용 암호표에서 1은 '이 위치에 있는 비트를 뒤집어라'는 뜻이고, 0은 '그냥 두라'는 뜻이라고 하자. 따라서 일회용 암호표가 10101100…

으로 시작하면 '메시지의 첫 번째, 세 번째, 다섯 번째, 여섯 번째 비트를 뒤집어라'는 뜻이다. 우리가 보내고 싶은 메시지가 01101011이라면 전송되는 신호는 **11**0**00**1**11**이다. 뒤집은 비트는 강조하기 위해 굵은 글씨로 표시했다. 런던 본부가 이 메시지를 받으면 일회용 암호표의 사본을 꺼내서 관련 비트들(첫 번째, 세 번째, 다섯 번째, 여섯 번째 비트)을 다시 뒤집어서 원래 메시지를 복구해낸다.

도청자의 입장에서는 절망적인 상황이다. 11000111이라는 전송 신호를 가로챘어도 어느 비트를 뒤집는지 알 길이 없다. 그 전송 신호는 예를 들어 메시지 01010110('프랑스의 비밀을 성공적으로 훔쳐냈다')나 11001101('티백을 더 보내라')일 수도 있고 아니면 또 다른 메시지일 수도 있다. 각각의 메시지들에 대응하는 완벽하게 유효하고 확률이 동일한 일회용 암호표들이 있기 때문이다. 일회용 암호표가 독립적이고 공정한 동전 던지기로 생성됐으며, 실제로 딱 한 번 사용됐고 아무도 대사관에 침입해서 암호표를 복사해가지 않았다고 가정하자. 그러면 도청자로서는 어떤 메시지가 송신됐는지 알아내는 것이 수학적으로 불가능하다.

이렇게 공정한 동전 던지기로 일회용 암호표를 생성하는 과정은 완벽하게 예측 불가능하므로 전송한 메시지를 철저하게 숨길 수 있다. 이런 깨달음은 섀넌이 정보이론을 발전시키는 데 중요한 역할을 했다. 그렇다면 조금 더 예측하기 쉬운 동전 던지기로 만들어진 암호표는 어떨지를 자연스럽게 생각해보게 되기 때문이다. 예를 들어 10에서 비트 1을 뒤집기만 하면(공정한 동전 던지기를 통해 생성된, 예측 불가능한 일회용 암호표라면 10에서 어느 비트를 뒤집어야 할지 예상할 수가 없는 데 반해, 편향된 동전 던지기로 생성된 암호표에서는 편향의 특성에 따라 이런 식으로 예측해볼 수 있다는 뜻-옮긴이)메시지를 해독할 수 있을까? 이는 암호화되는 메시지의 구조를 간파해내면 가능한 것으로 밝혀졌다. 십자말풀이를 할 때 네모에 먼저 제시된 일부 글자로 답을 알아낼 수 있는 것처럼 말이다. 예를 들어 메시지 01101011('여기는 이상 없음')이 자주 송신된다고 하자. 그러면 예측하기 쉬운 동전 던지기로 만들어진 일회용 암호표의 작동 방식 때문에 그 메시지에 가까운 무언가를 보게 된다면 그 메시지가 암호화됐다고 확신할 수 있다.

전쟁 중에 섀넌은 수학과 물리적 장치의 접점에서 연구했던 또 한 명의 위대한 천재를 만났다. 바로 튜링이다. 앞서 그의 연구 내용을 살펴봤다. 섀넌과 튜링이 문제에 접근하는 방식에는 매우 중요한 공통점이 있다. 두 사람 모두 전쟁 중에 암호 해독 과정에서 생기는 문제들을 해결하기 위해 언어를 수학모델로 추상화했다. 하지만 1943년 튜링이 미국에 있는 동안 둘이 만난 적은 있어도 함께 연구 내용을 발표하지는 않았다. 두 사람 모두 비밀 유지 서약을 하고 일했기 때문에 서로의 연구 내용에 공통점이 있는지조차 알아차리지 못했을 것이다.

섀넌은 경력의 핵심 기간을 벨연구소Bell Labs에서 보냈다. 이 연구소는 시장의 압박과 학계의 자유로운 연구를 보장하는 분위기 사이의 중간쯤에서 운영됐다. 이처럼 어느 정도 자유분방한 환경 덕분에 트랜지스터와 레이저 같은 20세기의 주요한 기술들을 발전시키는 데 핵심적인 역할을 했다. 벨연구소에서 이룬 연구 성과로 9명이 노벨상을 수상했다. 벨연구소는 손으로 무언가를 만들어내는 동시에 근본적인 이론 연구를 추구하는 섀넌의 기질에 완벽하게 맞았다.

전쟁이 끝나고 1948년에 섀넌은 2번에 걸쳐 《벨시스템 기술 저널Bell System Technical Journal》에 자신의 역작을 발표했다. 이 논문은 여러 측면에서 정보를 정량화하는 방식을 정립함으로써 오늘날과 같은 세상을 만드는 데 일조했다. 섀넌은 0이나 1이 될 수 있는 양을 가리키는 용어로 비트(2진수binary digit의 줄임말)라는 신조어를 만들어냈다.

섀넌은 이 비트를 정보 저장의 기본 단위로 인식했다. 어떠한 양의 정보라도 0과 1의 수열로 표현할 수 있다. 예를 들어 4비트가 주어졌다면 표현할 수 있는 메시지는 16가지다(첫 번째 비트가 가질 수 있는 값은 2가지이고, 두 번째 비트도 2가지, 세 번째 비트도 2가지, 네 번째 비트도 2가지이므로 총 2×2×2×2=16가지다). 이제 각각의 수열에 어떤 메시지가 관련되어 있는지를 알려주는 표만 있으면 된다.

0과 1로만 표현하는 데이터 저장 개념은 더 큰 단위를 주로 다루는 오늘날에도 필수적이다. 텍스트는 데이터의 1바이트byte(8비트)에 저장되며 요즘은 메가바이트megabyte(800만, 곧 8,000,000비트), 기가바이트gygabyte(80억, 곧 8,000,000,000비트), 심지어 테라바이트terabyte(8조, 곧 8,000,000,000,000비트) 단위도 심심찮게 들을 수 있다. 테라바이트 단위의 하드드라이브를 구매하거나 기가바이트 단위 데이터로 만들어진 스마트폰 서비스를 계약할 때마다 섀넌이 만든 용어를 사용하는 셈이다. 수십억 개의 0과 1이 조그마한 장치에 저장되는 공학적 세부사항은 섀넌이 봐도 머리가 핑핑 돌 것이다. 하지만 거의 75년이 지난 오늘날에도 그의 통찰 덕분에 저장용량과 통신 시스템의 근본적 한계를 이해할 수 있다.

수학자가 무작위성을 다루는 방식

섀넌의 업적을 이해하기 위해 확률을 배울 때 써먹은 물건을 다시 꺼내보자. 바로 동전이다. 이번에는 동전 2개를 던질 것이다. 하나는 공정한 동전이고 다른 하나는 아주 편향된 동전으로, 앞면이 나올 확률이 89퍼센트다.

공정한 동전 던지기의 결과는 본질적으로 예측이 불가능하다. 앞면이나 뒷면이 나올 가능성이 똑같은 데다 이전 결과가 그다음 결과에 영향을 끼치지 않기 때문이다. 어떤 예측 전략을 써도 반이나 맞히면 잘한 것이다. 바로 그런 이유로 동전 던지기는 다루기 어려운 논쟁을 해결하는 데 사용할 수 있다. 이와 달리 편향된 동전 던지기 결과는 비교적 예측하기 쉽다. 답은 대체로 앞면일 것이다. 항상 앞면으로 추측하면 10번 중 9번은 맞힐 수 있다. 이는 공정한 동전보다 정확도가 훨씬 더 높다.

섀넌은 편향된 동전 던지기 결과는 공정한 동전 던지기 결과보다 예측하기 쉬울 뿐 아니라 던지기 결과를 더 효과적으로 요약한다는 사실을 알아냈다.

공정한 동전을 128번 던진 결과를 보고할 때는 결과들의 전체 집합을 '앞뒤뒤앞뒤앞뒤뒤…앞앞'처럼 (뭐가 나오든) 전부 나열하는 것보다 나은 방법이 없다. 섀넌의 비트를 이용해 이것을 앞면을 1로, 뒷면을 0으로 요약하려면 128비트, 곧 한 번 던지는 데 1비트를 써야 한다. 이와 달리 편향된 동전 던지기는 예측하기가 더 쉽기 때문에 수열을 기술할 때 저장 공간을 아낄 수 있다. 예를 들어 앞면과 뒷면이 나온 결과인 전체 수열을 나열할 필요가 없고 단지 뒷면이 몇 번 나왔는지만 알려주면 된다. 따라서 11, 18, 32…97처럼 뒷면이 나온 횟수만 전달한다. 편향된 동전에서 뒷면이 나올 확률은 11퍼센트(100퍼센트-89퍼센트)이므로 128번 던질 때 뒷면이 약 14번 나올 것이다. 이때 그 각각을 7비트로 나타낼 수 있다(앞에서와 마찬가지로 7비트로 나타낼 수 있는 수열의 가짓수는 2×2×2×2×2×2×2, 곧 128가지이므로 그 각각을 뒷면이 나오는 경우의 수와 대응시킬 수 있다). 이 기법을 이용하면 평균적으로 겨우 14×7=98비트, 곧 한 번 던질 때마다 0.77비트만 필요하다. 따라서 편향된 동전 던지기의 결과는 공정한 동전 던지기 결과보다 더 간결하게 요약할 수 있다.

섀넌은 일찍이 결과의 예측 가능성과 결과 요약의 용이성이 같은 속성임을 깨달았다. 그는 엔트로피라는 새로운 척도를 도입했다. 엔트로피란 어떤 양이 얼마나 무작위적인지를 나타낸다. 게다가 엔트로피를 잘 측정할 수 있는 단위는 다름 아닌 그가 고안한 비트였다. '어떤 무작위적인 양을 얼마나 예측할 수 있는가?'라는 질문은 '그 결과를 얼마나 효과적으로 요약할 수 있는가?'라는 질문과 같다. 그리고 그 답은 '결과의 엔트로피'에 따라 정량화된다.

섀넌은 확률의 관점에서 엔트로피를 측정하는 공식을 만들었다. 동전 던지기에 이 공식을 적용해 엔트로피를 계산할 수 있다. 공정한 동전은 엔트로피가 1비트이며 한 번 던질 때 필요한 1비트가 우리가 얻을 수 있는 가장 효과적인 표현이다. 이와 달리 편향된 동전의 엔트로피는 0.5비트다. 앞에서 설명한 한 번 던질 때 필요한 0.77비트보다도 결과를 더 효과적으로 표현할 방법이 있는 것이다.

무작위적인 대상을 0과 1의 수열을 이용해 효과적으로 표현할 수 있는 개념을 데이터압축data compression이라고 한다. 결과의 리던던시redundancy(중복성이라는 뜻과 더불어 데이터를 전송할 시 신뢰도를 높이기 위해 추가하는 잉여 정보를 가리킨다–옮긴이) 또는 예측 가능성을 찾아내 제거함으로써 비트를 더 적게 사용해 표현하는 방법이다. 스마트폰 카메라가 저장하는 데 수억 비트가 필요한 사진을 찍을 때 이런 과정을 거친다. 데이터압축 덕분에 필요한 비트의 몇 퍼센트만 차지하는 jpg 파일을 만들 수 있다. 핵심은 이미지를 예측할 수 있다는 것이다. 예를 들어 파란색 픽셀이 푸른 하늘이라는 큰 영역의 일부라면 그때 이웃한 픽셀들은 편향된 동전처럼 어느 정도 예측할 수 있다.

하지만 분자들이 일정한 공간을 차지하기 때문에 실내의 모든 공기를 완전한 진공 상태로 압축할 수 없듯이, 섀넌은 데이터를 압축하는 데에 한계 지점이 있다고 봤다. 이는 엔트로피에 따라 결정된다. 예를 들어 섀넌에 따르면 어떤 편향된 동전도 결코 한 번 던질 때 필요한 비트가 평균 0.5비트 미만이 될 수 없다.

신호와 소음

데이터압축을 가능하게 만든 무작위성의 정량화만으로도 섀넌은 수학자 명예의 전당에 올랐다. 그는 1948년 메시지에서 소음의 효과를 이해함으로써 또 하나의 위대한 업적을 발표했다.

우리는 순진하게 통신 채널이 완벽하다고 가정한다. 예를 들어 편지를 보내면 손상되거나 변경되지 않고 수신자가 읽을 수 있는 상태로 수신자의 집에 도착할 것으로 기대한다. 요즘에도 대부분의 사람이 스마트폰을 갖고 다니며 대화 전부를 완벽하게 전송할 수 있다고 기대하는 것이다.

전자통신은 그렇게 단순하지 않다. 스마트폰은 배터리 용량이 비교적 작으며 가장 가까운 기지국과 무선으로 통신해야 한다. 게다가 통신은 혼잡한 도시에서 이뤄진다. 무선 신호가 건물에 반사되는 데다 수백 명의 스마트폰 사용자들이 같은 기지국을 사용한다는 점을 생각해보면, 스마트폰으로 통화하는 데 항상 성공한다는 사실이 기적처럼 느껴진다.

오히려 스마트폰이 전송한 신호를 기지국이 완벽하게 수신하지는 않는다고 가정하는 편이 낫다. 스마트폰에서 기지국으로 연결되는 통신 채널에는 소음이 있으며, 전송 과정에서 무작위적 오류가 생긴다고 가정하면서 소음의 효과를 모델링하는 것이다.

섀넌은 그것이 딱히 문제가 되지 않음을 알아냈다. 그는 데이터를 효과적으로 압축하는 데 수학적 한계가 있음을 증명해냈듯이, 정보가 얼마나 성공적으로 전송될 수 있는지에도 소음 때문에 근본적인 한계가 있음을 밝혀냈다. 그는 소음이 있는 채널의 용량capacity이라는 개념을 도입했다. 이 용량은 '얼마나 많은 정보가 지나갈 수 있는가'로 규정된다. 파이프의 폭에 따라 흘러가는 물의 양을 계산하는 것과 비슷하다.

섀넌에 따르면 이 용량을 초과하지 않는 한 오류가 발생할 확률이 낮은 상태로 통신할 수 있다. 이 개념은 편향된 일회용 암호표와 비슷하다. 고작 몇 비트만 뒤집으면 되기 때문에 본래의 메시지로 재구성할 수 있다. 섀넌은 이 용량을 엔트로피의 관점에서 정량화했다. 데이터압축 문제를 해결하기 위해 도입했던 바로 그 엔트로피 개념으로 말이다.

데이터압축이 리던던시를 제거함으로써 작동했듯이 섀넌은 메시지 정보를 보호하기 위해 소음이 있는 채널에 리던던시를 추가해 통신하는 방법을 고안했다. 기본적으로 리던던시를 얼마나 많이 추가해야 하는지는 용량으로 정해진다. 수신자가 메시지를 수정할 수 있게 해주는 검사 비트check bit를 바탕으로 리던던시를 구한다.

섀넌의 연구를 통해 데이터를 압축하고 메세지를 전송하는 과정의 이론적 한계가 밝혀지긴 했지만, 그가 예상했던 성능에 도달할 수 있는 실제적인 방안이 설계되기까지는 50년이 더 걸렸다. 현실에서 잘 작동하는 오류정정 부호error correcting code를 설계하는 것은 오늘날에도 여전히 매우 활발하게 연구되는 주제다.

많은 데이터보다 필요한 데이터를 얻어라

이미 살펴봤듯이 섀넌이 엔트로피라는 개념으로 불확실성을 정량화한 것은 많은 통신 문제를 이해하는 데 중요한 역할을 했다. 덕분에 독립적인 동전 던지기의 결과들을 얼마나 압축할 수 있는지, 소음이 있어도 수신기가 이해할 수 있는 메시지를 송신기가 어떻게 보내는지도 알 수 있다. 엔트로피의 여러 가지 속성을 알면 이 세계를 더 많이 이해할 수 있다.

핵심은 엔트로피를 통해 메시지의 복잡성이라는 개념을 파악할 수 있으며 그 메시지를 받고 나서 우리가 얼마나 놀랄지도 알 수 있다는 점이다. 이는 곧 메시지를 읽고 얼마나 많은 내용을 알게 되는지와 연결된다. 예를 들어 '앞뒤뒤앞뒤앞뒤뒤…앞앞'이라는 공정한 동전 던지기 결과를 볼 때 '앞앞앞앞앞앞앞앞뒤앞앞앞…'이라는 편향된 동전 던지기 결과를 볼 때보다 이전에는 몰랐던 것을 더 많이 알게 된다. 일반적으로 편향된 동전 던지기의 결과는 앞면이 나올 가능성이 높다는 것을 이미 알고 있기 때문에 새로운 정보가 아니다.

다른 방식으로 생각해보면 흔하게 일어나는 사건보다 드물게 일어나는 사건에서 더 많은 정보를 얻는다. 예를 들어 1938년에 한 어부가 실러캔스coelacanth를 산 채로 잡았다. 실러캔스는 오래전에 멸종됐으며 화석으로만 남아 있다고 알려진 물고기였다. 이 어부는 어제 북해에서 청어를 잡은 사람보다 세계에 관한 새로운 지식을 훨씬 더 많이 전해줬다. 비록 흔한 사건만큼 자주 일어나지는 않지만, 드문 사건이 실제로 일어나면 훨씬 더 많은 사실을 알게 된다.

동전 던지기의 수열로부터 얼마나 많은 것을 알게 되는지 설명하긴 했지만 이것은 매우 단순한 상황일 뿐이다. 5장에서 이미 설명했듯이 연속적인 동전 던지기는 독립사건이다(한 결과가 다음 결과에 영향을 끼치지 않는다). 이와 달리 우리가 일반적으로 수신하는 정보는 연속적이지 않으며, 보통은 정보 조각 각각에 어느 정도의 상관관계가 있다.

예를 들어 코로나바이러스 사망자 수는 이틀 연속 비교적 비슷할 것이라고 예상한다. 두 수 모두 어느 정도 현재의 감염자 수에 따라 결정되기 때문이다. 이와 달리 몇 달 시간 차이가 있는 사망자 수는 서로 독립적일 것이다. 그 사이에 전염병이 다양한 양상으로 전개될 수 있기 때문이다.

섀넌의 연구에 따라 모든 조건이 같다면 독립적이고 연속적인 두 정보 조각에서 가장 많은 것을 알 수 있다. 데이터 한 조각에 1비트의 정보가 들어 있고 또 다른 조각에도 1비트의 정보가 들어 있다고 하자. 두 데이터 조각이 독립적이라면 우리에겐 총 2비트의 정보가 있다. 독립적이지 않다면 (연속된 날에 같은 장소에서 나온 두 데이터처럼) 우리에게는 총 2비트보다 적은 정보가 있는 셈이다. 전체가 부분들의 합보다 적다. 정보 중 일부가 겹치기 때문이다.

따라서 가장 좋은 것은 독립적인 정보다. 왜냐하면 독립적인 비트들은 합산되기 때문이다. 정보가 독립적이지 않다면 첫 번째 데이터 점에서 정보를 얻은 다음 두 번째 데이터 점에서 추가로 얻은 정보는, 완전히 독립적인 데이터 조각에서 추가된 정보보다 새로운 내용이 적다. 놀랄 만한 여지가 줄어들었기 때문이다.*

최소한의 비용으로 최대의 효과를

섀넌의 개념들은 집단검사^{pooled testing}를 통해 질병을 찾는 데도 유용하다. 의료 검사는 드물게 시행되고 비용이 많이 들기 때문에 최대한 효율적으로 사용해야 한다. 한 질병의 유병률이 1퍼센트라면 검사 결과는 대부분 음성으로 나올 것이다. 편향된 동전 사례처럼 이는 검사의 엔트로피가 지극히 낮다는 의미이므로, 섀넌이 기술한 의미에서 보자면 각각의 검사로부터 얻는 정보가 많지 않다.

이 상황에서는 할 수 있는 것이 별로 없어 보인다. 왜냐하면 감염자의 비율을 바꿀 수 없기 때문이다(물론 더 많은 감염이 발생하길 원하지도 않는다). 하지만 경제학자 로버트 도프만^{Robert Dorfman}의 기발한 아이디어를 이용할 수는 있다. 도프만도 제2차 세계대전 때 군사 문제를 연구하던 학자다. 도프만의 논문이 1943년에 나왔기 때문에 1948년에 나온 섀넌의 역작보다 시기가 앞섰는데도, 섀넌의 언어를 이용하면 그의 아이디어를 이해하

* 독립사건들에서 나온 정보가 합산된다는 것을 알면 얻게 되는 정보에 관한 공식을 도출해낼 수 있다. 독립사건들이 동시에 일어날 확률은 각 사건의 확률을 곱해 구하며, 수들의 곱의 로그는 각 수의 로그의 합과 같다. 이 두 사실을 종합해보면, 한 사건이 발생했다는 사실을 알 때 우리가 얻는 정보는 그 사건의 확률의 로그다. 이것은 섀넌보다 먼저 1928년에 미국인 공학자 랠프 하틀리^{Ralph Hartley}가 연구한 결과로 거슬러 올라간다. 이를 5장에서 나온 개념과 종합하면 섀넌의 엔트로피는 우리가 얻는 정보의 기댓값이다.

기 쉽다.

도프만은 미군에 입대하는 남성의 매독 검사에 참여했다. 당시의 매독 검사는 비용이 많이 들었고 매독 발병 자체도 드물었다. 검사 방법을 고민하던 도프만은 한 번에 한 명씩 검사하는 대신에 여러 명의 검체를 합쳐 집단별로 한꺼번에 검사해도 된다는 사실을 깨달았다. 한 집단에서 아무도 매독에 걸리지 않았다면 해당 집단의 검체에는 매독균이 없으므로 검사 결과는 음성일 것이다. 모든 병사가 매독에 걸리지 않았음을 알게 되는 데 단 한 건의 비용만 들 뿐이다.

한편 집단에서 누군가가 매독에 걸렸다면 검체에는 매독균이 있을 것이며 검사 결과는 양성일 것이다. 그러면 해당 집단의 어느 병사가 매독에 걸렸는지를 알아내기 위해 조사해야 한다. 감염자를 찾으려면 해당 집단의 각 개인을 다시 검사하면 된다.

도프만은 질병의 유병률이 낮을 때 이 전략이 꽤 효과적임을 알아냈다. 대부분의 집단에는 감염자가 없을 테니, 그 구성원 모두가 단 한 번의 검사로 비감염자인 것을 확인할 수 있다. 추가로 개인 검사를 할 수도 있겠지만 이런 경우는 드물다. 따라서 이 방법으로 검사 횟수를 상당히 줄일 수 있었다.

도프만의 아이디어가 대규모로 실행되지는 못했지만 이후 수학자와 생물학자의 관심을 끌었다. 도프만의 단순한 방법보다 더 나은 검사 전략을 설계하고 집단에서 누가 감염됐는지를 확인하는 효율적인 방법을 찾으려는 노력은 학계 차원에서 꾸준히 이뤄졌다. 이러한 집단검사는 생물학과 사이버보안, 통신 등에도 적용됐다.

집단검사에서 가능성의 한계를 이해하는 일은 지금도 활발하게 연구되지만 섀넌의 연구를 통해 한 가지 핵심 고려 사항을 알 수 있다. 각각의 검사에서 최대한 많은 정보를 얻으려면 양성·음성 진단 확률이 엇비슷해야 한다. 그래야 검사당 1비트의 정보를 모두 얻을 수 있기 때문이다. 게다가 비트들을 합산하기 위해 연속적으로 시행한 검사 결과들은 최대한 독립적이어야 한다. 따라서 비슷한 사람이 모인 집단을 검사해 비용을 낭비하지 말고 많이 겹치지 않는 사람들을 섞은 표본을 검사한다. 이런 검사 전략은 결과가 독립적이며 발생 확률이 같아야 한다는 섀넌의 목표에 부합한다. 이렇게 하면 편향된 동전 던지기보다 공정한 동전 던지기 결과와 더 가까워진다.

또 다른 과제가 있다. 지금까지 설명했듯이 이 검사는 한 집단에 감염자가 있으면 반드시 결과가 양성으로, 없으면 결과가 음성으로 나올 것이라는 점에서 완벽하다고 가정한다. 하지만 이것은 이론적으로만 가능하다. 8장에서 살펴봤듯이 검사에서는 거짓음성과 거짓양성이라는 오류가 생길 수 있다. 이 문제는 검체가 합쳐지면서 더 심각해진다. 한 양성 검체가 많은 음성 검체에 휩쓸려 감염이 드러나지 않는 '희석dilution' 효과가 일어나 거짓음성이 발생할 가능성이 높아지기 때문이다.

이런 소음의 문제는 집단검사 알고리즘의 관점에서 보면 충분히 해결할 수 있다. 이와 관련된 이론이 계속 발표되고 있으며 정보이론의 개념들이 이를 뒷받침한다. 또한 이는 최근 몇 년 동안 내가 연구하고 있는 분야이기도 하다. 이 모든 이론 연구를 바탕으로, 팬데믹 기간 동안 집단검사가 중국, 이스라엘, 르완다, 미국 일부 지역에서 대규모로 활용됐고, 코로나바이러스 검사 효율이 예전보다 훨씬 좋아졌다. 섀넌의 개념들이 이 분야에도 긍정적인 영향을 끼쳤다는 생생한 증거다.

편향에 대처하는 수학적 지혜

불확실성과 정보에 관한 섀넌의 수학이론을 유용하게 쓸 수 있는 또 다른 방식이 있다. 섀넌의 정보이론에서는 미디어 소비에 관한 원리들을 제시한다. 이를 통해 많은 사람이 '필터 버블'의 위험성을 깨달았다. 앞서 봤듯이 성향이 같은 사람들의 집단이 자기들끼리만 교류함으로써 기존의 믿음을 강화하는 현상이다. 흥미롭게도 이 현상은 수학적인 방식으로도 설명할 수 있다.

뉴스 소비자의 관점에서 생각해보자. 인터넷만 연결되어 있다면 집에 가만히 앉아 있어도 온갖 세상사에 대한 엄청나게 다양한 정보를 접한다. 뉴스 소비자는 어떤 정보 채널을 구독할지 선택하고, 그런 메시지들을 종합해 세상 돌아가는 상황에 관한 일관된 견해를 갖출 방법을 찾아야 한다. 하지만 이는 갈피를 못 잡을 정도로 어렵다. 관용적인 표현을 빌리자면 '소방호스로 물 마시는drinking from the firehose' 상황이다.

수학자들이 이 문제를 해결할 수 있는 방법을 알려준다. 첫째, 앞서 설명했듯이 한 사안을 확정적으로 파악하는 것이 목표가 되어서는 안 된다. 가장 좋은 경우라도 어느 정도 불확실성이 있다. 대신 나는 일정 범위의 가능한 시나리오를 제안하고 각각의 시나리오를 얼마나 진지하게 생각하는지에 따라 가중치를 부여한다. 6장에서 살펴본 개념으로 표현하면 점추정이 아니라 신뢰구간을 제시하는 것이 목표다. 이상적으로는 내가 제시한 가능성의 범위에 타당한 시나리오가 모두 담기면 좋겠지만, 제외하는 것이 더 나은 가능성까지 굳이 다루지 않는다.

둘째, 모든 것을 이해할 필요는 없다. 예를 들어 내가 에너지 정책과 보안에 관심이 있다고 하자. CO_2 배출량을 최소화하면서도 1년 내내 안정적으로 이용할 수 있고 국제 정치적 변동에 영향을 받지 않는 전력원들을 균형 있게 구성하려고 한다. 이에 대한 해법은 너무나 다양하며 200개가 넘는 국가들의 정책과 목표를 열거하는 일만으로도 벅차다. 논의를 종합해 일관되고 체계적인 모델을 만드는 것은 고사하고 말이다.

나는 영국에 살고 있기 때문에 영국에 알맞은 계획을 파악하는 데 가장 관심이 많다. 다른 나라들을 무시한다는 뜻은 아니다. 다만 섀넌의 언어로 표현하자면 나는 다른 나라에서 얻은 정보가 영국에도 적합하면서 소음이 너무 많지 않은 통신 채널을 찾아야 한다. 예를 들어 1년 내내 햇볕이 내리쬐는 나라들이 추구하는 해법은 흥미롭긴 하겠지만, 영국에 현실적인 선택지가 아니다. 영국은 기후가 비슷한 북유럽 국가들이 더 나은 비교 대상이기 때문에 이 국가들에서 어떤 전략을 추구하는지 살펴볼 가치가 있다.

게다가 섀넌이 밝힌 대로 서로 독립적인 정보원에서 가장 많은 것을 배울 수 있다. 네덜란드의 정책은 흥미롭기는 하겠지만 벨기에와 룩셈부르크도 네덜란드와 비슷한 정책을 추진한다면 두 나라를 추가로 살펴봐도 새로운 정보가 별로 없을 것이다. 추구하는 전략이 다른 국가들을 살펴야 배울 점이 더 많다. 예를 들어 원자력으로 전기의 70퍼센트 이상을 생산하는 프랑스나 수력발전소를 압도적으로 많이 사용하는 노르웨이를 더 살펴보면 좋다. 비록 이 선택지들을 영국에 그대로 적용하는 것은 어렵더라도 말이다.

이 원리는 우리가 일반적으로 정보원을 선택할 때 적용된다. 여러분이 읽으려는 자료에서 최대한 많은 정보를 얻는 것이 목표라면, 섀넌이 알려줬듯이 무슨 말을 할지 뻔히 보이는 칼럼니스트의 기사를 읽는 것은 쓸데없는 짓이다. 그런 사람들이 기여하는 엔트로피는 0에 가까우며 그런 기사들에서 추가로 얻을 수 있는 정보는 거의 없다. 마찬가지로 기사를 대강 훑어보는 것을 겁내지 마라. 기사가 잘 구성되어 있다면 앞쪽 문단에서 단어당 얻는 내용이 뒤에 나오는 문단들에서 얻는 것보다 더 많다.

마찬가지로 결코 생각이 바뀌지 않는 사람이나 트위터에서 이미 기존 팔로어와 비슷한 사람을 새롭게 팔로우하는 것에 대해 생각해보자. 섀넌의 정보이론으로 보면 이 사람들에게서는 얻을 만한 정보가 별로 없다. 대신 흥미로운 전문가들을 찾아야 한다. 그들이 늘 옳다는 뜻은 아니지만(그렇게 주장하는 사람들은 극소수일 것이다) 정말 독립적으로 사고하는 사람들, 충분히 높은 비율로 적절한 전문 지식과 올바른 통찰을 제시하는 사람들을 찾는다면, 지금까지 다른 사람들에게서 접하지 못했던 다양한 의견과 관점을 접할 가능성이 높다. 이런 관점들을 자세히 살펴보면 어떤 판단을 해야 하는 상황에서 누구의 견해를 적용하는 것이 좋을지 스스로 결정할 수 있다.

수학적 언어를 알면 나와 의견이 같은 사람들의 이야기만 듣게 되는 필터 버블의 위험성을 간파할 수 있다. 대중의 지혜wisdom of crowds라는 원리에 따르면, 여러 개의 합리적 추측을 평균하면 미지의 양을 올바르게 추정할 수 있다. 페르미 추정처럼 이 원리도 큰 수의 법칙에 따라 입증할 수 있다. 서로 독립적으로 추측했다고 가정할 때, 모든 추측이 정답 주위에서 무작위적 변동으로 나타난다면 그런 무작위 오차는 평균화할 때 상쇄되는 경향이 있다.

하지만 대중이 진정으로 독립적인 추측을 하지 않는 상황을 상상해보자. 100명의 대중 가운데 99명이 특정 분야 전문가의 관점을 토대로 의견을 제시한다면 100명의 평균적인 의견은 그 전문가의 관점에 지극히 가까울 것이다. 그러면 더 이상 대중의 지혜에서 배울 것이 없다. 배울 것이 있다고 스스로를 속일 수야 있겠지만 말이다. 사실 이 경우에는 독립적인 한 사람에게 가중치를 줘야 평균이 참값에 가까울 가능성이 가장 높다.

여러분이 어쩌다 이런 입장에 처한다면 그 결과는 매우 심각할 수 있다. 여러분의 SNS 피드가 한 사람이나 한 집단의 의견에 부당한 가중치를 두면 특정 뉴스에 과민 반응하거나(다수의 의견을 고려할 때와 비교해서 이쪽이나 저쪽의 극단적 견해를 받아들일 가능성이 높기 때문이다) 좁은 시야로 들어오는 잘못된 정보나 왜곡된 정보를 접하기 쉽다.

게다가 여러분의 SNS 피드에서 얼마나 자주 보이는가를 기준으로 겉보기로만 인기 있는 의견에 섣불리 가중치를 두는 바람에, SNS 바깥의 세상이 같은 사안을 어떻게 생각하는지 편향되게 생각할 수 있다. 브렉시트^{Brexit}를 강하게 지지하는 사람이나 유럽 통합 확대가 정답이라고 여기는 사람만을 팔로우하기로 결정했다면, 자신이 읽는 의견보다 더 폭넓은 논의들의 진행 상황에 대해 올바르게 판단할 수 없게 된다. '트위터는 현실세계가 아니다'라고 생각해야 하며, 특정 정책의 인기를 판단할 때는 정보원의 성격이 얼마나 다양한지를 살펴봐야 한다.

진짜 상황을 어설프게 대변하는 말인지 모르겠지만, 몇 사람의 견해에 부당하게 휘둘리는 SNS 피드를 스스로 이끌어냈는지 아니면 진정으로 다양한 의견에 골고루 노출됐는지를 살펴보는 것은 분명 가치 있다. 섀넌과 같은 괴짜들이 밝혀냈듯이 혼자 생각하고 결정을 내리기 전에 최대한 많은 견해들을 들어보는 것은 분명 도움이 된다.

데이터가 말하는 최적의 베팅

8장에서 살펴본 로그와 정보에 관한 주제와 도박 사이에는 특히 흥미로운 연관성이 있었다. 섀넌의 연구는 데이터에 들어 있는 정보의 개념을 포착했다. 그런데 섀넌의 동료인 존 켈리 주니어^{John Kelly Jr.}는 같은 개념이 도박 연구에도 쓸모가 있음을 밝혔다. 그는 정보이론을 바탕으로 한 베팅 이론을 개발했다. 켈리기준Kelly criterion이라고 불리는 이 이론은 재산이 2배로 늘어나는 속도를 최대화하는, 다시 말해 재산의 로그 그래프에서 직선을 최대한 가파르게 만드는 방법이다.

켈리의 전략은 마권업자의 승산과 실제로 결과가 일어날 기본 확률의 차이에 바탕을 둔다. 그에 따르면 승산이 무엇이든 가능한 모든 결과에 대해 각각의 기본 확률에 비례해 판돈을 나누어 걸어야 한다. 하지만 켈리기준은 위험성이 높기 때문에(기댓값이 높긴 했지만 편차도 컸다) 도박꾼들은 켈리기준을 좀 더 조심스러운 방법으로 적용한다.

켈리기준을 적용해 구한 수익의 기댓값과 엔트로피에는 관련성이 있다. 알다시피 섀넌이 도입한 엔트로피 개념은 무작위적 양이 다른 양보다 더 무작위적이라는 개념을 정량화하는 것이었다. 그래서 공정한 동전은 엔트로피가 1비트며 편향된 동전(앞면이 나올 확률이 0.89인 동전)은 엔트로피가 0.5비트다.

아주 너그러운 마권업자가 2가지 동전 던지기에 반반의 승산으로 베팅할 수 있게 해줬다고 가정하자. 켈리의 이론에 따르면 공정한 동전일 경우 금액을 절반으로 나눠서 앞면과 뒷면에 각각 걸어야 한다. 판돈을 한 번씩 잃을 때마다 다른 판돈은 2배가 될 테니 본전은 지킨다. 하지만 편향된 동전의 경우 동전을 던질 때마다 판돈의 89퍼센트를 앞면에, 11퍼센트를 뒷면에 걸어야 한다. 동전을 던지면 대부분 앞면이 나올 것이므로 잃을 때보다 딸 때가 많다. 그렇다면 재산은 지수적으로 증가하고 그 비율은 엔트로피로 표시된다.

이 개념은 일반적인 상황에도 적용된다. 엔트로피가 작을수록 결과는 덜 무작위적이며 그 사건에 반반의 승산으로 베팅해 얻는 수익은 더 많아진다. 이 개념은 1978년에 토머스 커버Thomas Cover와 로저 킹Roger King이 개발한 한 도박 게임으로 이어졌다. 이 게임으로는 시나리오에서 얼마의 수익을 거두는지를 확인해 엔트로피를 추산할 수 있다. 커버와 킹은 이를 이용해 사람들에게 한 문장에서 다음 문자는 무엇이 나올 것인지 내기하는 방법으로 영어의 엔트로피(다시 말해 영어가 얼마나 예측 불가능한지)를 추산해냈다.

물론 마권업자가 여러분에게 이런 식으로 수익을 거둘 수 있는 승산을 제시할 리가 없다. 하지만 블랙잭blackjack 같은 카지노 게임들은 일시적으로 여러분에게 유리하도록 승산이 설정되기도 한다. 이때 켈리가 알려준 대로 베팅하면 된다. 이렇게 의료 검사에서 발생하는 오류를 이해했을 때와 마찬가지로 승산과 로그의 관계 덕분에 현실 문제에 대한 통찰을 얻을 수 있었다.

✚✚ 요약

이번 장에서는 천재 수학자 클로드 섀넌의 개념들을 바탕으로 어떻게 세상을 이해할 수 있는지 살폈다. 섀넌의 엔트로피와 그 단위인 비트는 정보의 화폐이자 오늘날 우리가 살아가는 방식이라고 해도 과언이 아니다. 섀넌 덕분에 데이터압축, 소음이 있는 상황에서의 통신 같은 문제의 근본적 한계를 이해하며 다양한 정보원 사이의 중첩과 중복을 정량화할 수 있다. 본래 섀넌이 구리 전화선 통신을 이해하기 위해 도입한 개념들은 그 뒤로도 더 발전해 현대의 질병 집단검사, 필터 버블, 도박 전략 등 다양한 상황에 대한 깊은 통찰을 더한다.

✖✖ 제안

비트의 단위를 통해 이 개념들을 더 자세히 살펴보고 싶은가? 다운로드 속도, 메모리 카드 용량, 스마트폰 서비스 계약을 살펴볼 때 2장에서 설명한 근사로 계산해보라. 시디롬compact disk-read only memory, CD-ROM 단위(대략 700메가바이트)로도 해볼 수 있다. 여러분이 그것을 사용한 세대라면 말이다. 정보원 사이의 상관관계를 고찰하거나 실제로 체험해보고 싶은가? 평소와는 다른 신문을 사본다거나 의견이 맞지 않는 사람 여럿을 SNS에서 팔로우해보라.

10장.
예측 가능한 미래를 예측하기

반가운 소식: 주가 예측 모델은 가능하다

2017년 4월 6일, 카터 윌커슨Carter Wilkerson이라는 10대 미국 고등학생이 팔로어 138명을 보유한 자기 트위터 계정에 트위터 역사상 가장 위대한 질문을 올렸다. "이봐요 웬디스Wendy's, 1년 치 치킨너겟을 공짜로 얻으려면 리트윗이 몇 개면 되죠?" 프랜차이즈 식당 웬디스는 "1,800만"이라고 대답했다. 불가능한 숫자 같았다.

　하지만 곧이어 말도 안 되는 일이 일어나기 시작했다. 윌커슨은 '#카터에게 너겟을#NuggsForCarter'이라는 해시태그를 달고 캠페인을 시작했고 유명인사들 눈에 띄어 홍보가 됐다. 많은 사람이 함께 리트윗하며 훈훈한 이야기가 만들어졌다. 리트윗이 하나씩 늘어날 때마다 점점 이목을 끌어 캠페인에 활력을 더했다. 1,800만 트윗을 달성하진 못했지만 나쁜 성적은 아니었다. 적어도 340만 번 리트윗되면서 엘런 드제너러스$^{Ellen\ Lee\ DeGeneres}$가 세웠던 2014년 아카데미상 시상식 셀카 트윗 세계기록을 깼다. 웬디스로서도 월커슨에게 너겟을 주며 큰돈 들이지 않고 광고를 했으니 좋았다.

이 모든 상황이 수학과 관련이 있을까? 실제로 무언가가 퍼져나가는 방식을 수학적 관점에서 생각할 수 있다. 도시에 퍼지는 바이러스든 SNS에서 벌어지는 캠페인이든 말이다.

무작위성은 세계를 이해하기 위한 중요한 도구다. 하지만 지금까지는 동전 던지기 수열처럼 독립적인 수의 모음에 초점을 맞췄다. 큰 수의 법칙과 중심극한정리 같은 개념들을 올바르게 사용하려면 필요한 가정이지만, 우리가 관심을 갖는 다양한 문제를 다루기에는 너무 제한적이다.

5장에서는 이전 결과에 대한 기억이 없는 동전과 복권 추첨 공 같은 대상들에서 독립성이 어떻게 생겨나는지 설명했다. 어떤 의미에서 과거에 대한 정보는 사라지고 미래의 결과에 영향을 끼치지 않는다. 하지만 이것은 매우 특이한 경우다. 일반적으로는 과거 행동에 관한 정보가 다음에 일어날 일에 영향을 준다. 이런 행동들은 수학적으로 연구하기가 어렵기는 하지만 더욱 다채롭고 흥미롭다. 따라서 이런 분야를 연구하는 노력은 현실 세계에 관한 통찰을 보답으로 안겨준다.

무작위성의 대표적인 사례로 랜덤워크$^{random\ walk}$, 곧 취객의 걸음걸이$^{drunkard's\ walk}$가 있다. 술에 취한 사람이 길게 뻗은 직선 도로를 따라 무작위 방향으로 움직이는 상황을 상상해보자. 그리고 취객이 1분에 한 번씩 공정한 동전을 던져 앞면이 나오면 한 걸음 앞으로 움직이고 뒷면이 나오면 한 걸음 뒤로 움직인다고 하자.

이 모델을 통해 독립성이 발현되는 방식을 생각해볼 수 있다. 이 취객이 연속해서 동전을 던진 결과는 독립적이지만 시간에 따른 취객의 위치는 그렇지 않다. 다시 말해 어떤 단계에서 취객이 앞으로 50걸음 움직인 상태라면 몇 분 뒤에는 그 위치 근처 어딘가에 있을 가능성이 높다. 50분도 안 되어 출발점으로 되돌아갈 수는 없다. 다시 말해 취객의 현재 위치는 그가 미래에 어디에 있을지에 관한 단서를 준다. 하지만 이 정보의 가치는 우리가 더 먼 시점을 예측할수록 떨어진다.

취객의 위치는 동전 던지기의 기억을 부분적으로 반영한다. 결과들의 전체 수열이 같은 방식으로 반복됐다면 취객은 같은 위치에 있을 것이다. 하지만 취객이 마지막에 어디에 있을지 알아낼 때는 던지기의 이전 수열 전부를 알 필요가 없다. 앞면과 뒷면 각각이 몇 번 나왔는지만 알면 된다. 취객의 현재 위치를 안다면 다음에 어디로 갈지 확실히 예측할 때는 동전 던지기의 결과만 알면 된다.

이것은 마르코프 연쇄Markov chain의 한 예다. 20세기 초반에 이 개념을 정의한 러시아 수학자 안드레이 마르코프Andrey Markov의 이름을 땄다. 마르코프 연쇄는 메모리양이 제한된 무작위 모델의 일종이다. 메모리양이 제한적이라는 것은, 현재 위치가 다음 위치에 영향을 주긴 하지만 각각의 이동은 직전의 이동과 독립적이라는 뜻이다.

이 모델은 다양한 상황에서 매우 유용하다. 대표적인 예가 금융이다.

주가, 환율 등 금융 관련 그래프를 살펴보면 3장에서 살펴봤던 다우존스 지수 데이터처럼 '삐뚤삐뚤'하다. 늘 위아래로 움직이며 걸핏하면 방향을 바꾸는 듯 보이지만 장기적으로는 특정 방향으로 이동한다.

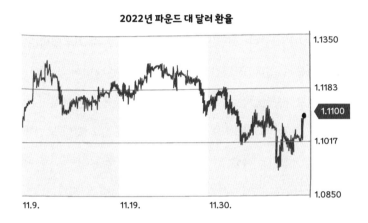

2022년 파운드 대 달러 환율

주가를 일일 단위로 보든 1년 단위로 보든 구조가 삐뚤삐뚤하기는 마찬가지다. 수학자들은 이를 척도불변scale-invariant 속성이라고 한다. 이는 주가 그래프가 1980년대와 1990년대의 그래픽 디자이너들이 널리 사용한 밝은 색의 망델브로 집합Mandelbrot Set 같은 프랙털임을 시사한다.

흥미롭게도 이런 삐뚤삐뚤하고 척도불변인 움직임은 브라운운동Brounian motion에서도 볼 수 있다. 이 운동도 마르코프 연쇄와 같은 종류다. 이 때문에 브라운운동은 주가를 모델링하는 데 사용됐으며 그 유명한 블랙-숄즈 공식Black-Scholes formula의 기반이 됐다. 이 공식으로 풋옵션put option, 콜

옵션 call option 같은 파생상품의 공정한 가격을 제시한다. 콜옵션 보유자는 합의된 가격으로 미래의 특정 시기에 주식을 살 권리는 있지만 의무는 없으며, 풋옵션 보유자는 비슷한 조건으로 주식을 팔 권리가 있다. 본질적으로 이 옵션들은 어느 한 방향으로 가격이 크게 변동하는 것을 막아주는 보험이자 보호 수단으로 작용한다. 블랙-숄즈 공식을 고안한 사람들은 1997년 노벨경제학상을 받았다. 이 공식 덕분에 이런 보호 수단이 얼마나 가치 있는지 정량화할 수 있다. 공정한 보험료를 산정하는 방법이 한 예다.

이처럼 브라운운동은 주가의 움직임에 대한 유용한 모델이긴 하지만, 단기간에 돈을 따는 데 도움을 주진 않는다. 기본적으로 이 모델에 따르면 미래의 어느 시점의 주가는 5장에서 나온 특정한 종 모양 곡선을 따르긴 하지만 가능한 값들의 범위에서 어느 쪽에 있는지는 알 수 없다.

로그스케일의 추종자인 나로서는 브라운운동이 주가 자체가 아니라 주가의 로그를 모델링했음을 짚고 넘어가야겠다. 놀랄 일이 아니다. 3장에서 봤듯이 복리이자에 따라 불어나는 돈의 가치는 자연스럽게 지수적 증가 모델을 따른다. 그래서 금융 데이터는 로그스케일로 나타내는 편이 나을 때가 많다. 여러분의 투자 수익도 그런 식으로 생각해야 한다. 여러분이 1,000파운드(약 165만 원)를 투자하려고 한다. 그런데 주가가 1페니에서 2페니로 오르는 주식에 투자해서 얻는 수익률은 10파운드에서 20파운드로 오르는 주식에 투자해서 얻는 수익률과 같다. 실제로 중요한 것은 상승이나 하락의 배수인데, 이는 로그스케일이 주가를 나타내는 올바른 척도임을 의미한다. 많은 금융 웹사이트에서 제공하는 차트는 로그스케일을 선택해 살

퍼볼 수 있다.

구글의 검색엔진을 움직이는 체스판의 수학

이번에는 취객이 단순한 직선을 따라 무작위로 움직이는 상황이 아니라, 복잡한 움직임의 집합을 통해 더 흥미로운 영역을 탐험하는 랜덤워크를 생각해보자. 예를 들어 텅 빈 체스판에서 나이트 말 하나가 무작위로 움직인다. 나이트는 L자 모양으로 움직인다. 곧 수직으로 2칸을 간 다음에 수평으로 한 칸을 가거나, 수평으로 2칸을 간 다음에 수직으로 한 칸을 간다. 체스판의 가운데에 있을 때 나이트가 이동할 수 있는 칸은 총 8개지만, 모서리나 구석에 있을 때는 더 적다.

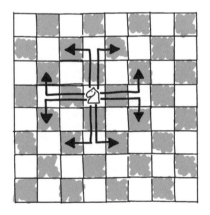

나이트는 매번 이동할 수 있는 경로 목록에서 확률이 같은 경로 중 한 가지를 무작위로 고른다. 나이트의 움직임을 추적해 장기적으로 그 말이 어디에 있을지 알아내보자. 축구선수들의 움직임을 보여주는 지도처럼 각각의 칸에 머문 시간의 비율을 보여주는 '히트맵heat map'을 그릴 수 있다.

이것은 마르코프 연쇄의 또 다른 사례다. 랜덤워크처럼 나이트의 다음 위치를 찾는 데 필요한 정보는 현재 위치와 무작위로 선택한 이동의 결과다. 나이트의 움직임을 이해하기 위해 또 다른 수학적 대상을 도입해보자. 공식적인 수학 용어로는 그래프라고 하지만, 나는 데이터의 2차원적 표현을 가리키는 데 이 용어를 사용해왔기 때문에 대신 네트워크network라는 단어를 쓰겠다. 네트워크는 간선edge들로 이어진 꼭짓점vertex이라는 점들의 모음이다.

네트워크는 체스판을 추상적으로 표현한 것이다. 각 꼭짓점은 체스판의 한 칸에 대응하며 각 간선은 가능한 이동 경로에 있는 꼭짓점을 연결한다. 8×8 체스판 전부를 이용하면 64개의 꼭짓점과 간선들이 이어진 그물망이 나오는데(이 그림은 나중에 나온다), 편의상 여기서는 3×3 체스판을 예로 든다. 꼭짓점들에는 체스칸의 좌표를 붙였다. 그럼 오른쪽과 같이 나이트가 이동할 수 있는 경로를 네트워크의 간선으로 표현할 수 있다.

3×3 체스판을 이렇게 표현하면 8개의 간선으로 된 고리 하나와 가운데 칸 B2를 나타내는 고립된 꼭짓점 하나가 나온다(이 칸에 도착하거나 이칸에서 나갈 수 있는 이동 경로가 없다). 검은 칸에 해당하는 점은 동그라미를 쳤다. 나이트의 이동 경로는 흰 칸에서 검은 칸으로 가든 검은 칸에서

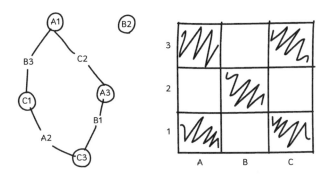

흰 칸으로 가든 무조건 검은 칸을 지난다는 사실을 강조하기 위해서다.

이 그림은 3×3 체스판에서 무작위로 움직이는 나이트가 어떤 선택을 해야 하는지 명확하게 보여준다. 이동할 때마다 나이트는 고리를 따라 시계 방향으로 한 걸음 또는 반시계 방향으로 한 걸음 갈 수 있는데, 기본적으로 공정한 동전을 던져 방향을 결정한다(예를 들어 앞면이 나오면 시계 방향, 뒷면이 나오면 반시계 방향). 나이트의 현재 위치를 알고 있다면 그다음 위치를 예측하기 위해 필요한 정보는 동전 던지기의 결과뿐이다. 어떻게 거기까지 갔는지는 중요하지 않다. 나이트가 10번 움직여 어디에 있는지 알고 싶다면, 움직임에 대응하는 동전 던지기 10번의 결과가 필요하다.

여기서 하나 짚고 넘어가겠다. 나이트는 양쪽으로 움직일 수 있으므로 이 네트워크의 간선들은 무방향^{undirected} 간선이다(양쪽으로 따라갈 수 있다). 졸^{pawn}은 앞으로만 갈 수 있으므로 졸에 대한 네트워크의 간선들은 방향^{directed} 간선이다(한 방향으로만 갈 수 있으며 화살표로 표시할 수 있다). 보통 무방향 네트워크에 더 주목하긴 하지만 방향 네트워크도 일부 모델링에서 중요한 역할을 한다. 2장에서 봤듯이 송신 메시지와 수신 메시지의 비대칭성은 이메일 전송의 역학을 이해하기 위한 핵심이다.

또 다른 방향 네트워크 사례로는 트위터가 있다. 'X가 Y를 팔로우한다'고 할 때 'Y가 X를 팔로우한다'라는 결과가 반드시 일어나지는 않는다. 극단적인 예가 트럼프다. 그의 @RealDonaldTrump 계정이 삭제되기 전에 이 계정의 팔로어는 거의 9,000만 명이었지만 트럼프 자신이 팔로우하는 계정은 고작 51개였다. 이 불균형 때문에 정보가 네트워크를 통해 확산될 때 상당히 비대칭적으로 전파된다.

트럼프에게 어떤 정보를 전하려고 한다면 나를 팔로우하는 누군가가 내 트윗을 리트윗해야 한다. 그 트윗이 네트워크를 따라 계속 리트윗되며 결국 트럼프가 팔로우하는 51개 계정 중 하나에 도달해야 한다. 그 계정 중 하나가 내 트윗을 리트윗한다면 트럼프가 볼 수도 있다. 반대로 트럼프가 트윗을 올린다면 그것을 리트윗할 가능성이 높은 많은 사람을 내가 이미 팔로우하고 있기 때문에 트럼프의 메시지는 어김없이 내 피드에 뜰 것이다. 무례한 댓글이 달린 것이면 좋으련만.

3×3 체스판으로 돌아가자. 랜덤워크의 규칙을 따르는 나이트가 8개 고리 중 하나에서 이동하기 시작한다면 히트맵은 차츰 전체 칸에 걸쳐 균일해진다. 나이트가 어디에 있을지에 관한 패턴은 반드시 찾을 수 있다. 나이트가 흰 칸과 검은 칸 사이에서 왔다 갔다 하지만 평균적으로 이동한 결과에는 차이가 없기 때문이다. 다시 말해 평균적으로 나이트는 결국 8개 꼭짓점 각각에서 같은 비율의 시간을 보낸다. 공식으로 증명할 수도 있다.

어쨌든 상황의 대칭성 때문에 몇백 번 이동한 나이트는 출발한 위치에 관한 기억을 잃고 어느 곳이든 엇비슷한 확률로 놓일 수 있다. 5장에서 본 큰 수의 법칙, 곧 동전 던지기의 무작위성이 상쇄되어 평균값에 이르는 상황과 유사하다.

흥미롭게도 9장에서 나온 섀넌의 엔트로피로도 이 사례를 살펴볼 수 있다. 각 위치에 놓일 확률이 같다는 것은 공정한 동전 던지기처럼 엔트로피를 최대화하는 구성이다. 다시 말해 가장 예측할 수 없는 확률들의 집합이다. 이유가 있다. 엔트로피라는 정보이론적 양은 시스템에 무작위성을 더 많이 도입할수록 증가하는 경향이 있다. 열역학에서 엔트로피가 시간에 따라 증가하는 경향이 있는 것처럼 말이다(열역학 제2법칙). 놀랍게도 장기적으로 보면 나이트가 각 위치에서 시간을 보내는 비율은 5장에서 본 중심극한정리를 따른다.*

이런 임의의 무방향 네트워크에서 랜덤워크를 하는 사람에게 비슷한 공식 하나를 적용할 수 있다. 한 꼭짓점에 들어오거나 그것에서 나가는 간선의 수를 그 꼭짓점의 차수^{degree}라고 부른다(2장의 차수와 다르다!). 3×3 체스판에서 꼭짓점은 8개인데 각각 차수는 2다. 임의의 꼭짓점에서 하나의 랜덤워크 시간의 장기적 비율은 해당 꼭짓점의 차수에 비례한다(움직임을 촬영했다가 녹화 테이프를 거꾸로 재생해 비례 관계를 명쾌하게 증명할 수도 있지만 지금 설명하기에는 너무 복잡하다). 각 간선은 두 끝단에 있으므

---

* 이 문제는 내가 처음으로 발표한 수학 연구 논문의 주제였다. 아쉽지만 이번 장의 주요 주제에선 조금 벗어난 내용이다!

로 모든 차수의 총합은 네트워크 간선 개수의 2배다. 랜덤워크를 하는 사람이 특정 꼭짓점에서 보내는 시간의 장기적 비율은, 해당 꼭짓점의 차수를 간선 개수의 2배로 나눈 값이라는 뜻이다.

8×8 체스판에서 가운데에 있는 16개 칸은 각각 나이트가 이동할 수 있는 가짓수가 8개고 구석 칸들은 가짓수가 2개뿐이므로 가운데 칸에서는 구석 칸보다 특정 랜덤워크 시간이 약 4배 더 길다. 비교적 단순한 규칙을 따르더라도 랜덤워크에서 장기적 움직임은 흥미롭고 균일하지 않을 수 있다. 나이트가 덜 연결된 다른 칸들보다 잘 연결된 칸들을 지나갈 가능성이 더 높아지기 때문이다.

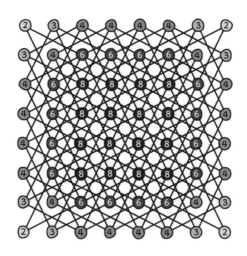

잘 연결된 꼭짓점에서 랜덤워크 시간이 길어진다는 개념은 페이지랭크PageRank 알고리즘의 핵심이다. 1998년에 발표된 이 알고리즘을 바탕으로

초기 구글 검색 엔진이 작동됐다. 페이지랭크는 래리 페이지^{Larry Page}와 세르게이 브린^{Sergey Brin}이 개발했다. 두 사람은 무작위적 링크들을 따라 인터넷을 검색하는 웹 사용자를 관찰했다. 무작위로 움직이는 나이트와 마찬가지로 웹 사용자는 잘 연결되고 가치가 있는 꼭짓점들에서 더 많은 시간을 보낼 것이다. 이 꼭짓점들은 단지 유입 링크가 많은 웹페이지가 아니다. 스팸 웹사이트가 아니라 BBC 같은 가치가 있는 페이지들로부터 유입되는 링크가 있는 웹페이지다. 페이지와 브린은 인터넷 연결성이 신뢰할 수 있는 암묵적 등급임을 알아냈고, 검색 결과가 높은 등급의 웹사이트와 이어지는 방법을 고안했다. 그 뒤로 구글은 검색 엔진 최적화 기법을 통해 구글의 알고리즘을 조작하려고 했던 기업들과 치열하게 다퉜다. 어쨌든 수학적인 랜덤워크 개념이 구글 검색의 핵심이라는 사실에는 변함이 없다.

체스판은 잘 연결되어 있다. 심지어 한쪽 구석에서 시작하는 최악의 경우에도 나이트는 8×8 체스판에서 임의의 다른 칸을 언제나 6번만 이동해서 도달한다. 수학자들은 이를 '네트워크의 지름^{diameter}이 6'이라고 말한다. 원의 지름에 비유한 이 개념은 임의로 고른 두 점 사이의 가장 긴 거리가 그 값이라는 뜻이다. 마찬가지로 3×3 체스판을 꼭짓점들의 한 고리로 표현하면 임의의 점에서 임의의 다른 점까지 언제나 4번 이하로 이동할 수 있다. 따라서 이 네트워크의 지름은 4다.

네트워크에서 이동한 단계로 거리를 측정한다는 발상은 '케빈 베이컨의 6단계^{six degrees of Kevin Bacon}' 법칙에 등장한다. 배우 케빈 베이컨과 함께 영화에 출연한 사람은 베이컨 수가 1, 베이컨 수가 1인 사람과 함께 영화에 출연한 사람은 베이컨 수가 2… 같은 식으로 이어진다. 다른 상황에서도 비슷한 개념이 등장한다. 함께 체스 게임을 한 적이 있는지를 바탕으로 친분이 생기는 모피 수$^{Morphy\ number}$, 함께 공동으로 발표한 수학 논문을 세는 에르되시 수$^{Erdős\ number}$가 그 예다.*

각각의 수는 흥미로운 꼭짓점으로 가는 최단 경로 찾기를 통해 정해진다. 그 꼭짓점의 대상이 베이컨이든 19세기 체스 챔피언 폴 모피$^{Paul\ Morphy}$든 아주 활발한 연구 활동으로 유명한 헝가리 수학자 에르되시 팔$^{Erdős\ Pál}$이든 말이다. 그런 면에서 모든 배우의 베이컨 수가 6 이하라는 비공식 주장은 지름이 6이라는 뜻은 아니다. 베이컨 수가 6인 배우 2명이 있을 때, 둘 사이를 잇는 최단 경로가 베이컨을 가운데에 두고 지나가는 경우라면 둘을 잇는 데 12단계가 필요하기 때문이다. 물론 모든 배우의 베이컨 수가 6 이하라면 지름은 12를 넘지 않는다.

흥미로운 질문이 하나 떠오른다. 특정한 꼭짓점들을 이용할 수 없다면 어떻게 될까? 해당 칸들을 체스판에서 잘라내거나 같은 색깔로 칠해놓은 경우를 생각해보자. 컴퓨터 네트워크의 한 추상적 모델로 치면 기계장치 하나가 고장난 것일 수도 있기 때문에 정보가 그 장치를 피해서 다른 곳으로 우회하는 상황이다. 예를 들어 3×3 체스판 그림을 보면 A1에서 출발해 A3에 도착하려면 2번 이동해야 한다. 하지만 C2 칸이 제거되면 먼 길로 돌아갈 수밖에 없고 결국 6번 이동해야 한다.

---

* 나의 에르되시 수는 3이고 모피 수는 아마 매우 높을 것이다. 너무 쓸데없는 정보지만 베이컨 수는 4다.

소수의 꼭짓점을 네트워크에서 제거해도 네트워크 연결의 효율성에 큰 영향을 끼친다. 예를 들어 베이컨과 그가 출연한 모든 영화가 없었다면 배우들 사이의 최단 경로는 대부분 더 길어졌을 가능성이 높다. 연결성이 없어지는 것은 정보를 효과적으로 퍼뜨리고 싶은 컴퓨터 네트워크에는 반갑지 않은 현상이다. 곧 살펴보겠지만 랜덤워크는 꼭짓점들을 사람에 대응시켜 전염병의 확산 과정을 모델링할 수 있다. 그런 면에서 볼 때(예를 들어 백신 접종으로) 꼭짓점을 제거해서 전염병이 꼭짓점을 통해 퍼질 수 없게 만들 수 있다.

수학자들은 네트워크에 장애가 발생했을 때 얼마나 회복력이 있는지를 연구한다. 수학자는 많은 경로가 통과하는 한 네트워크에서 '병목현상bottle neck'이 있는지 파악할 구체적인 측정치를 개발했다. 그중 하나가 회복력 척도인 치거 상수Cheeger constant다. 한 네트워크의 치거 상수는 정보나 전염병이 네트워크에서 얼마나 빠르게 퍼질지, 히트맵이 얼마나 빠르게 최종적인 평균 상태에 가까워질지 알려준다.

지금까지 한 랜덤워크가 임의의 가능한 움직임들을 동등한 확률로 발생시키는 상황을 설명했지만, 네트워크에는 더욱 일반적인 마르코프 연쇄 모델들이 있다. 본질적으로 이 모델들은 편향된 동전을 던져서 다음에 어디로 움직일지를 결정한다. 앞에서 살펴본 것과 상당히 동일한 이론이 이 경우에 적용된다. 그래서 랜덤워크를 하는 사람의 장기적인 히트맵이 어떤 모습일지 이해할 수 있다.

마르코프 연쇄의 또 다른 흥미로운 유형은 대기행렬 네트워크queuing

network다. 20세기 초반에 아그너 크라루프 에를랑Agner Krarup Erlang이라는 네덜란드 학자가 코펜하겐 전화 교환국의 속성을 이해하기 위해 연구한 모델이다. 이 모델은 다양한 서비스 과정을 모델링하며, 라우터router를 통해 인터넷에 데이터 패키지가 전송되는 상황에도 적용된다.

이 모델의 가장 단순한 사례는 우체국 창구에서 우편 접수를 기다리는 사람들의 대기행렬이다. 대기행렬의 길이는 2가지 방식으로 변한다. 첫째, 고객들이 무작위로 도착해 대기행렬의 맨 뒤에 선다. 대기행렬의 앞쪽부터 차례로 서비스를 받으며 그때 걸리는 서비스 시간은 무작위적이다. 흥미롭게도 랜덤워크처럼 이것도 마르코프 연쇄를 형성한다. 다시 말해 대기행렬이 얼마나 길어질지를 알기 위해 필요한 정보는 오직 대기행렬의 현재 길이, 누군가 바로 직전에 도착했거나 서비스를 받았는지뿐이다.

가장 단순한 모델에도 흥미로운 특징이 있다. 일반적으로 서비스를 받는 속도보다 고객들이 더 빠르게 도착하면 대기행렬이 걷잡을 수 없이 길어지므로 그 경우는 무시하기로 한다. 하지만 평균 도착 비율이 서비스를 받는 비율보다 낮더라도, 대기행렬은 오랫동안 얼마든지 길어질 수 있다.

여기서 대기행렬 길이의 히트맵에 대해 다음과 같이 생각해보자. 대기행렬에 아무도 없는 상태로 경과한 시간의 비율, 한 명이 있는 상태로 경과한 시간의 비율, 2명이 있는 상태로 경과한 시간의 비율 등으로 말이다. 이 시간의 비율을 정확하게 표현하는 방식이 있다. 바로 기하분포geometric distribution다. 기하분포에 따르면 대기행렬이 L명보다 많은 상태로 경과되는 시간의 비율은 L이 커짐에 따라 지수적으로 붕괴된다. 하지만 대기행렬은 서비스 과정이 관리할 수 있는 규모로 줄어들기 전까지는 일시적으로 아주 길어질 수 있다.

이 모델은 굉장히 다양한 변형이 존재한다. 도착 시간과 서비스 시간, 접수처(웹상에서는 서버) 개수가 무작위적으로 정해지는 방식만 해도 수만 가지다. 게다가 대기 원칙이 서로 다르거나, 고객들이 대기행렬에서 이탈하거나, 고객이 어느 한 서비스를 받고 나면 다음 경로로 연결시켜줘야 하는(웹상에서는 다른 네트워크로 연결되는) 경우도 있다. 이 단순한 모델만으로도 전염병이 확산되는 상황에서의 흥미로운 내용을 살펴볼 수 있다. 특히 의료 서비스를 제공할 때 그렇다.

가까운 미래는 점진적으로 온다

지금까지 랜덤워크가 완전히 독립적인 방식이 아니라 과거의 차수에 따라 진행되는 사례를 살펴봤다. 이 이론은 전염병 확산 같은 상황에서 다양한 측면을 이해하는 데 도움이 된다. 특히 일일 코로나바이러스 관련 수치들의 변화 과정이야말로 과거의 차수에 의해 일어난다.

왜냐하면 기본적으로 감염자의 수가 점진적으로 변했기 때문이다. 예를 들어 감염까지 열흘의 시간이 걸린다고 해보자. 정확한 시간은 중요하지 않다. 어차피 정의에 따라 달라진다. 이 시간이 증상이 발현될 때까지 걸린 시간인지, 다른 사람을 감염시킬 수 있는 상태에 이르는 시간인지,

PCR 검사에서 확진 판정을 받을 때까지 걸린 시간인지 등 말이다. 어쨌든 어떤 날의 감염자 수는 바로 전날 감염자 수와 매우 비슷할 것이다. 누군가는 새롭게 감염되고 누군가는 회복되지만 어떤 날부터 9일 전까지 감염자 수 전체는 별다른 변화가 없을 것이다. 다시 말해 일일 기준으로는 평균적으로 감염 인구의 90퍼센트가 동일하게 유지되며, 회복된 사람들보다 더 많은 사람이 감염되는지에 따라서만 변동이 생긴다. 이 전체 과정은 앞에서 설명했던 대기행렬 모델과 비슷하게 작동한다.

앞서 설명했듯이 임의의 주어진 시간에 감염된 사람들의 수를 직접 측정하지는 않았다. 발병 건수, 입원자 수, 사망자 수 같은 수치들은 시간 지연이 있기는 했겠지만 감염 인구의 규모에 따라 정해진다. 감염된 사람들의 특정 비율 역시 감염자들이 확진 판정을 받아 입원하거나 사망하더라도 단기적으로 크게 변하지 않는다. 따라서 일일 수치들은 어느 정도 예측할 수 있는 방식으로 감염 인구의 규모에 따라 정해진다.

따라서 일일 기준으로 전체 감염자 수는 크게 변하지 않을 것이고 실제로 발표된 수치들도 마찬가지였다. 따라서 각 날짜의 수치가 바로 전날의 수치와 어느 정도 비슷하다고 보는 것이 합리적이다. 다음 장에서는 일주일 중에서도 요일에 따라 달라지는 변동에 대해서 논의하겠지만 지금으로서는 이것이 굉장히 좋은 첫 번째 모델이다. 취객의 걸음걸이처럼 이 수치들의 현재값을 아는 것은, 적어도 가까운 미래를 예측하는 데 유용한 정보를 준다.

이 현상은 경제 데이터 등 다른 시계열 데이터에서도 관찰된다. 감염자 수처럼, 경제의 건전성을 대략적으로 보여주는 기본적인 변수들이 있다. 예상 밖의 심각한 사건, 예를 들어 9·11 테러 같은 극히 드물게 일어나는 사건을 제외하면 대체로 그런 변수들은 서서히 변한다. 이 기본 변수들을 직접 관찰할 수는 없지만 실업률, 인플레이션율, 성장률 같은 다른 수치들을 통해서 간접적으로 알 수 있다. 이 보고된 수치들은 코로나바이러스 관련 수치들과 마찬가지로 불완전하다는 점을 반드시 기억해야 한다. 그 자체에 불확실성, 소음, 시간 지연이 수반되기 때문이다. 그렇다고 해서 데이터가 무가치하다는 뜻은 아니다. 다만 한 데이터 조각만 보고 곧바로 결론을 내리지 말고 불확실성을 염두에 두고 전체를 보려고 노력해야 한다.

입소문의 수학적 이해

네트워크에서 랜덤워크의 모델들은 정보나 감염이 정확히 어떻게 확산되는지 이해하는 데 매우 유용하다. SNS의 연결성을 고찰해보자면, 트위터 사용자를 네트워크의 꼭짓점으로 삼고 어떤 사용자가 다른 사용자를 팔로우한다면 꼭짓점들의 쌍을 간선으로 연결해볼 수 있다(앞서 설명했듯이 이것을 방향 네트워크로 보고 누가 누구를 팔로우하는지를 화살표로 표시한다). 윌커슨의 유명한 치킨너겟 트윗이 네트워크에서 입소문 나는, 곧 '바이럴되는going viral' 상황을 시각화할 수 있다. 그것은 한 꼭짓점에서 시작해 간선들을 따라 퍼져나가서(화살표 방향을 따라서) 새로운 꼭짓점에 도달하고, 거기에서 리트윗되어 더 많은 꼭짓점으로 계속 퍼져나갈 것이다.

트위터의 메커니즘은 이런 식으로 설계됐다. 일단 한 트윗이 어느 정도 성공하면 인기 급상승 목록에 오른다. 이때 몇몇 사람이 특정 트윗이 얼마나 성공적으로 퍼질지를 결정하는 데 압도적으로 큰 영향을 끼친다. 팔로어가 100만 명 이상인 사람이 리트윗하면 즉시 많은 사람에게 그 트윗이 노출되며, 그중 다수는 그것을 리트윗할 것이다. 리트윗 버튼을 누를지를 결정하는 한 사람이 엄청난 영향을 끼친다. 다른 평행우주에서는 거의 아무도 윌커슨의 트윗을 보지 못해 그가 결국 공짜 치킨너겟을 받지 못하는 일도 충분히 일어날 수 있다.

'바이럴되다'라는 표현이 SNS에서 성공적으로 퍼진 메시지를 가리키는 것은 우연이 아니다. 사람 간 바이러스가 확산되는 것도 SNS에서 정보가 확산되는 것과 같은 방식으로 모델링된다(going viral에서 viral이 virus의 형용사형임을 이용한 말장난-옮긴이). 사람들이 일상적으로 연결되는 양상은 트위터 팔로어 사이의 연결만큼 명확하게 규정하거나 지도화하긴 어렵겠지만 그래도 집단 네트워크를 비슷한 방식으로 생각해보자. 이번에도 개인들은 네트워크의 꼭짓점이 된다. 서로 빈번하게 접촉하는 사람끼리 간선으로 연결한다. 이것은 무방향 네트워크로 보는 것이 합리적이다. 왜냐하면 대면 접촉은 트위터에서 누군가를 팔로우하는 방식과 달리 상호적이기 때문이다.

바이러스가 네트워크를 따라 확산되는 상황은 나이트가 체스판에서 랜덤워크를 하는 것과 비슷하다. 첫 번째 환자에서 시작해 이 환자가 누구

였든 바이러스는 사회적 네트워크에서 무작위로 옮겨다닌다. 나이트 모델과 차이점이 있다면 한 사람이 여러 명을 감염시킬 수 있다는 것이다. 전문적으로 이를 분기 랜덤워크^{branching random walk}라고 한다. 하지만 랜덤워크의 여러 가지 특징은 여전히 나타난다.

예를 들어 사람들은 저마다 다른 사람과 접촉하는 횟수가 다르다. 가장 많이 접촉하는 사람이 바이러스의 전체 확산율에 훨씬 큰 영향을 끼칠 가능성이 높다(이런 사람들을 '슈퍼전파자^{super-spreader}'라고 한다). 체스판의 잘 연결된 칸에서 나이트가 더 많은 시간을 보내듯 그런 사람은 초기에 감염될 가능성이 더 높다.

이 네트워크는 감염자가 늘어남에 따라 끊임없이 변해간다. 거듭 감염되지 않는다고 가정하면 일단 면역이 생긴 사람은 바이러스 확산을 막는 장애물로 작용한다. 앞서 설명했듯이 더 높은 차수의 꼭짓점들(접촉이 더 많은 사람)이 초기에 감염될 가능성이 더 높다. 그들을 네트워크에서 제거하면 더 많은 경로가 끊긴다. 그러면 집단면역 문턱값이 일반적인 전염병 모델들이 제시하는 수준보다 낮을 수 있다는 낙관적 희망이 생긴다.

하지만 바이러스 확산을 순전히 네트워크에서 일어나는 균일한 랜덤워크로 취급하면 예측의 정확도가 낮아진다. 첫째, 어떤 접촉 쌍은 다른 쌍보다 더 중요한 역할을 한다. 예를 들어 카페 종업원과 손님보다는 한집에 같이 사는 사람들끼리 더 긴밀하게 연결되어 있다.

기본 수학모델을 응용하면 이 문제를 어느 정도 보완할 수 있다. 단순히 사람들을 간선 하나로 연결하기보다는 그 간선에 접촉의 빈도를 반영하는 수를 붙인다. 그러면 수가 더 큰 간선을 따라 바이러스가 퍼져나갈 가능성이 높다고 가정할 수 있다. 마찬가지로 바이러스는 간선의 연결 상태에 따라 이동할 확률이 달라진다.

둘째, 많은 사람의 접촉 네트워크가 정적일 것이라는 가정은 비현실적이다. 고정적으로 만나는 사람들의 핵심 집합(동거인, 친구, 동료)이 있지만 그때그때 달라지는 다른 사람들의 집합(술집 직원, 버스 운전사, 슈퍼마켓에서 줄 선 사람들)도 네트워크에 더해진다. 이런 유동적인 접촉 중 대부분은 일시적이므로 네트워크에서 파악해내는 것은 매우 어렵다. 따라서 추상적인 수학모델은 분명히 바이러스 확산 흐름을 이해하는 데 도움을 주지만 모든 상황을 설명하기에는 너무 단순하다.

수요는 예측될 수 있다

환자를 병상에 할당하는 문제에도 앞에서 설명한 대기행렬 네트워크 모델을 적용해보자. 우체국 대기행렬 사례와 비슷하다. 다만 이번에는 창구 직원 다수가 고객들을 맞는 상황이다. 각 병상이 창구 직원인 셈이다.

환자 한 명이 병상에 있어야 할 기간은 환자가 퇴원할 때까지다. 환자는 각자 무작위적인 시간에 병원에 도착한다. 이상적으로는 일부 병상을 비워둬야 한다. 그래야 병상이 필요한 환자에게 즉시 병상을 제공할 수 있기 때문이다. 물론 모든 병상이 똑같지 않으므로 추가적인 제약 조건이 있다. 예를 들어 환자가 애버딘에 있다면 콘월에 빈 병상이 있어도 소용이 없다. 또한 병상을 효과적으로 운용하려면 다른 자원과 인력도 필요하다. 이 모든 조건을 감안하더라도 대기행렬 네트워크는 초기 모델으로서는 잘 작동한다.

이상적인 상황에서, 각 환자가 병상에서 보내는 시간은 무작위지만 일반적인 체류 기간은 날마다 별로 달라지지 않는다. 다시 말해 한 환자가 '다 나을' 때까지 병상 수요에 변화가 없으며 가용 병상이 충분하다. 현실에서는 병상이 부족할 수 있다는 압력이 생기면 각 환자의 입원 기간을 약간씩 줄일 수 있지만 여전히 환자마다 최소한의 입원 기간이 있게 마련이다. 그러므로 각 환자가 병상에 머무는 시간, 곧 대기행렬 모델에서 서비스 시간이라고 불렀던 시간은 무작위적으로 결정된다고 생각하는 편이 합리적이다.

이렇게 가정하고 환자 수에 따라 대기 상태가 어떻게 바뀌는지 생각해보자. 기본적으로 전염병이 확산되는 상황에서는 의료 서비스의 수요가 증가하므로, 결국 퇴원하는 환자보다 입원하려고 병원을 찾는 환자가 많아지기 시작한다. 전염병 감염 환자가 지수적으로 증가할 때 특정 단계에 이르면 필연적으로 수요가 공급을 초과한다. 다시 말해 어떤 단계에서는 가용 병상이 없어지고 대기 기간이 길어지기 시작할 것이다. 안타깝게도 일부 환자가 치료를 받지 못해 건강이 악화되거나 심지어 사망할 수도 있다는 뜻이다.

앞서 창구 직원이 한 명인 단순한 경우에서도 대기행렬이 길어질 수 있듯이, 최악의 시나리오에서는 환자의 입원 비율이 평균 퇴원 비율보다 더 낮음에도 무작위적 변동으로 인해 일시적으로 의료 자원이 부족해질 수 있다. 예를 들어 한 병원에서 모든 환자의 입원 기간이 무작위로 길어질 수 있다. 보건의료 시스템 전체로 보자면 큰 수의 법칙에 따라 이런 효과들은 상쇄되어 평균값에 도달한다. 하지만 특수한 유형의 병상이 비교적 적은 병원이라면 이 효과는 의료 자원 관리 면에서 문제가 될 수 있다.

다른 자원에 대한 경쟁 상황들도 같은 관점에서 이해할 수 있다. 컴퓨터 데이터의 전송 경로를 결정하는 라우팅routing은 컴퓨터 네트워크에서든 한 PC의 개별 프로세서들 사이에서든 동일한 원리에 따라 운영된다. 대기행렬 이론을 적용할 수 있는 한 가지 익숙한 상황을 더 들자면 도로 교통 관리가 있다. 누구나 도로 용량보다 자동차 수가 더 많을 때 교통체증을 겪는다. 이는 대기행렬 네트워크 모델에서 도착 비율이 서비스 비율을 넘어설 때 일어나는 상황과 일치한다. 반대로 도로망에서 도착 비율이 임계수준 이하로 낮아지면, 예를 들어 휴가 기간 전체 교통량이 아주 조금만 감소해도, 교통흐름이 크게 개선되기도 한다.

한편 브라에스의 역설Braess' paradox 같은 뜻밖의 결과도 생긴다. 교통망에 새 도로를 추가했는데도 다른 곳에서 교통량이 늘어나 병목현상이 발생하면서 전체 교통체증이 도리어 심해지는 것이다. 실제로 그런 효과들이 많은 나라에서 관찰됐는데, 이런 현상을 예방하려면 관련된 수학이론을 반드시 살펴야 한다.

✚✚ 요약

전반적으로 단순한 독립사건을 넘어서서 무작위성을 이해하는 것은 매우 중요하다. 그다음으로 현재 위치에 관한 정보에 따른 변화들을 살펴봤다. 이런 현상들로는 랜덤워크와 브라운운동이 있다. 또한 네트워크에서의 랜덤워크에 관한 모델도 포함된다. 이 마르코프 연쇄들 덕분에 주가의 움직임, 일일 전염병 수치, 대기행렬은 물론이고 비유적으로든 실제로든 네트워크에서 일어나는 바이럴 현상도 잘 이해할 수 있다.

✖✖ 제안

이런 개념들을 더 깊게 살펴보고 싶다면 다음번에 우체국이나 이케아IKEA에 갈 때 대기행렬을 관찰해보라. 또한 주식차트를 살피며 어느 주식이 브라운운동 모델에 따라 변동하는지 알아보라. 이것은 근사일 뿐이며 5장에서 논의했듯이 주가는 모델이 예측한 것보다 더 심하게 변동할 수 있다. 호재나 악재가 발표되면서 이전과 전혀 다른 주가 수준으로 훌쩍 넘어갈 수도 있다. 카펫이나 잔디밭의 어느 부분이 특히 해지거나 지저분해지는지 살핌으로써 히트맵과 교통량의 변화에 대한 개념을 이해해보자. 그런 곳은 교통량이 많은 영역과 연결성이 높은 편이다. 직접 살펴보니 확실히 이해가 되는가? 네트워크에 관해 공부하는 차원에서 여러분의 메시 수Messi number를 찾을 수 있는가? 다시 말해 메시와 축구를 했던 사람과 축구를 했던 사람과… 축구를 한 적이 있는가? 음악에 관심이 있다면 여러분의 사바스 수Sabbath number는 얼마인가? 다시 말해 블랙 사바스Black Sabbath 밴드의 멤버와 연결되려면 여러분과 함께 연주한 사람들의 고리가 얼마나 길어야 하는가?

11장.
숫자의 본질을 파악하면 세상이 보인다

∞   ∫   √   Δ

'정확하고 변치 않는' 측정이라는 환상

1998년에 지구에서 발사되어 9개월 반을 비행한 NASA의 3억 2,800만 달러(약 4,232억 원)짜리 화성 기후 궤도선 Mars Climate Orbiter은 끔찍하게 망가졌다. 이 우주선의 제조사인 록히드마틴 Lockheed Martin의 소프트웨어가 추진기의 추진력을 제국단위인 파운드 힘-초 단위로 설정해놓은 데 반해 NASA의 소프트웨어는 미터법 단위인 뉴턴-초로 예상했기 때문이다. 2021년 2월, 기자 리엄 소프 Liam Thorp는 코로나바이러스 조기 백신 접종 대상자였다. 그의 키 6피트 2인치(약 187센티미터)가 6.2센티미터로 잘못 기록되어 체질량지수 Body Mass Index, BMI가 2만 8,000에 달하는 바람에 고위험 비만군에 속했기 때문이다. 1984년에는 전설적인 록밴드 스파이널 탭 Spinal Tap이 18피트

(약 5.5미터) 높이의 스톤헨지 모형을 배경으로 공연하기를 잔뜩 기대하면서 무대에 올랐건만 눈앞에 있는 것은 주문 실수로 잘못 제작된 18인치 (약 45센티미터) 모형뿐이었다. 죄다 너무 터무니없어서 지어낸 말 같겠지만(이 중 적어도 하나는 그럴 것 같지만) 모두 같은 이유 때문에 실제로 벌어진 일이다. 그 이유란 바로 잘못 특정된 측정 단위다. 측정치를 기록하고 보고하는 일은 별로 대단하지 않은 것 같지만, 이 과정에서 실수가 생기면 심각한 결과를 초래할 수 있다. 따라서 자세히 살펴봐야 한다.

정부에서 발표하는 통계는 완벽하고 일관된 측정치들이며 세상이 돌아가는 상황에 관한 총체적인 정보라고 생각하기 쉽다. 하지만 무언가를 측정하는 방식은 시간의 흐름이나 국가에 따라 크게 다를 수 있고 많은 데이터세트는 계절에 따라 상당히 영향을 받는다. 따라서 그런 정보는 주의 깊게 확인해야 한다.

보통은 측정값이 일정하다고 생각한다. 과학 실험에 사용되는 국제단위계International System of Units, SI unit는 오랜 세월에 걸쳐 극소한 정도까지 표준화해왔다. 1미터의 길이나 1킬로그램의 질량은 전 세계 모든 실험실에서 똑같은 기준으로 적용된다. 우리 모두에게는 플라톤적 측정의 이상에 따라 잘 작동하는 측정도구가 있다. 예를 들어 교실에서 쓰이는 1미터짜리 나무 자를 오랜 세월 아무리 험하게 다뤄도 길이는 여전히 대략 1미터일 것이라고 기대한다. 교실의 한쪽 끝에서 다른 쪽 끝까지 여러 번 1미터 자를 댄 횟수를 바탕으로 교실의 폭을 잰다면, 고정밀 레이저 장치로 측정하는 값만큼 정확하다고 기대하진 않겠지만 정확한 수치에 가깝기는 할 것이다.

또한 매번 자를 정확히 맞물리게 놓지 못할 때처럼 무작위로 발생하는 연속적인 오차들은 큰 수의 법칙으로 인해 페르미 추정의 사례처럼 부분적으로 상쇄될 것이다. 다시 말해 계통오차systematic error(측정 결과의 편차를 만드는 원인이 되는 오차. 측정장치와 측정 방법 따위로 원인을 찾아내면 원리적인 보정을 할 수 있다-옮긴이)가 생길 것이라고 생각하진 않는다.

하지만 학교 비품 수납장에서 오래된 야드 자를 하나 꺼내 교실 폭을 잰다면 분명 답은 정확하지 않을 것이다. 1야드(약 0.9미터)는 더 짧기 때문에 야드 자를 댄 횟수를 바탕으로 한 측정치는 1미터 자로 측정한 값보다 대략 10퍼센트 더 크다.

야드 자로 측정하는 것이 끔찍한 방법은 아니라는 점을 짚고 넘어가야겠다. 예를 들어 특정 가구가 방의 빈 공간에 들어맞는지 알고 싶다면 같은 측정도구로 방과 가구를 측정할 수 있다. 하지만 2개의 방 중 어느 것이 더 큰지 알아볼 때 하나는 미터 자로 재고 다른 하나는 야드 자로 재면 잘못된 정보를 얻는다.

적어도 두 측정치는 시간이 지나도 일관적이다. 다시 말해 똑같은 방을 똑같은 측정도구로 며칠 동안 여러 번 측정했다면 매번 대략 일정한 답이 나올 것이다. 자의 길이가 날마다 또는 주말에 사용할 때와 주중에 사용할 때 달라지는 끔찍한 시나리오에서나 결과가 다르게 나온다. 일어날 가능성이 없는 비유 같겠지만 실제로 비슷한 일이 코로나바이러스 데이터에서 발생했다.

섀넌의 전 직장 동료인 리처드 해밍Richard Hamming은 측정에 관해 중요한 점을 지적했다. "확실하고 정확하게 측정하려는 경향은 늘 있어왔다. 하지만 그런 측정 결과가, 장기적으로는 목표와 연관성이 더 높을 수 있는 유연한 측정법에 비해 부적절할 수 있다. 측정의 정확성은 예상보다 훨씬 더 심각하게 측정의 적절성과 혼동되기도 한다. 측정법이 정확하고 재현 가능하며 실행하기 쉽다고 해서 꼭 그렇게 측정해야 하는 건 아니다. 목표와 더 밀접하게 관련된 조잡한 측정법이 훨씬 더 나을 수 있다."

해밍의 연구는 현대의 빅데이터 시대를 앞선 것이었다. 빅데이터 시대에는 모든 현상에 대한 방대한 양의 데이터를 값싼 센서로 쉽게 측정할 수 있고 어디에나 있는 빠른 무선망으로 보고하며 고성능 컴퓨터로 저장하고 처리하지만 그의 결론은 지금도 유효하다. 다시 말해 우리가 무언가를 측정할 수 있다고 해서 반드시 그것을 측정해야 하는 것은 아니다.

모든 지표를 동시에 고려하는 것보다 적절한 지표를 적절한 때에 쓰는 것이 중요하다. 5장에서 예로 든 애스턴 빌라 대 리버풀 경기에서, 애스턴 빌라의 공 점유율이 고작 30퍼센트임을 알아내기 위해 많은 작업과 분석을 거쳤다. 하지만 더 중요한 지표는 덧셈만 할 줄 알면 구할 수 있는 애스턴 빌라의 7득점이다.

일반적으로 관련성은 낮지만 정확한 측정값이, 관련성이 높지만 근사적인 측정값보다 항상 더 유용한 정보를 담고 있는 것은 아니다. 기대 득점 수치를 소수점 둘째 자리까지 제시하면 과학적으로 정확한 것처럼 보이겠지만, 현실적으로 기대 득점이 3.08인 팀을 기대 득점이 3인 팀과 구별하는 것은 거의 불가능하다.

패턴은 생각보다 흔치 않고, 기적은 생각보다 흔하다

데이터를 추적하다 보면 인간이 놀라울 정도로 수치에 서사를 부여하고 싶어한다는 것을 알게 된다. 예를 들어 선거 운동 기간에 한 정당이 성공하는 데 관심이 있는 사람들은 실제로는 무작위 변동의 결과일 뿐일 수도 있는 여론조사 데이터에 패턴이나 추세가 있다고 확신한다.

금융계에서도 비슷한 현상을 볼 수 있다. 10장에서 봤듯이 주가에 관한 자연스럽고 성공적인 모델은 브라운운동이다. 이는 독립적인 동전 던지기의 연속적인 결과를 토대로 나타나는 현상이며, 랜덤워크와 비슷하게 앞으로 주가가 올라갈지 내려갈지에 대한 가능성은 각각 같고 대칭적으로 변동한다. 주가가 정말로 브라운운동으로 모델링된다면 본질적으로 예측할 수 없다는 뜻이다. 그런데도 증시 분석가들은 너나 할 것 없이 금융 데이터의 궤적에서 특별한 패턴을 찾아내 앞으로 어떻게 변동할지 예측하려고 한다. 이것이 훌륭한 전략일지는 확실치 않다.

인간이 무작위적인 수를 생성하는 데 능숙하지 않은 것처럼, 어떤 수가 진짜로 무작위적인지 판단하는 데도 능숙하지 않다. 동전을 200번 던진 결과 앞면이 7번 연속 나왔다면, 동전이 공정하지 않다거나 결과가 독립적으로 생성되지 않았다는 확실한 증거라고 생각하기 쉽다. 하지만 이 정도 시행 결과는 무작위적 우연으로 일어난다고 예상할 만한 범위다. 오히려 앞면이 6~7번 연속으로 나오지 않는 경우가 더 이상하다.

우연이 예상보다 훨씬 발생 가능성이 높은 또 다른 경우는 생일 문제다. 방에 23명이 있을 때 그중 2명의 생일이 같을 확률은 대략 50퍼센트다. 방에 40명이 있을 때는 확률이 90퍼센트로 높아지고 60명일 때는 99퍼센트가 넘는다. 이처럼 우연히 생일이 같을 확률은 예상보다 훨씬 높다. 다시 말해 23명이 있을 때 생일이 같을 수 있는 사람들의 쌍은 253가지이므로, 우연히 생일이 같을 경우의 수가 253가지다. 60명이라면 1,740쌍이 있으므로 생일이 같은 경우가 없기가 오히려 어렵겠다.

마찬가지로 200개의 동전을 던질 때 같은 면이 7번 연속으로 나올 경우의 수는 194다(첫 번째 동전부터 7번째 동전까지, 2번째 동전부터 8번째 동전까지, 이런 식으로 194번째 동전부터 200번째 동전까지이므로 총 194가지다-옮긴이). 각각 앞면이 7번 연속 나온 경우를 포함할 확률은 2^7분의 1, 곧 128분의 1이므로 평균적으로 같은 면이 7번 연속 나오는 경우는 전혀 놀랍지 않다. 비록 겹치는 시행들(예를 들어 처음 던질 때부터 앞면이 7번 나오는 경우와 3번 던질 때부터 앞면이 7번 나오는 경우)은 서로 독립적이지 않지만 확률을 더 면밀히 분석해보면 이런 일이 일어날 확률이 꽤 높다.

일반적으로 완전히 무작위로 수치가 생성됐을 때도 데이터에 상승하거나 하락하는 추세가 있다고 단정하기 쉽다. 따라서 최적선의 기울기에 대한 신뢰구간을 계산해 정말로 상관관계가 있는지를 엄밀하게 확인해야 한다. 신뢰구간에 0이 포함된 경우 가장 냉철하게 설명하자면 기울기가 전혀 없을 수 있다. 곧 데이터가 본질적으로 무작위적이어서 실제로는 아무런 추세도 나타나지 않는다는 뜻이다.

한 공간에 무작위로 분포된 데이터 점들은 어느 정도 집단을 이루는 경향이 있다. 집단을 이루지 않게 하려면 점들이 규칙적으로 고르게 분포되어야 한다. 그런 규칙성이야말로 무작위성을 나타내는 것이 아닌데도 사람들은 잘 알아차리지 못한다.

이런 현상을 '클러스터 착각clustering illusion'이라고 부른다. 데이터에 어떤 구조가 보이면 규칙이 있다고 잘못 판단하는 자연스러운 경향을 가리킨다. 이와 관련된 논리적 오류로는 텍사스 명사수의 오류가 있다. 어떤 사람이 벽에 총을 마구 쏜 다음에 총알 자국 주위로 과녁을 그렸다는 오래된 농담이다. 물론 터무니없는 이야기다. 하지만 이 오류는 관찰된 패턴을 설명해주는 듯한 가설을 찾기보다는, 미리 과학적으로 가설을 세운 다음에 독립적으로 측정한 데이터로 증명해야 한다는 분명한 교훈을 가르쳐준다.

정부별 질병 대응 역량 평가하기

각국 정부가 팬데믹에 대응하는 방식의 유효성을 당연히 비교해볼 수는 있겠지만 비교할 때는 매우 신중해야 한다. 앞에서 설명한 측정의 문제 때문이다. 교실을 미터 자와 야드 자 2가지로 측정하는 사례는 조금 작위적으로 보일 수 있지만, 데이터의 수집 방식과 수집된 데이터의 의미에는 분명히 큰 차이가 있다.

예를 들어 발병 건수 데이터는 특정한 날에 확진 판정을 받은 사람들의 수를 측정한 결과다. 수많은 PCR 검사를 처리하려면 고가의 기계와 잘

훈련된 인력 등 실험실 인프라가 잘 갖춰져야 한다. 그런 인프라는 개발도 상국보다 선진국에서 이용하기 쉽고 유럽 국가들 사이에서도 차이가 있다. 게다가 각국 정부의 정책이 검사의 용이성에 영향을 끼쳤다. 유증상자만을 제한적으로 검사할지, 확진 판정을 받은 사람과 접촉한 사람은 모두 검사할지 등 국가마다 기준이 달랐다.

이렇게 볼 때 단지 확진 판정자 수만으로 각국의 대응 방식을 비교하면 문제가 있다. 사망자 수야말로 질병의 심각성을 비교할 합리적인 방법이라고 생각하는 사람도 있다. 하지만 그 또한 각국의 보고 기준이 다르기 때문에 지뢰밭 같기는 마찬가지다. 어떤 나라는 코로나바이러스 확진 판정을 받은 사람 중에서만 사망자 수를 합산한 반면 어떤 나라는 코로나바이러스에 감염된 것으로 의심되는 사람들까지 사망자 수에 포함했다.

시기도 크게 차이 날 수 있다. 2020년 여름, 영국은 확진 판정을 받은 적이 있는 사람이라면 누구나 코로나바이러스로 인한 사망자에 포함시켰던 기준을 바꿨다. 확진 후 28일 이내 사망과 60일 이내 사망이라는 2가지 기준을 병행하기로 한 것이다. 이로 인해 이전에 보고된 사망자 수가 4만 2,072명에서 하룻밤 사이에 5,377명이나 줄었다.

영국이 기준을 변경하면서 이전에 보고된 사망자 수의 13퍼센트가 사망자 수에서 제외되는 사태가 생긴 것으로 보아, 각국이 발표한 수치 차이의 상당 비율이 비슷한 효과 때문이었을 것으로 가정할 수 있다. 2장에서 살펴본 이메일 개수 세기처럼 이런 질문이 옳든 그르든 대답할 수 있는 방법이 명확히 정해져 있지는 않다. 호흡장애로 입원한 사람이 입원할 때 확진 판정을 받았고 인공호흡기를 단 채로 5주 뒤에 죽었다면 코로나바이러스 사망자에 포함되어야 할 듯하지만 실제로는 국가별 기준에 따라 포함 여부가 달라진다.

게다가 정치적 압력 때문에 사망자 수를 낮춰 보고할 가능성이 높다. 이 데이터가 정부의 질병 대응 역량을 평가하는 데 사용됐기 때문이다. 이런 이유로 많은 사람이 '초과 사망자 수 excess deaths'를 기준으로 각국의 코로나바이러스 확산 상황을 비교해야 한다고 이야기했다. 다시 말해 일주일이나 1년에 보통 몇 명이 사망하는지 알아낸 다음 관찰된 실제 사망자 수와 비교하는 것이다. 솔깃한 발상이지만 이 방법에도 여러 가지 문제점이 있다.

첫째, 기준 사망자 수는 고정적으로 발표된 양이 아니라 추정해서 알아내야 한다. 이를 위해 보통 5년 전까지 보고된 수치들을 평균한다. 하지만 해마다 분명 차이가 있을 수 있다. 예를 들어 한 해의 특정 주에 날씨가 너무 춥거나 더워서 많은 사망자가 발생했다면 평균에 큰 영향을 끼친다. 또한 고령 인구는 전염병이 없더라도 사망자 수가 증가할 수 있다. 그렇다 보니 통계학자들조차도 초과 사망자 수를 해석하는 방식에 대한 의견이 엇갈린다.

둘째, 어떤 국가는 다른 국가보다 데이터를 훨씬 빨리 보고한다. 전염병 발생 초기에 초과 사망자 수로 비교하는 방식이 틀렸을 수 있다는 의미다. 보고 지연의 영향 때문이다. 심지어 영국 내에서도 공휴일에 문을 닫는 공공 기관들이 있기 때문에 주마다 가변성이 있다. 실제로 사망한 날이 아니라 사망 신고를 한 날을 기준으로 사망자 수를 발표한다면 말이다.

마지막으로 팬데믹 동안 발생한 초과 사망 한 건이 코로나바이러스로 인한 사망이라고 단순하게 가정해서는 안 된다. 이 시기에는 봉쇄 조치의 효과에 관한 논쟁이 첨예하게 대립하고 정치화됐다. 또한 전체 인구의 신체적·정신적 건강에 끼친 봉쇄 조치의 전반적인 효과는 여전히 불확실하다. 하지만 봉쇄 조치는 분명 암 검사 기회를 놓친 사람의 수 등에 어느 정도 영향을 끼쳤다.

팬데믹으로 인해 보건의료 자원에 대한 압박이 가중되어 의료 검사나 예정된 수술이 취소됐다면 그로 인한 사망자도 코로나바이러스로 인한 사망자로 간주해야 하는지에 대해서는 논란의 여지가 있다. 한편으로 그들은 초과 사망자로 보고될 수 있다. 따라서 이 수치를 기준으로 국가 간 대응 방식을 비교할 때는 그런 문제를 반드시 염두에 둬야 한다.

전 세계에서 보고된 코로나바이러스 데이터에 관한 놀라운 사실 중 하나는 많은 데이터가 7일 주기였다는 점이다. 주말은 감염 과정부터 시작해 주중과 여러 가지 면에서 다르며, 이것은 보고되는 데이터에도 영향을 끼친다. 곧 사람들은 주중과 주말에 다르게 행동한다(국제적 비교에서 무슬림이나 유대인의 주말이 언제인지는 기독교도의 기준과 다를 수 있다).

주말이 주중보다 또는 그 반대가 반드시 더 위험하다고 할 수는 없으며 재택근무가 확산되면서 기존의 균형도 달라졌다. 하지만 일반적으로 사람들은 주중의 혼잡한 시간대에 대중교통으로 이동하거나 붐비는 사무실에 출근할 가능성이 더 높다. 이런 행동에는 감염 위험이 수반된다. 한동안 봉쇄 조치에서 허용된 사교 모임이나 실내 운동 같은 주말 활동도 마찬가지였다.

우리는 감염자 수를 직접 관찰한 것이 아니라 발병 건수, 입원자 수와 사망자 수로 확인했다. 이들은 무작위적 지연으로 인해 시간 속에서 '번져' 버리기 때문에 요일 효과가 강하지 않을 것이라고 가정할 수도 있다. 하지만 이런 생각은 틀렸다. 그런 데이터를 측정하고 보고하는 과정과 관련된 효과들이 개입하기 때문이다.

예를 들어 실험실 직원들은 주말에 일하지 않을 가능성이 높다. 주말에 PCR 검사용 검체를 처리할 가능성이 낮다는 의미다. 일요일에 우편 업무를 이용할 수 없으므로 실험실에서 최대한 신선한 검체를 받도록 하려면 일요일에는 가정용 PCR 검사 키트를 사용하지 말라는 권고가 있었다. 이 패턴은 팬데믹 후기에 한 주의 시작 전 일요일에 간이 검사가 시행되면서 바뀌었다.

병상 점유율도 일주일 동안 어느 정도 패턴을 보였다. 예를 들어 금요일에 퇴원하는 환자가 많았다. '주말에 사람들을 집으로 보내기' 위해서이기도 하고 주말 근무 인력을 줄이기 위해서이기도 하다. 또한 주말에는 퇴원 환자를 도울 물리치료사나 작업치료사가 근무하지 않기 때문이기도 하다. 이 모든 상황이 요일별 데이터 패턴에 영향을 끼친다.

사망 데이터에서는 한 가지 특별한 효과가 뚜렷이 드러난다. 사망 데이터는 사망일과 보고일 2가지 기준으로 제시됐다. 사망일 데이터는 요일 효과가 두드러지지 않았지만 보고일 데이터는 대체로 일요일과 월요일에 훨씬 적었다(아마도 토요일과 일요일에 사망을 등록하는 직원 수가 적기 때문일 것이다).

이 모든 내용을 종합해볼 때 어느 정도 주의하면서 데이터를 살펴봐야 한다. 분명 변동성이 클 때는 일일 기준으로 추세를 예측하지 말아야 한다. 이 문제는 7일 평균 수치를 이용하면 해결할 수 있다. 이 평균은 요일 효과로 인한 변동성을 완화한다. 또 다른 방법은 그냥 각 날의 데이터를 일주일 전에 나온 수치와 비교하는 것이었다.

하지만 모두 임시방편이었다. 시계열분석이라는 통계학 분야에서는 이런 데이터를 다루며, 일정한 시간 범위에서 주기적 행동을 자동으로 찾아내는 방법을 사용한다. 시계열분석을 통해 데이터에서 추세를 찾아낼 수 있으며, 이 방법은 무작위 변동에 자칫 속기 쉬운 육안 분석보다 정확하다.

여기서 주의할 점이 있다. 생성 메커니즘이 명확하지 않을 수는 있겠지만 다른 많은 데이터세트에도 코로나바이러스 수치 같은 요일 효과나 연중 특정 시기 효과가 있다. 이런 효과들은 계절별로 조정되는 실업률 수치처럼 명시적으로 고려되기도 한다. 그렇다고 해도 항상 보고된 수치의 변화가 단지 시기상의 효과인지를 확인하고 그런 문제들이 어떻게 발생했는지 살펴봐야 한다.

역대 최고의 보이그룹은 누구인가?

여론조사 결과는 매우 설득력이 있어 보일 수 있지만, 이번에도 몇 가지 주의할 사항이 있다.

첫째, 6장에서 설명했듯이 매우 정확하게 설문조사를 하려면 대상 표본을 무작위 추출해야 한다. 이는 각 대상자가 추출될 확률이 서로 독립적이고 동일해야 한다는 뜻이다. 말은 쉽지만 실현하기는 쉽지 않다. 예전에는 전화번호부로 무작위 표집을 할 수 있었다. 하지만 21세기에는 많은 사람의 연락처가 전화번호부에 등록되어 있지 않다. 유선전화번호로 연락해 무작위 표집을 했다가는 유선전화가 없는 대다수 젊은이나 한 집에 사는 사람이 전국 평균보다 더 많은 셰어하우스 거주자는 표본에 적게 포함되는 문제가 생긴다. 마찬가지로 거리에서 사람들을 붙잡아 설문조사를 해도 대표성 있는 표본은 나오지 않는다. 보행이나 건강 문제가 있는 사람, 그 시간에 직장에서 일하는 사람 등을 빠트릴 수 있기 때문이다.

어찌어찌 대표성 있는 표본을 얻어도 문제가 있다. 모두가 응답하지는 않는다는 것이다. 바쁘거나 급한 일이 있는 사람은 한가하거나 외로운 사람보다 응답률이 낮다. 여론조사 업체들은 이 문제를 극복하기 위해 참여자에게 금전적 보상을 제공하기도 한다. 하지만 이 또한 작은 보상이라도 소중하게 여기는 사람들을 주로 끌어들일 가능성이 높다.

이 모든 이유 때문에 세상에서 가장 좋은 방법을 사용해도 완벽하게 대표성이 있는 표본을 구하기 어렵다고 가정해야 한다. 여론조사원들은 경우에 따라 표본의 구성요소에 가중치를 매긴다. 표본에 젊은 사람이 너무 적으면 그들의 의견을 실제 통계량보다 더 많이 집계한다. 마찬가지로 정당 충성도, 교육 수준, 구독하는 일간신문 종류 같은 식별자를 이용해 소득이

나 사회 계층에 따라 가중치를 두기도 한다.

이런 가중치의 기준에도 문제가 있다. 균형 있는 표본을 만들기 위해 젊은 사람의 의견에 가중치를 많이 뒀으나 애초에 표본에 젊은 응답자의 대표성이 부족하면 결과가 왜곡된다. 대표성 있는 젊은 사람의 표본을 찾는 것 자체가 쉽지 않다. 아무리 보수적으로 평가해도 가중치를 많이 두는 여론조사는 그렇지 않은 여론조사보다 불확실성이 크다. 또한 가중치를 얼마나 어떻게 두었는지는 여론조사 데이터를 샅샅이 살피기 좋아하는 괴짜들이나 확인할 것이다.

한편 여론조사 업체들은 어느 정도 규제를 받으며 특정한 기준을 지킨다. 예를 들어 의뢰를 받아 실시한 여론조사 결과는 의뢰인이 좋아할 만한 내용이 아니더라도 반드시 보고해야 한다.

때로는 다른 여론조사 업체들로부터 전달받은 데이터가 아무도 모르는 사이에 편향되기도 한다. 2장의 '우리가 받는 이메일 수는 몇 통인가?'라는 문제에 대해, 여러분의 메일함을 관리하는 도구를 파는 회사가 여론조사를 했다고 하자. 그 회사는 많은 이메일 수를 기대할 것이라고 합리적으로 추측할 수 있다. '직장에서 보통 스트레스를 얼마나 느끼는가?' '직장에서 과도한 업무를 시킨다고 느끼는가?' 같은 질문들을 설문조사 초반에 덧붙여서 응답자가 그 사안을 생각하도록 만들면 원하는 대답을 하도록 유도할 수도 있다. 이를 푸시폴push poll이라고 한다. 평판 있는 여론조사 업체들은 대체로 이를 지양한다. 그럼에도 다른 질문들에 대한 응답은 제외하고 한 가지 질문에 대한 응답만 보고된다면 푸시폴이 결과에 어떤 영향을 끼쳤는지 알기 어렵다.

표본의 조사 대상이 스스로 선택하고 보고하는 여론조사에서는 미국 서부 개척시대 같은 상황이 벌어지기도 한다. 트위터 원디렉션 One Direction 팬 페이지에서 '시대를 통틀어 가장 위대한 보이밴드는 누구인가?'라는 여론 조사를 실시했다면 딱 한 가지 답변이 과다대표 overrepresentation 될 것이다(적 어도 BTS 팬덤이 여론조사에 참여하기 전까지는 말이다). 터무니없어 보 이지만 때로는 단체회원을 대상으로 한 설문조사나 트위터의 자기보고식 여론조사가 마치 대중의 의견을 대표하는 것처럼 보고되기도 한다.

자기보고식 데이터에 바탕을 둔 다른 여론조사에서도 비슷한 문제가 발생한다. 사람들에게 매일 몇 통의 이메일을 받는지 물으면 그 결과는 상 황에 대한 응답자의 인식에 따라 여과되고 과장되기 쉽다. 마찬가지로 사 람들은 현실에서 실제로 하는 행동보다 하고 싶어 하는 행동으로 응답한 다. 환자가 의사에게 한 답변을 취합해 추정한 영국의 알코올 소비량은 주 류 판매량으로 계산한 수치와 꽤 다르다.

이 때문에 여론조사를 할 때는 가능한 한 객관적인 측정 수단을 사용 해야 한다. 사람들에게 봉쇄 조치를 지켰는지 묻기보다는 구글에서 이동성 mobility 데이터를 살펴보는 것이 낫다. 물론 객관적으로 보이는 이런 측정치 조차도 스마트폰 사용자만을 표본으로 삼는 등 드러나지 않는 편향이 있을 수 있다는 점에 유의해야 한다.

따라서 여론조사 결과가 발표됐다 해도 여론조사가 시행된 방식과 이 유를 주의 깊게 살펴봐야 한다.

적절한 그림의 조건

데이터 시각화는 세계에 관한 정보를 교류하는 강력한 도구다. 하지만 직접 그래프나 프레젠테이션을 준비한다면 몇몇 원칙에 주의하며 데이터를 더욱 명확하게 제시해야 한다.

사람은 대부분 자기가 작성한 그래프가 보통 사람들에게 얼마나 명확하게 보일지를 과대평가한다. 그래프 작성자는 시각화하는 데 시간을 들이고 이미 데이터에 대한 배경지식이 있다. 그래서 다른 사람들 역시 그런 내용을 쉽게 이해할 것이라고 가정하기 쉽다. 하지만 가능한 한 그래프를 처음 대하는 듯 보면서 추가적인 정보 없이도 데이터를 분명하게 이해할 수 있는지 생각해봐야 한다. 또한 관련 내용을 전혀 모르는 사람에게 보여줘도 이해가 되는지 확인해보는 것도 중요하다.

게다가 대형 고해상도 모니터 가까이에 앉아 정교한 소프트웨어를 사용해 시각화된 데이터 자료를 만드는 경우가 많다. 축이나 점에 작은 글자로 주석을 달거나 데이터 계열을 구별하기 위해 엇비슷한 색깔이나 아기자기한 기호를 넣고 싶은 유혹에 빠진다는 뜻이다. 하지만 여러분이 트위터에 올리는 그래프는 누군가 어두침침한 방에서 손바닥 만한 스마트폰 화면으로 볼 가능성이 높다. 마찬가지로 여러분이 프레젠테이션에 넣는 그래프는 회의실 뒤쪽에 앉아 있는 사람들이 보게 될 것이다. 아마도 그들 앞에는 시야를 가리는 다른 사람들이 있고 실내로 외부의 빛이 들어오고 있을 것이다. 더군다나 인구의 상당 비율은 어느 정도 시각이 손상되어 있다. 예를 들어 빨강색과 초록색을 잘 구별하지 못하는 색맹일 수도 있다. 이런 문제들을 고려해서 자잘하게 그래프를 꾸미지 말고 이상적이지 않은 여러 가지 조건에서 그래프를 살펴봐야 한다.

나는 데이터 시각화가 간단할수록 효과적이라고 확신한다. 온갖 데이터의 출처를 하나의 그래프에 표현할 수 있는 방법이 꼭 더 나은 것은 아니기 때문이다. 6장에서 설명했던 잉글랜드 북서부의 입원자 수 그래프가 효과적이었던 까닭은 간단하고 명료했기 때문이다. 영국의 더 많은 지역을 추가해 비교할 수도 있고, 각각의 수치에 이전의 가용 병상수를 기입하고 별도의 색으로 표시할 수도 있었다. 하지만 섀넌의 관점을 따르자면 그렇게 해서 새로운 정보가 더해지는지 따져야 한다. 모든 지역의 특성이 비슷할 것이므로 여러 가지 곡선이 똑같이 움직인다면 추가 설명을 하지 못하는 잡동사니만 더할 뿐이다.

데이터를 그래프로 제시할 때 고려해야 할 마지막 한 가지는, 그래프는 그 자체로 현상을 설명해야 하지만 항상 그러지는 못한다는 사실이다. 프레젠테이션 슬라이드를 올리거나 SNS에 그래프를 게시할 때 추가 정보를 곁들이면 좋다. x축과 y축이 무엇인지, 어떤 결과가 좋은 것인지도 설명해라. 다음과 같은 질문도 던져보자. 점들이 위로 올라가기를 원하는가, 아래로 내려가길 원하는가? 기대했던 것과 실제로 보이는 것을 비교하면 어떤가? 그래프가 만족스러운가? 정보를 그래프로 표현하는 것은 분명 가치 있고 설득력 있는 소통법이다. 다만 이러한 사안들을 함께 생각하면 정보를 그래프로 더 잘 표현할 수 있다.

✚✚ 요약

서로 출처가 다른 데이터끼리 섣불리 비교하기가 어려운 문제들이 있다. 심지어 한 나라의 일일 코로나바이러스 확진자 수 같은 단일한 데이터에도, 새로운 정의나 기준을 채택하는 바람에 단기적인 요일 효과나 일시적 변화가 나타날 수 있다. 비교와 측정은 자칫 그릇된 결과로 이어질 수 있기 때문에 신중하게 접근해야 한다. 또한 여론조사를 유용하게 사용할 수 있는 방식들과 조심해야 할 점들, 성공적인 데이터 시각화 방법도 살펴봤다.

✖✖ 제안

이런 개념들을 여러분의 프리젠테이션 자료에 적용해보며 어떤 데이터 시각화 방식이 설득력이 있는지, 그 이유는 무엇인지 생각해보자. 놀라운 여론조사 결과를 보면 여론조사 업체의 웹사이트를 통해 세부사항을 찾아보거나 표본에 관해 특이한 점이 있는지 살펴보기 바란다(젊은이와 노인의 수, 브렉시트 찬성자와 반대자의 수 등에 불균형이 있는 것 같은가?). 마찬가지로 데이터에서 큰 변화(예를 들어 연간 기준 큰 폭의 증가나 감소)가 있다면 기준이 바뀌었는지, 다른 이유로 이전의 데이터와 지금의 데이터를 직접 비교할 수 없는 것은 아닌지 확인해보자.

12장.
선택의 순간, 최상의 전략을 찾는 수학

가위바위보에도 최고의 전략이 있다

2006년 오래된 스포츠가 큰 인기를 끌었다. 전국 챔피언십 출전 자격을 얻은 257명의 경쟁자가 라스베이거스로 몰려왔다. 텔레비전으로 방송된 시합에서 우승자는 5만 달러(약 6,500만 원)의 상금을 거머쥐었다. 토너먼트는 전 세계에서 진행됐다. 유튜브에 동영상 클립이 올라오고 온라인에서 심도 있는 전략 분석이 이뤄졌다. 많은 프로그래머 팀은 인간 경쟁자와 다른 경쟁 알고리즘들을 이길 수 있는 완벽한 컴퓨터 프로그램을 개발하기 위해 애썼다. 무슨 스포츠냐고? 바로 가위바위보다.

농담처럼 들리겠지만 가위바위보는 이 책의 두 주제, 곧 정보와 무작위성의 중요성을 여실히 보여준다. 무적의 가위바위보 전략은 실제로 있다.

각각의 수를 독립적으로 무작위로 내서 각 경우의 수의 확률이 3분의 1이 되도록 하는 것이다. 가위바위보를 할 때는 상대방이 자신의 수를 먼저 결정해둔다고 생각한다. 하지만 무작위로 가위바위보를 하는 사람은 상대방이 무엇을 내든 상관없이 3번 중 한 번은 비기고, 한 번은 이기고, 한 번은 진다. 따라서 기댓값은 0일 것이며 장기적으로 볼 때 무작위로 가위바위보를 하는 사람은 본전을 지킨다.

앞서 봤듯이 인간은 무작위성을 생각하거나 만들어내는 데 능숙하지 않으며 무작위성에 어긋나는 전략을 따르기 쉽다. 예를 들어 가위바위보를 할 때도 똑같은 것을 여러 번 내려고 하지 않는다(실제로는 좋든 싫든 3번에 한 번은 반복해야 한다). 방금 바위를 냈다면 다시 바위를 낼 가능성이 낮다. 상대방 입장에서 보면 가위를 내면 이길 가능성이 있다는 의미다. 상대방의 다음 수에 관한 어떤 정보든 이용해 전략을 짜면 무작위로 내는 전략보다 낫다. 따라서 가위바위보는 갖고 있는 정보를 이용하려고 애쓰면서 회를 거듭할수록 이중 속임수 게임이 되고 만다.

지금까지 예로 들었던 많은 상황은 매우 정적이며 하나의 시스템이 다른 시스템과 상호작용하지 않는 방식으로 움직였다. 내 의료 검사 결과가 거짓양성인지는 여러분의 검사 결과에 영향을 끼치지 않는다. 하지만 현실 세계는 이보다 복잡하며 가위바위보를 할 때처럼 사람들 사이에 상호작용이 계속 일어난다. 내가 어떤 방식으로 행동하기로 하면 그것이 여러분의 결과에 영향을 끼치고 그것이 다시 나에게 영향을 준다.

코로나바이러스 팬데믹에서 발생한 많은 문제는 바로 그런 이유 때문에 해결하기 어려웠다. 봉쇄 조치는 고령자와 신체적으로 취약한 사람들을 보호하기 위해 시행됐지만 어린이나 경제적으로 취약한 사람들에게 상대적으로 큰 영향을 끼쳤다. 개인이 봉쇄 조치 제한 규정을 지켜야 하는지, 다수를 위해 개인이 무조건 백신을 접종해야 하는지 같은 문제 역시 뜨거운 논쟁거리였다. 한편에서는 이기주의와 비이성적인 행동을 비난했고 세대 간에 열띤 설전이 벌어졌다.

이런 문제의 일부는 수학적인 관점에서 이해할 수 있다. 이번에도 지금까지 줄곧 다뤄온 단순한 사례 모델을 이용한다. 이제는 이것을 게임이론이라고 부르는 것이 적절하겠다. 게임이론은 1920년대에 존 폰 노이만(1장에서 "코끼리가 몸을 움찔거리게…"라고 말한 바로 그 사람)이 본격적으로 연구하면서 탄생했다. 그러다가 1950년대 이후 냉전 시기에 핵전쟁을 통한 상호확증파괴mutual assured destruction, 1962년 10월의 쿠바 미사일 위기 같은 문제들을 설명하기 위한 모델로 사용되면서 크게 주목받았다. 게임이론은 경제학의 한 분야로 간주된다. 그도 그럴 것이 이 분야에서 이룬 연구 업적으로 11명의 경제학자가 노벨경제학상을 받았기 때문이다. 하지만 이 이론은 생물종 사이에서 일어나는 진화와 경쟁 같은 생물학 문제들을 이해할 때도 사용된다.

게임이론의 참가자들은 직접적인 자원 때문에 경쟁하기도 하지만 정보 때문에 경쟁하기도 한다. 많은 게임이론 상황에서 상대방의 전략에 관한 정보를 얻으면 (가위바위보처럼) 상대방을 이길 수 있는 전략을 세우는 데 도움이 된다. 그 결과 참가자들은 상대방이 알아도 지지 않는 전략을 고안하려고 한다. 독립적이고 균일한 가위바위보 전략이 바로 그 예다.

죄수의 딜레마: 내 맘 같지 않은 상대와 협력하기

대표적인 게임이론 문제로 죄수의 딜레마prisoner's dilemma가 있다. 구체적인 숫자는 달라지겠지만 대략 다음과 같은 내용이다. 두 공범자가 체포되어 각자 경찰서의 다른 방에 갇혀 있다. 두 사람이 저지른 범죄에서 주요 범죄에 관해 유죄를 입증할 증거는 충분하지 않지만 덜 심각한 범죄에 관한 증거는 충분하다. 경찰관은 두 사람에게 선택지를 제시한다. 각각은 동료를 주요 범죄의 공범이라고 시인하거나 묵비권을 행사할 수 있다.

두 사람 다 묵비권을 행사하면 둘은 덜 심각한 범죄로만 유죄 선고를 받고 1년의 징역을 산다. 둘 다 서로를 배신하면 모두 징역 3년을 산다. 한 명이 묵비권을 행사하고 다른 한 명은 배신하면 묵비권을 행사한 쪽은 단독범이 되어 징역 5년을 사는 반면 배신자는 무죄로 석방된다.

죄수 A가 완벽하게 논리를 따르는 사람이라면 다음과 같이 2가지 상황을 추론할 것이다.

1. 죄수 B가 나를 배신하기로 선택했다. 내가 묵비권을 행사하면 징역 5년을 살 것이고 배신한다면 징역 3년만 살 것이다. 따라서 나로선 배신하는 편이 낫다.

2. 죄수 B가 묵비권을 행사하기로 선택했다. 내가 묵비권을 행사하면 징역 1년을 살 것이고 배신한다면 무죄로 석방될 것이다. 이번에도 나는 배신하는 편이 낫다.

순전히 자기 이익만 따지면 죄수 B가 어떤 선택을 하든 죄수 A는 배신하는 편이 낫다. 하지만 죄수 B도 똑같은 방식으로 추론하면 A와 똑같은 결론에 도달한다. 그 결과 죄수 A와 죄수 B는 각자의 합리적 판단에 따라 배신을 선택해서 징역 3년을 사는 상황에 처하게 된다. 반면 둘 다 묵비권을 행사하면 징역 기간이 훨씬 더 짧아진다. 상대방을 믿을 수 없는 상황에서 합리적으로 판단하면 두 사람은 더 나쁜 상황에 처하고 만다. 핵심은 죄수들이 따로 갇혀 있으므로 서로 정보를 공유해 협력할 수 없다는 것이다.

죄수의 딜레마는 가위바위보와 비슷하게 이론적 관점과 현실적 관점 모두에서 집중적으로 연구됐다. 실제로 가위바위보 챔피언십처럼 컴퓨터 프로그램들이 죄수의 딜레마 상황을 반복하는 토너먼트가 열린다. 이를 통해 프로그래머는 새로운 전략들을 시험해볼 수 있다. 현실에서는 사람들이 항상 냉철하게 추론하지는 않으며 묵비권을 행사하기도 한다. 죄수의 딜레마 상황이 여러 번 반복되는 경우에는 게임이 계속될수록 참가자들이 서로에 대한 신뢰를 쌓으며 모두에게 더 나은 결과를 얻는 시나리오도 이론상으로는 가능하다.

한 가지 효과적이면서 단순한 전략은 팃포탯Tit for Tat이다. 참가자는 첫

회에 묵비권을 행사하고 그다음에는 상대방의 이전 수를 그대로 따라 한다. 분명 두 팃포탯 참가자는 영원히 묵비권을 행사하는 것이 두 사람 모두에게 좋다. 하지만 이 전략을 따르지 않고 배신을 선택하는 참가자는 다음회에 반드시 대가를 치른다.

죄수의 딜레마는 냉전 시기 미국과 소련이 군비 경쟁을 벌일 때 관찰됐다. 방위비 지출을 늘리는 선택을 '배신'에, 방위비를 이전 수준으로 유지하는 선택을 '묵비권 행사'에 대응시키자. 두 국가 모두 방위비 지출을 늘리면 현상 유지하는 경우보다 나쁜 상황에 처한다. 그러나 어느 한쪽만 방위비 지출을 늘리면 상대방을 제압할 수 있다.

이런 이유로 양측 모두에게 합리적인 선택은 방위비 지출을 계속 늘리는 것으로 보였다. 실제로도 어느 한쪽이 상대방을 신뢰할 수 있게 만드는 회담을 여러 차례 거치고 나서야 상황이 진정됐다. 양쪽 모두 어느 정도 방위비를 축소하겠다는 약속을 지킬 수 있음을 보여줬고 장래에 회담을 통해 약속을 지켰음을 증명하는 정보를 공유하자 방위비를 축소할 수 있었던 것이다. 팃포탯 전략처럼 말이다.

팬데믹과 관련된 질문들도 비슷한 방식으로 생각해보자. 개인이 집에서 나오지 말라는 권고를 얼마나 엄격하게 따라야 하느냐는 질문을 예로들 때, 개인의 관점에서 보면 밖에 나가는 편이 합리적인 선택처럼 보인다. 다른 사람이 모두 집에 머물면 한 개인이 감염될 위험은 지극히 낮기 때문이다. 하지만 모든 사람이 똑같은 방식으로 추론한다면 어딜 가도 사람들로 붐빌 것이고 감염의 위험성은 훨씬 높아진다. 이런 현상을 공유지의 비극tragedy of the commons이라고 한다. 공유지를 이용할 때 모두가 이기적으로 행동하는 것이 합리적이라고 생각하는 바람에 결국 모두에게 불행한 결과가 발생하는 현상이다.

제로섬게임: 때로 전략이 없는 것이 전략이다

죄수의 딜레마는 게임 활동의 한 예다. 두 참가자에게 각자 명확한 선택지가 있으며, 그에 따라 둘은 이득을 얻는다. 두 참가자가 내리는 선택의 쌍을 알면 각자의 이득이나 손실이 어느 정도인지 알아낼 수 있다.

죄수의 딜레마는 협력과 협동을 다루지만, 협력할 수 없는 게임도 있다. 바로 제로섬게임zero-sum game이다. 임의의 선택 쌍이 있을 경우 한 참가자가 얻는 이득은 그대로이고, 다른 참가자가 얻는 이득은 손실인 경우다. 이를 돈으로 생각해보자. 참가자 A가 일정 액수의 돈을 참가자 B에게 주거나 B에게서 따야 한다. 예를 들어 포커를 생각해보자. 참가자들의 지갑에 들어 있는 돈의 총액은 늘 똑같지만 포커 판마다 일정 금액이 한 지갑에서 다른 지갑으로 옮겨간다. B의 이득은 언제나 A의 손실이므로 양쪽의 관점에서 생각할 필요가 없으며, A가 각 상황에서 무엇을 얻는지로 두 사람의 이득을 설명할 수 있다.

다음과 같은 게임을 살펴보자. A와 B가 둘 다 기계 앞에 앉아 있고 각자 레버를 움직일 수 있다. A의 레버는 왼쪽과 오른쪽이라고 표시된 위치를 가리키고, B의 레버는 위와 아래가 표시된 위치를 가리킨다. 그들 각자가 레버를 놓는 위치에 따라 A가 B로부터 얼마를 받는지 결정한다. 예를 들어 A가 왼쪽을, B가 위를 선택하면 B는 A에게 5파운드를 지급한다. A가 오른쪽을, B가 아래를 선택하면 B는 A에게 7파운드를 지급한다.

이런 모든 결과를 다음의 표로 정리할 수 있다.

	참가자 A가 왼쪽을 선택	참가자 A가 오른쪽을 선택
참가자 B가 위를 선택	5파운드	4파운드
참가자 B가 아래를 선택	3파운드	7파운드

분명 A는 B에게서 가장 많은 금액을 받고 싶어하며 B는 가장 적은 금액을 지급하려고 한다. 이제 앞서 나온 죄수의 딜레마 게임과 비슷한 방식으로 올바른 전략을 생각해보자.

A가 매번 왼쪽을 선택한다고 하자. 그렇다면 B는 가능한 한 매번 아래를 선택해야 한다. B가 매번 아래를 선택한다면 A는 오른쪽을 선택해야 한다. A가 오른쪽을 선택하면 B는 위를 선택해야 한다. 이렇게 하면 마치 모든 위치를 옮겨 다녀야 하는 상황이라서 누구도 어떤 전략을 세워야 할지 합의할 수 없어 보인다.

폰 노이만은 우리가 왼쪽이나 오른쪽, 위나 아래처럼 한 가지만 선택하는 방식으로 전략을 짜면 안 된다고 통찰했다. 실제로 두 참가자 모두 무작위로 선택해야 한다. 선택하기 전에 A는 어느 정도 편향된 동전을 던져야 한다. 그래서 앞면이 나오면 왼쪽을 선택하고 뒷면이 나오면 오른쪽을 선택해야 한다. 마찬가지로 B는 A의 동전과 다르게 편향된 동전을 던져서 위나 아래를 선택할지 결정해야 한다. 왼쪽이나 오른쪽 중 하나를 항상 선택하는 방식을 전문용어로 순수전략pure strategy이라고 하며 무작위로 선택하는 방식을 혼합전략mixed strategy이라고 한다.

이는 매우 놀라운 통찰이다. 우리는 어느 한 선택이 다른 선택보다 근본적으로 더 나으며 그 선택을 해야 불이익이 없다고 상정한다. 하지만 폰노이만에 따르면 너무 확정적이지 않게 계속 열린 상태로 선택하는 것이 최상의 전략이다. 우리가 이 게임을 아주 많이 한다면 큰 수의 법칙에 따라 A가 왼쪽을 선택하는 일정 비율을 알게 된다. 일반적으로 이 비율이 0이나 1이 될 필요는 없다. 이것이 주는 교훈은 균형의 가치, 곧 이 경우 어느 한 선택을 너무 고집하지 않는 것의 가치다.

그렇다면 동전은 어느 정도로 편향되어 있어야 하는가? 이에 대한 답을 알려주면서 왜 그 답이 매력적인지 설명하겠다. 관건은 상대방이 자신의 전략을 바꿀 만한 동기를 주지 않는 것이다. 5장처럼 기댓값의 관점에서 접근해보자.

A는 5분의 3의 비율로 왼쪽이 나오고 5분의 2의 비율로 오른쪽이 나오도록 편향된 동전을 사용해야 한다. 왜 이것이 좋은 전략인지 알아보기 위해 참가자 B의 두 선택을 살펴보자. B가 위를 선택한다면 A가 얻는 금액의 기댓값은 $(3/5 \times 5) + (2/5 \times 4) = 4.60$파운드다. B가 아래를 선택하면 A가 얻는 금액의 기댓값은 $(3/5 \times 3) + (2/5 \times 7) = 4.60$파운드다. 두 경우 모두 이득이 같다. 다시 말해 B가 어떤 선택을 하든 A는 평균적으로 4.60파운드를

얻는다. 이것이 매력적인 전략인 까닭은 A가 이보다 더 큰 금액을 받을 것이라고 기대할 수 없기 때문이다.

마찬가지로 B에게 가장 좋은 전략 역시 5분의 4의 비율로 위를, 5분의 1의 비율로 아래를 선택하는 것이다. 이번에도 그렇게 하면 A가 각각 왼쪽과 오른쪽을 선택할 때 $(4/5 \times 5) + (1/5 \times 3) = 4.60$파운드와 $(4/5 \times 4) + (1/5 \times 7) = 4.60$파운드로 두 기댓값이 일치한다. 이 선택을 통해 B는 자신의 손실을 최소화한다. B가 이보다 더 적은 금액을 지급할 방법은 없다. 두 이득이 일치하게 만드는 이 속성을 통해 이 수들, 곧 A의 경우 왼쪽이 5분의 3의 비율, B의 경우 위가 5분의 4의 비율이 최선의 값임을 확인했다. 이처럼 상대방이 어떻게 행동하든 이득에 영향을 주지 않도록 만드는 혼합전략을 찾아야 한다.

이는 내시균형Nash equilibrium의 한 예다. 이 명칭은 《뷰티풀 마인드Beautiful Mind》라는 책과 영화의 실제 주인공 수학자 존 포브스 내시John Forbes Nash의 이름에서 따왔다. 내시균형에 이른 상황에서 모든 참가자는 전략을 바꿀 만한 동기가 없다. 따라서 그 게임은 앞서 순수전략에 대해 설명했던 '옮겨다니기' 상황에 비해 안정적이다. 내시가 연구에서 밝힌 결과에 따르면 그런 상황은 다수의 참가자와 다수의 선택지가 등장하는 매우 다양한 게임에서 훨씬 더 일반적으로 등장한다.

미니맥스 전략: 이익은 크게, 손실은 작게

다음 그래프를 통해 A에게 가장 좋은 동전이 어떤 것인지 알 수 있다. 이 그래프는 A의 관점에서 상황을 표현한 것이다.

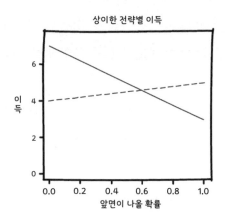

확률을 x축에 0부터 1까지 나타냈다. 항상 뒷면이 나오는 동전(가장 왼쪽 끝)부터 항상 앞면이 나오는 동전(가장 오른쪽 끝)까지 A가 사용할 수 있는 편향된 동전들의 범위다. 공정한 동전은 한가운데에 있다. 2개의 직선은 B가 어떤 선택을 하느냐에 따라 A가 얻는 이득의 기댓값을 나타낸다.

1. B가 위를 선택한다면 서로 다른 동전별로 A의 이득 기댓값은 가장 왼쪽(언제나 뒷면이 나오는 동전을 사용하는 경우, A는 반드시 오른쪽을 선택하는 상황)의 4부터 가장 오른쪽(언제나 앞면이 나오는 동

전을 사용하는 경우, A가 반드시 왼쪽을 선택하는 상황)의 5까지 이어진 점선으로 나타난다.

2. B가 아래를 선택한다면 A의 이득 기댓값은 가장 왼쪽의 7부터 가장 오른쪽의 3까지 이어지는 직선으로 나타난다.

A가 동전을 골랐으며 이 정보를 B가 알고 있다고 생각해보자. B는 이 전략을 자기에게 유리하게 이용할 수 있다. A가 범위의 왼쪽 끝에 가까운 동전을 고른다면 B는 이득이 점선에 있도록 함으로써(위를 선택) 지급할 금액을 최소화할 수 있다. A가 오른쪽 끝에 가까운 동전을 고른다면 B는 이득이 실선에 있도록 함으로써(아래를 선택) 지급할 금액을 최소화할 수 있다.

B가 이처럼 똑똑하다면 A의 이득 기댓값은 위로 향하는 점선과 아래로 향하는 실선으로 이루어진 위쪽으로 뾰족한 삼각형에 따라 정해질 것이다. 이 삼각형의 꼭지점은 두 직선이 교차하는 바로 그 지점에서 가장 높은데, 그 지점은 앞면이 나올 확률이 5분의 3인 동전에 해당한다.

이를 미니맥스 전략minimax strategy이라고 한다. 어떤 것의 최댓값을 최소화하는 전략이다. A의 관점에서 볼 때는 최소 이득을 최대화하는 맥시민 전략maximin strategy이다. A가 어떤 동전을 고르든 B는 두 직선의 최솟값을 취하는 전략을 선택할 것이다. 따라서 A는 이 최솟값을 최대한 크게 만들어야 한다. 이런 식으로 A는 자신이 어떤 동전을 사용할지를 B가 알고 있는 상황의 가치를 무효화하고, 이 정보를 B가 활용하지 못하게 만든다.

B의 관점에서도 비슷하게 그림을 그릴 수 있다. 차이점이라면 B는 이

득을 최소화하려고 한다는 것뿐이다. 같은 그림에서 B에게 가장 좋은 선택은 이 상황에 대응하는 두 직선이 교차하는 곳으로서, 그 점은 앞면이 나올 확률이 5분의 4인 동전에 해당한다. 여러분도 직접 그림을 그려서 확인해보기를 바란다.

이 그림의 또 다른 특징은 올바른 전략이 가운데 어디쯤에 놓이는 이유를 명확히 보여준다는 것이다. A가 왼쪽을 선택한다면 이득은 B가 위를 선택할 때가 더 크며, A가 오른쪽을 선택한다면 이득은 반대가 된다. 언제든 이것이 참일 때라면 그림에서 직선들은 가운데의 어느 점에서 교차할 것이며, 따라서 혼합전략을 선택하는 것이 가장 좋은 방법이다. 유일한 문제는 이 교차점이 어디일지를 결정하는 것뿐이다.

게임이론에 관한 개념들을 이용해서 틴더Tinder 같은 데이팅 앱을 살펴보자. 각 사용자는 스마트폰 화면에 뜬 상대방의 프로필을 오른쪽이나 왼쪽으로 밀어서 잠재적 파트너를 수락하거나 거절할 수 있으며, 두 사람 모두 오른쪽으로 밀었을 때만 매칭이 된다고 가정하자. 매칭 횟수를 최대화한다는 단순한 목표가 있으면 매번 오른쪽으로 밀어서 매칭 기회를 하나도 놓치지 않는 것이 합리적이다. 하지만 모든 사람이 이 전략을 쓴다면 모든 잠재적 파트너와 매칭되어 하나마나한 짓이 된다. 그러므로 더욱 선별적으로 행동하는 것이 합리적이다. 실제로 데이터에 따르면 여성 사용자들은 선별적으로 행동하는 경향이 있으며 덕분에 시스템이 제대로 작동한다.

여러분은 어느 정도로 선별적이어야 할까? 데이팅 앱 사용자 각 개인은 자신이 가장 중요하다고 생각하는 특성들, 예를 들어 외모나 공통 관심사 등을 바탕으로 각각의 프로필에 비공식적으로 점수를 매긴다. 이때 자연스러운 전략은 데이트 상대자로서의 자질 문턱값을 정해놓고서 점수가 그 문턱값을 넘는 프로필만 오른쪽으로 미는 것이다. 하지만 이 문턱값을 어떻게 정할지가 명확하지 않다. 비서문제^{secretary problem}*와 관련된 수학 개념들을 토대로 생각해보면, 처음에는 정해진 수의 프로필을 왼쪽으로 밀고, 잘 맞을 것 같은 파트너에 대한 여러분의 기대 정도를 가늠한 다음에 합리적인 문턱값을 결정하는 것이 올바른 전략이다. 물론 다른 비수학적 접근법도 쓸 수 있다!

욕망과 이성이 싸울 때 수학이 주는 해답

비슷한 개념을 바탕으로 일상 문제들을 해결하는 데 도움을 주고, 인생에서 균형 잡힌 접근법이 소중하다는 점을 알려주는 단순한 모델을 생각해보자. 엄밀히 말해서 죄수의 딜레마 같은 게임이 아니다. 실제로 참가자가 한 명뿐이기 때문이다. 원한다면 다른 참가자(자연 또는 세계의 상태)가 이미 자신의 전략을 고정했다고 생각할 수 있다.

오늘 밤 열리는 파티에 초대를 받았다고 하자. 파티 시간은 밤 9시부터

---

* 이것은 어떤 직무에 최상의 직원을 채용하는 것과 같은 문제다. 다수의 지원자, 예를 들어 100명을 면접할 때 전체 지원자의 자질을 모르는 채로 각 지원자의 면접을 마칠 때마다 채용 여부를 결정해야 한다고 하자. 이때 가장 좋은 전략은 지원자들 중 처음 37퍼센트는 관찰만 한 다음, 이들보다 나은 지원자가 처음으로 나오면 그를 채용하는 것이다.

내일 새벽 3시까지다. 맛있는 음식과 음료가 있으며 친구들과 어울려 즐겁게 놀 수 있는 환상적인 기회다. 그런데 안타깝게도 내일 아침 9시에 사장에게 프레젠테이션을 해야 하며, 이는 직장생활의 미래를 결정할 중요한 일이다. 여기서 문제는 몇 시에 파티를 떠나야 하는가다.

떠나는 시간을 그래프의 x축에 표시하고 여러분의 결정으로 인한 손해를 y축에 표시해보자.

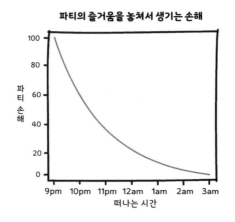

파티에서 즐기는 데만 초점을 맞춘다면 최대한 오래 머무르는 것이 합리적이다. 왜냐하면 여러분의 머릿속은 이미 파티 생각으로 가득 차 있기 때문이다. 더 늦게까지 머물수록 친구와 어울릴 기회가 많아지고 더 많은 음식과 음료를 먹고 마실 수 있다! 파티에 가지 않는다면 그런 기회를 전부 놓치는 셈이라고! 아마도 이 결정 과정에 수확체감의 법칙[law of diminishing]

returns이 관여할 것이다. 시간이 흐르면서 여러분이 만나고 싶은 사람은 이미 만났고 음식과 음료는 바닥났으며 늦게까지 머무는 행동의 추가적인 가치가 감소한다. 하지만 순전히 파티의 즐거움을 놓칠 우려를 최소화하려면 새벽 3시까지 머물러야 한다.

한편 프레젠테이션에 생길 손해, 곧 여러분의 경력에 입을 손해를 생각한다면 그림은 아마도 다음과 같은 모양일 것이다.

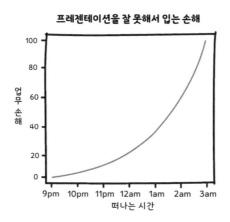

파티의 초반에 떠난다면 큰 문제가 되지 않겠지만, 시간이 흐를수록 잠을 못 자고 피곤한 상태로 출근할 가능성이 높다. 다시 말해 파티에 더 늦게까지 남을수록 프레젠테이션을 잘 못할 가능성이 높다. 순전히 업무의 관점에서 보자면 여러분은 밤 9시에 떠나야 한다(또는 아예 파티에 가지 말아야 한다).

두 유형의 손해를 함께 살피고 두 유형의 부정적 결과를 종합해 최적의
답을 생각해야 한다. 이 문제는 앞에서 나온 사례와는 조금 다르다. 원리상으
로는 약간 비슷한데 그 경우에는 둘을 함께 합쳐서 생각하지 않고 두 직선의
최솟값을 취해야 했다. 여기서는 두 곡선을 합치면 검은 곡선이 나온다. 최적
의 지점은 가운데 어디쯤에 있는데 이것이 혼합전략을 가리킨다.

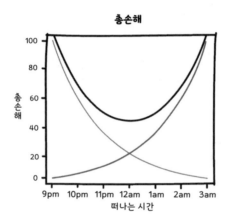

나는 손해의 측정 단위를 밝히지 않았다. 두 곡선은 높이가 똑같지 않
을 수 있다. 최적의 출발 시간이 정확히 가운데에 있지 않을 수 있다는 뜻
이다. 사람들마다 체력, 프레젠테이션 능력이 다르고, 파티에 온 친구들이
누구인지, 사장이 얼마나 너그러운지 등의 조건에 따라 곡선의 모양이 달
라질 것이다. 일과 삶의 균형이라는 미덕을 수학적으로 엄밀히 증명하려는
것이 아니다. 하지만 이 사례에서 알 수 있듯이 게임이론 같은 개념은 단순
한 상황뿐 아니라 다양한 상황에서 균형 잡힌 접근법을 선택해야 한다는

사실을 수학적으로 증명해준다.

이것은 실제 문제를 단순화한 것으로, 도착하기도 전에 떠날 시간을 결정한다고 가정하고 있다. 이를 비적응적 전략non-adaptive strategy이라고 한다. 현실에서는 시간이 흐름에 따라 계획을 바꿀 수 있다. 미리 기본 곡선을 추정하는 대신 시간이 흐름에 따라 곡선에 관한 정보를 더 많이 모을 것이다. 어쩌면 정말로 만나고 싶었던 사람들이 파티에 오지 못할 수도 있다. 또 어쩌면 처음 만난 사람과 대화가 잘 통해서 더 오래 머물고 싶을지도 모른다. 이런 새로운 정보를 이용해 파티로 입게 될 손해에 관한 곡선을 바꾸면서 적응적 전략adaptive strategy을 사용할 수 있다. 이는 여러분이 새로 알게 된 내용을 바탕으로 최상의 수를 업데이트하는 전략이다.

물론 여러분이 사용할 수 있는 전략에는 제약이 따른다. 예를 들어 시간을 거스를 수는 없다. 밤 11시 30분에 곤란한 상황에 처했다고 해보자. 10분 전에 무심결에 파티 주최자를 욕했기 때문이다. 그렇다고 11시 15분으로 돌아가 파티를 떠나는 전략을 쓸 수는 없다. 하지만 다양한 문제에 비적응적 전략과 적응적 전략을 구별해서 적용하는 것은 매우 중요하다. 적응적으로 행동할 수 있는 유연성 덕분에 더 나은 결과를 얻을 수 있기 때문이다. 예를 들어 단어 게임 워들wordle을 할 때는 적응적 전략이 최적이다. 이전에 추측해 알아낸 문자들을 바탕으로 새롭게 추측해야 하기 때문이다. 미리 6번을 확정적으로 추측해두는 비적응적 전략으로는 성공할 가능성이 지극히 낮다. 마찬가지로 적응적으로 검사하는 기능을 활용하면 9장에서 논의했던 집단검사 알고리즘의 성능을 크게 향상시킬 수 있다.

균형 잡기에 관한 이와 비슷한 주장은, 정부가 얼마나 강력하게 코로나바이러스 같은 전염병 확산을 방지하기 위해 개입해야 하는지를 결정하는 문제에도 적용된다. 코로나 사망자 수에만 초점을 맞춘다면 사망자 수를 최소화하기 위해 최대한 강력하게 개입하는 편이 합리적이다. 당연히 봉쇄 조치는 건강 문제, 다른 질병의 진단 기회 상실, 정신건강 관련 문제, 치매 환자 격리 문제 등 다른 결과들에도 영향을 줄 것이다. 마찬가지로 순전히 경제에 끼치는 손해에만 초점을 맞추면 상황을 개방적으로 유지할수록 결과가 더 나아질 것이다. 물론 폭동이 일어날 정도로 전염병을 방치한다면 치안 붕괴의 위험성이나 다른 경제적 손실이 발생할 것이다. 이번에도 균형 잡기에 바탕을 둔 주장에 따르면, 이러한 두 극단 사이의 어디쯤에 있는 대응 방법을 선택하는 것이 최선일 수 있다.

게임이론이 AI를 만나면

게임이론에서 나온 개념들은 내가 이미 언급했던 현대의 기계학습이나 AI 알고리즘 개발에 적용되어왔다. 구체적으로 강화학습reinforcement learning 분야는 이런 게임 참가자에게 이득표의 값에 관한 정보가 애초에 없다는 것을 전제로 작동한다. 이는 컴퓨터가 자신의 주위 환경을 전혀 모르는 상황이다.

컴퓨터는 계속 선택하면서 어떤 이득이 어떤 선택과 연관되는지 알아내고 차츰 자신이 얻을 수 있는 보상의 구조에 관한 정보를 습득해나간다. 컴퓨터는 이 초기 학습 단계에서 점점 벗어나 주위 환경을 제대로 이해하는 상태로 옮겨간다. 그리고 자신이 습득한 정보를 바탕으로 최상의 행동을 결정할 수 있다.

이런 강화학습 알고리즘은 구글 딥마인드 DeepMind의 알파고 AlphaGo 프로그램에 사용됐다. 이 프로그램은 2016년에 인간 바둑 고수인 이세돌을 이김으로써, 이전에는 불가능하다고 생각했던 업적을 달성한 것으로 유명하다. 알파고가 받은 훈련 중 일부는 기본적으로 강화학습을 통해 이루어졌다. 구체적으로는 역사적인 대국의 기보 데이터베이스를 연구한 다음, 자신과 계속해서 바둑을 두는 방식으로 실험과 연습을 거듭함으로써 어떤 수가 가장 잘 통하는지를 알아냈다.

최근에 나온 알파고 제로 AlphaGo Zero는 초기 데이터베이스조차 이용하지 않았다. 순수한 강화학습 기법을 이용해 순전히 바둑의 규칙만을 토대로 승리 전략들을 창조해냈다. 이 업적에는 한계가 있을 거라고 생각할 수 있다. 보드게임에 익숙해지는 것은 인간이 보여줄 수 있는 종합적인 지능의 일부일 뿐이기 때문이다. 하지만 알파고의 개발은 컴퓨팅과 알고리즘의 성능에서 엄청난 성취를 이룬 결과였으며, 앞으로 우리의 일상생활에 중대한 영향을 끼칠 것이다.

지금까지 게임이론을 정보의 관점에서 어떻게 이해할 수 있는지 설명했다. 섀넌도 당연히 이런 문제들에 관심을 가졌다. 9장에서 이미 언급했듯이 그는 재미 삼아 뭔가를 직접 시도해보는 실용적인 방식을 좋아했다.

그런 성격은 게임 분야와도 잘 맞았다. 섀넌은 컴퓨터가 체스를 두도록 프로그래밍하는 것을 진지하게 생각한 최초의 사람들 중 한 명이었다. 섀넌수 10^{120}(1 다음에 0이 120개인 상상조차 할 수 없는 엄청나게 큰 수)은 그가 가능한 체스 게임의 가짓수를 추산해낸 값이다. 그는 전설적인 도박사이자 발명가 에드워드 소프 Edward Thorp와 함께 룰렛휠의 결과를 예측하는 컴퓨터도 만들었다.

섀넌은 격자 위에서 진행되는 스위칭 게임 switching game 을 만들어내기도 했다. 한 참가자는 모서리에 같은 색깔을 칠해 두 꼭짓점을 잇는 한 경로를 만들려고 시도하고, 상대방은 격자에서 그 모서리들을 제거하는 게임이다. 이것은 지금도 게임이론가들이 활발하게 연구하는 메이커-브레이커게임 Maker-Breaker game의 한 유형이다.

지금까지 3부에서 설명한 정보, 네트워크, 게임이론의 주제들은 함께 연결되어 거대한 연구 분야를 이루고 있으며 이런 주제들을 더 잘 이해하면 세상을 이해하는 데 도움이 된다. 그리고 모험을 즐겼던 클로드 섀넌의 정신을 기억하면 좋겠다.

✚✚ 요약

이번 장에서는 게임이론이 핵전쟁과 고전적인 죄수의 딜레마 등 다양한 상황에서 경쟁적 상호작용을 어떻게 설명해내는지 설명했다. 정보와 이득, 특히 제로섬게임의 상황을 생각해봄으로써 혼합전략의 개념을 체계적으로 살폈다. 미니맥스 전략에서 봤듯이 상대방이 전략 자체에 관한 정보를 가졌다는 사실 자체를 무효화시킬 수도 있다. 또한 혼합전략에서 알 수 있듯이 현실 문제들에 대해 균형 잡힌 대응을 하는 것이 중요하다.

✖✖ 제안

이번 장의 개념들을 더 깊게 탐구해보고 싶지 않은가? 예를 들어 이번 장에서 설명한 방식으로 구성될 수 있는 일상의 상황들을 찾아보라. 여러분에게 아이가 2명 있다면 죄수의 딜레마의 한 (긍정적인!) 버전을 만들어낼 수 있을까? 예를 들어 둘 다 방을 청소하면 사탕 2개를 보상으로 받고 한 명만 방 청소를 하면 그 아이만 사탕 하나를 받는 방식을 생각해보자. 실제로 해보면 어떤 결과가 나올까? 또한 제로섬게임의 이득표에 다른 숫자들을 채워넣어 혼합전략에 관해 더 생각해볼 수도 있다. 순수한 전략이 항상 이기는 사례가 있을까 (예를 들어 실선과 점선이 교차하지 않는다면 어떤 일이 생길까)?

4부.

결국 수학적인 것이
살아남는다

13장.
오류에서 배우는 교훈

지금까지 나는 세계를 이해하는 데 유용한 수학 개념들을 구조, 무작위성, 정보의 범주로 나눠 설명했다. 이 범주끼리는 서로 겹치고 상호작용한다. 특히 내가 설명한 사고방식 대부분은 코로나바이러스 팬데믹 기간에 그 쓸모가 증명됐다. 다만 다음에 또 다른 사건을 파악할 때면 지금 사용한 것과 똑같은 도구가 필요하지는 않을 것이다. 예를 들어 지수적 증가와 랜덤워크의 개념이 팬데믹에서 이용된 것처럼 중요한 요소는 아닐 수 있는 것이다. 하지만 구조, 무작위성, 정보를 완벽히 이해하면 미래에 벌어질 많은 사건에서 유용하게 쓰일 것이라고 확신한다.

한편 사람들이 개발해낸 수학모델과 비공식적 믿음이 현실세계에서 살아남지는 못하는 것을 보면 다음과 같은 더욱 일반적인 원리들을 기억해야 한다고 말하고 싶다.

1. 가정을 살펴라

첫째, 여러분이 세운 가정과 그 가정을 바탕으로 한 예측이 맞는지 항상 의심해야 한다. 앞서 설명했듯이 2020년 여름, 유럽의 코로나바이러스 발병이 증가했지만 사망자가 바로 증가하지 않자 사람들은 바이러스가 덜 위험하다고 속단해버렸다. 이러한 오류는 발병자의 연령층을 조사하고 그 동향을 로그스케일 그래프로 표현해 데이터를 더 주의 깊게 살폈다면 피할 수 있었다.

일반적으로 세계에 관한 믿음은 다음과 같은 논리적 추론에 바탕을 둘 가능성이 크다. 'X라면 Y이고, Y라면 Z다.' 수학자 역시 이런 방식으로 작은 결과들을 연결해서 정리를 증명하고는 한다. 수학자라면 누구든 이 연결 고리에서 하나만 잘못된 것을 알아도 좌절감을 느낀다. 그 연결이 잘못됐다는 것은 결국 추론의 전체 고리가 끊어졌다는 뜻이기 때문이다.

페르미 추정처럼 여러분의 믿음을 더 작은 부분들로 나눠서 생각하면 좋다. 각 논리가 얼마나 탄탄한지, 그중 하나를 무효화시키는 증거가 전체에 얼마나 큰 영향을 끼치는지 생각할 수 있다면, 직감이 아니라 확실한 정보를 바탕으로 결정할 수 있다. 여러분의 주장에서 가장 약한 부분은 무엇인가? 가장 강력한 반론은 무엇인가? 이 두 질문에 답할 수 없다면 여러분은 자기 주장의 엄밀성에 대해 스스로를 속이는 것이다.

자신이 편향되어 있다고 인정하고 싶은 사람은 아무도 없다. 하지만 팬데믹처럼 복잡한 문제를 살펴볼 때 완벽하게 공정한 사람은 없다. 우리 모두 어떤 문제에 대해 판단할 때 개인적 상황(가족이 처한 위험 수준, 고용 상태에 따라 달라지는 경제적 취약성, 서로 다른 정신적·신체적 건강 상태)에 영향을 받는다. 필연적으로 이것 중 일부는 바이러스의 위험성이나 팬데믹 대응 조치의 경제적 위험성에 대한 판단에 영향을 끼친다. 적어도 자신의 상황을 이해함으로써, 자신이 전체 인구에서 얼마만큼 대표성이 있는지, 전체 공동체의 다양한 요구에 대해 어떻게 균형을 잡을지 스스로에게 질문해야 한다.

2. 세상은 혼란스러운 곳이다

국가 간의 코로나바이러스 데이터를 비교할 때 많은 사람이 '마법의 탄환magic bullet'을 찾았다. 다시 말해 모든 상황을 설명해줄 단일 요인을 찾았던 것이다. 하지만 이는 현실적으로 불가능하다.

　정부가 대응하기 전부터 바이러스 확산에는 많은 요인이 영향을 끼쳤다. 연령별 특징, 인구밀도(무작위로 추출한 한 사람의 일상 경험을 반영하는 실시간 인구밀도), 일반적인 가정의 인구 구성, 기본적인 건강 상태, 기후, 비슷한 바이러스들에 대한 기존 노출도, 지리적 고립도, 일반적인 해외여행 빈도, 기꺼이 마스크를 착용할지를 둘러싼 문화적 요인들, 개인주의(인구 전체가 정부 지침을 얼마나 잘 따를지), 실험실 인프라 수준, 다른 나라와 비교한 전염병 발발 시기, 완전히 우연적인 요인 등이 두루 포함된다.

당황스럽겠지만 결코 이 요인이 전부가 아니다. 따라서 다른 효과들은 고려하지도 않고 '여성 지도자를 둔 국가들이 팬데믹에 더 잘 대응했다'고 주장하는 순진하고 단순한 분석을 믿으면 안 된다. 6장에서 봤듯이 데이터 에는 기본적으로 소음이 있다. 11장에서 살펴본 것처럼 각국이 데이터를 측정하고 보고하는 방식도 결과에 엄청난 영향을 끼친다.

심지어 국가나 지역 한 곳의 상황조차 예상보다 훨씬 더 복잡하며, 어떤 조치를 취하든 항상 부차적인 결과를 초래한다. 예를 들어 술집이 주된 감염 경로이기 때문에 폐쇄해야 한다는 데이터가 있을 수도 있다. 하지만 이는 데이터 수집 방식이 반영된 결과일 수 있다(사람들은 술집에 있었던 것은 기억하지만 슈퍼마켓 대기줄에 서 있다가 누군가에게서 감염됐을 수 있다는 사실은 쉽게 떠올리지 못한다). 그래서 이 데이터에 따라 술집을 폐 쇄하면 다른 사람의 집에 가서 술을 마시거나 더 위험한 행동을 할 수 있다.

이 모든 점으로 미루어 볼 때 팬데믹 같은 복잡한 사례를 예측하거나 설명하는 일은 굉장히 어려우며 미래에 다른 위기가 닥쳐도 마찬가지 상황이 벌어질 가능성이 높다. 그렇다고 노력하지 말아야 한다는 뜻은 아니다. 다만 예측 모델들에는 늘 불확실성이 따르며, 몇 가지 요인들만으로 전체 상황을 파악하려는 분석은 너무나 단순한 발상이라는 점을 꼭 유념해야 한다.

3. 과거를 너무 중시하지 마라

한 사안을 고려할 때 자연스럽게 그와 관련된 과거의 사례들을 찾아 이번에는 어떻게 진행될지 판단한다. 하지만 1장에서 점들을 단 하나의 곡선으로 연결하려고 시도했을 때 겪은 과적합의 위험을 기억하라. 그런 모델은 예측 결과가 틀릴 가능성이 높다. 소음이 있고 불확실한 개별 데이터들을 지나치게 중요한 것으로 고려하기 때문이다.

최신성 편향recency bias(가장 최근의 정보에 몰두하는 경향)의 위험성과 과거 실수를 과도하게 수정할 위험성도 크다. 2020년 미국 대통령 선거에 대한 전문가의 예측이 대표적인 사례다. 많은 전문가의 2016년 대선 결과 예측이 크게 빗나갔다. 여론조사가 완벽하게 옳다고 가정하고 트럼프의 당선 가능성이 없다고 한 것이다. 2020년 대선 결과를 예측할 때가 되자 많은 전문가가 당연히 과거와 비슷한 상황을 떠올렸고, 어떤 상황도 똑같이 반복되지 않음에도 자기 견해를 과도하게 수정했다. 이번에는 여론조사가 무가치하다고 가정하고 트럼프의 당선 확률이 반반이라고 전망한 것이다. 이는 베팅업계에도 반영됐다. 도박꾼들은 트럼프의 당선 승산을 2 대 1쯤으로(8장에서 설명했듯이 당선 확률을 33퍼센트로) 예상하고 베팅했다. 하지만 당시 여론조사의 통계 분석으로는 트럼프의 당선 확률이 훨씬 더 낮았다.

여론조사의 오차와 민심의 주요 지표가 보고되는 데 시간 지연도 어느 정도 있었지만, 바이든이 유권자 투표와 선거인단 투표에서 모두 거뜬히

승리했다. 여론조사 결과와 통계 분석이 2008년과 2012년에 매우 정확했다는 사실을 고려했다면 2016년의 교훈을 너무 심각하게 받아들이진 않았을 것이다.

마찬가지로 많은 사람은 코로나바이러스의 위험성을 얕잡아봤다. 과거에 메르스, 사스, 에볼라바이러스, 돼지인플루엔자 같은 질병 확산이 몇 주 동안 신문 1면을 도배했어도 팬데믹 사태는 일어나지 않았기 때문이다. 다시 말해 이러한 과거의 경험을 고려하는 것은 타당하지만, 과적합하지 않도록 신중해야 하며 이번에는 상황이 다르지 않은지 고려해야 한다.

2022년 5월에 유럽과 북아메리카에서 시작된 원숭이두창 사태의 경우, 질병의 심각성과 확산 방식, 정치적 대응의 측면을 신중하게 검토해보면 코로나바이러스처럼 심각하게 확산되지는 않을 것이라고 가정하는 편이 신중한 태도일 것이다. 코로나바이러스 팬데믹에서 얻은 교훈이 있긴 하지만 똑같은 시나리오가 그대로 반복될 가능성은 낮다. 그리고 원숭이두창과 코로나바이러스의 확산 방식이 다르다는 점도 고려해야 한다.

4. 데이터를 입맛대로 고르면 안 된다

코로나바이러스 같은 사안의 증거를 조사할 때 과학적 데이터를 충분히 이용할 수 있으며 그중 다수는 동료평가를 거친 논문 형태로 발표된다. 이상적으로는 공개적으로 이용할 수 있는 데이터를 엄밀하게 분석해서 일정 수준의 문턱값을 넘는 논문만 발표해야 한다. 하지만 슬프게도 현실이 늘 그렇지는 않다.

안타깝게도 과학 논문이 우리의 이런 바람대로 발표되는 것은 아니다. 현실에는 약탈적predatory 학술지가 아주 많다. 이런 학술지들은 외부자에게는 그럴듯해 보이지만 기본적으로 저자가 일정 금액을 지불할 준비가 되어 있으면 뭐든 발표해준다. 심하게 과장한 것 같겠지만 실제로 컴퓨터가 고의로 만들어낸 터무니없는 내용이 이런 학술지에서 채택되어 발간된 사례가 여럿 있었다.

심지어 제대로 된 학술지에 실린 논문들조차 동료평가 결과가 옳다고 확실히 보증하지 못한다. 평가자들은 보통 바쁜 학자들이고, 평가 보수를 받지 않는 데다가, 자기 연구나 강의, 일을 하다가 틈틈이 짬을 내 검토할 때가 많다. 평가자들과 편집자들은 어려운 상황에서 최선을 다하지만 절대적인 진리의 문지기라고 볼 수는 없다. 특히 일부 저자가 진리를 어지럽히기 위해 악의적으로 행동할 가능성을 감안하면 더욱 그렇다. 일반적으로 논문이 동료평가를 통과한 것은 좋은 신호지만, 그중 일부 논문은 나중에 철회되기도 한다는 사실에서 알 수 있듯이 동료평가가 절대적으로 확실한 절차는 아니다.

동료평가를 거친 결과만 고려하더라도 여전히 문제는 남는다. 코로나바이러스의 IFR을 살펴보자. 이 값을 추산하려고 시도하는 논문은 많지만 전부 결과가 다르다. 여기에는 여러 가지 이유가 있다. 첫째, 앞서 설명했듯이 IFR은 연령과 보건의료 기준에 따라 달라지므로 서로 다른 장소에서 조사하면 추산치가 다르다. 둘째, 실제로 몇 명이 코로나바이러스에 감염 됐는지는 결코 정확하게 알 수 없다. 연구들은 모두 미지의 양을 추산해야 하기 때문에 잠재적 오차가 생기기 마련이다.

일반적으로 서로 다른 IFR 추산치들은 메타분석$^{meta-analysis}$이라는 기법을 통해 종합되며, 이때 여러 논문의 연구 결과를 함께 살펴 하나의 추산치를 발표한다. 이것은 조잡한 평균 내기(예를 들어 표본의 크기로 나누기)가 아니라, 개별 논문을 별도로 평가한 다음 전체 계산 과정에서 가중치를 다르게 부여하는 더욱 정교한 과정을 거친 결과다.

이 메타분석도 완벽하지는 않다. 평가와 가중치 부여 과정이 조금은 주관적이기 때문이다. 그렇지만 그냥 마음에 드는 연구 결과를 선택해서 이용하는 흔한 대안보다는 낫다. 자기 입맛대로 연구 결과를 선택하는 것을 비공식적 용어로 '체리피킹$^{cherry-picking}$'이라고 한다.

여러 논문들을 충분히 조사한다면 양방향의 극단값들은 정확성이 지극히 낮다. 여러 명의 심판이 매긴 피겨스케이팅 점수를 합산할 때 최고점과 최저점은 제외하듯이 가운데 어디쯤에서 참값을 찾아야 한다. 그런 면에서, 누군가 저명한 학술지에 발표된 논문에서 IFR 값을 인용한 것만으로는 충분한 설명이 되지 않을 수 있다. 문헌의 더 넓은 맥락을 살펴봐야 하는 것이다.

이것을 동전 던지기로 생각해보자. 공정한 동전 하나를 100번 던지는 실험을 50번 시행한다고 할 때, 5장의 표에서 봤듯이 가끔은 무작위적 변동에 따라 앞면이 40번 정도로 적게 나오거나 60번 정도로 많이 나와도 놀랄 일은 아니다. 하지만 앞면이 가장 적거나 많이 나온 실험들만 입맛대로 골라 동전의 공정성을 판단하면 부정직하고 잘못된 결과가 나올 것이다.

5. 모델은 한계가 있다

통계학자 조지 박스가 다음과 같은 말을 남겼다. "통계학자는 예술가처럼 자신의 모델과 사랑에 빠지는 나쁜 습관이 있다." 아마도 이 말은 반대 증거가 쌓이는데도 통계학자들은 자신이 시간을 투자해 개발한 모델이 옳다고 확신한다는 뜻일 것이다. 이는 데이터를 토대로 개발된 공식적 수학 모델이나 다양한 출처에 대한 지식을 바탕으로 한 좀 더 비공식적인 세계관에도 적용된다. 일단 모델이 옳다고 믿으면 특별한 증거가 나오지 않는 한 그 생각을 바꾸기 어렵다. 타당한 근거에 바탕한 믿음이라기보다 무작정 믿고 보는 것이다.

이 책의 도입부에서 내가 인용한 말도 기억하라. "모든 모델이 부정확하지만 일부는 유용하다." 세계는 복잡하기 때문에 몇 개의 항과 매개변수를 포함한 방정식의 집합으로 완벽하게 요약할 수 없다. 그럼에도 때로는 단순한 모델들을 놀라울 정도로 오랫동안 적용할 수도 있다.

6장에서 설명한 잉글랜드 북서부 병원 환자들의 무제한적 지수적 증가에 관한 모델은 6주 이상 타당하게 상황을 예측했다. 이는 확실히 문제가 있다고 판단할 만큼 긴 기간이다. 지수적 증가는 환자 수와 병상 수에 한계가 있으므로 영원히 계속되지는 않는다. 따라서 한 직선이 지금은 데이터와 잘 맞아떨어져도 영원히 신뢰할 수는 없다. 모호하고 진부하게 들리겠지만 어떤 모델이든 한계가 있다. 이 한계를 고려하는 태도가 중요하다. 어떤 모델이 잉글랜드 북서부의 가을에 잘 적용된다고 할 때, 같은 해 북동부에서도 적용될 것이라고 합리적으로 예측할 수 있다. 하지만 과연 그 모델을 오스트레일리아의 여름에도 적용할 수 있을까?

모델과 사랑에 빠진다는 박스의 말로 되돌아가자. 모델은 복잡하거나 만들기 어려울수록 꼭 참일 가능성이 더 높아지는 것은 아니다. 계산이나 데이터 시각화에 자신의 소중한 시간을 쏟았으므로 반드시 그만한 가치가 있다고 무의식적으로 생각할 수 있겠지만 말이다.

체리피킹 문제와 결합될 때 이런 생각은 정보를 편향시킨다. 일반적으로 자신의 믿음을 확인시켜주는 사실을 그것과 상충하는 사실보다 더 쉽게 받아들인다. 일관된 세계관을 유지하려는 자세는 좋지만, 데이터가 기존의 추세에서 벗어나기 시작한다면 기꺼이 생각을 수정하는 열린 태도 역시 중요하다.

6. 집단사고의 함정을 주의하라

공동체는 어떤 문제를 함께 해결하려고 할 때, 해당 문제를 함께 이해하고 모두가 만족할 수 있는 공통의 해결책에 도달한다. 보통은 좋은 일이다. 문제를 함께 살펴 타당한 해결책을 내놓았기 때문이다. 하지만 집단사고에서 위험이 비롯되기도 한다.

문제가 해결됐다는 사회적 압력이나 가정이 있을 수 있다. 한번 확립된 해결책에 대해 결코 의문을 갖지 않는다는 뜻이다. 게다가 다음번에 비슷한 문제가 생겼을 때 이전에 논의했던 것과 같은 문제라고 가정해버릴 수도 있다. 새로운 시선으로 접근하지 않고 단순히 예전의 해결책을 새로운 문제에 적용해버리는 것이다.

명백히 위험하고 안이한 사고 방식이다. 앞서 기존의 가정을 의심해야 한다고 주장하긴 했지만 이를 혼자 실천하는 것은 매우 어렵다. 집단적 태도는 특히 규모가 크거나 전통적인 성향이 강한 집단일 경우 바뀌기 어렵다. 이런 상황에서는 선의의 비판자가 중요하다. 사람들이 그런 비판자 역할을 할 수 있도록 권장해야 한다.

집단사고는 과학계를 비롯한 학계에서도 문젯거리다. 새로운 사고방식을 받아들이고 낡은 개념을 철회하는 일이 특정 분야 내에서 이뤄지기 어려울 때가 아주 많다. 이 효과는 과학계가 운영되는 방식을 보면 확연히 드러난다. 낡은 사고에 젖어 있는 사람들이 보상을 받아서 학계의 고위직, 학술지 편집장, 연구비 지원을 받는 패널 등의 지위에 오른다. 그런 사람들은 현 상태를 유지하려 하며 이미 규명된 문제를 열린 마음으로 받아들이지 않을 것이다.

물론 이런 과정은 미묘하게 균형을 이룬다. 누군가가 변화가 필요하다고 주장한다고 해서 매번 이미 확립된 과학적 합의를 무너뜨리는 식의 우상파괴를 옹호하려는 것이 아니다. 코로나바이러스를 둘러싼 논의에서 봤듯이, 4장에서 설명한 단순한 SIR 모델을 포함해 이미 확립된 개념들은 이를 뒤집기 위해 만들어진 새로운 이론들보다 훨씬 더 나은 결과를 만들었다. 반대론자들이 열정적으로 반박함에도 확립된 이론의 승산이 훨씬 더 높다. 따라서 새로운 이론을 제시하는 사람들은 기존의 논의를 신중한 태도로 존중해야 한다. 마찬가지로 다른 분야에 있다가 새로운 분야에 진출하는 과학자들은 해당 분야에 오래 몸담은 사람들의 지혜를 경청해야 한다.

새로운 개념이 발표됐을 때 아무리 터무니없어 보여도 일단 들어보고 검증할 기회를 주는 것이 과학계의 건전한 발전에 중요하다. 과학계가 발전하기 위해서는 비범한 주장일수록 비범한 증거가 필요하다고 가정할 수도 있다. 다시 말해 어떤 이론을 뒤집지는 않더라도 그 이론에 문제가 있음을 알려주는 무작위적 변동이 드러날 수 있다. 혁신적인 개념들을 단지 어리석은 주장이라는 이유로 배척해서도 안 된다. 지금까지 확립된 수많은 개념도 한때는 당대의 합의된 내용에 비해 어리석어 보였을 것이다.

7. 모든 것이 바라는 대로 되지는 않는다

코로나바이러스 팬데믹 기간에 상황이 바뀜에 따라 낙관적 기대 수준이 달라지는 것은 합리적이었다. 그 질병이 일상생활에 몰고 온 개인적·정서적 고통의 측면에서, 그때는 어려운 시기였으며 모두가 팬데믹이 끝나길 바라는 것이 당연했다.

하지만 모든 사람이 팬데믹이 끝나길 바란다고 해서 그렇게 되지는 않았다. 마찬가지로 수치가 내려갈 것이라고 확신하기 위해 그래프를 아무리 오랫동안 바라봐도 그래프의 전개가 달라지지는 않는다. 위대한 물리학자 리처드 파인만Richard Feynman은 챌린저 우주왕복선 사고에 대한 보고서에 이렇게 적었다. "자연을 속일 수는 없다."

서로 경쟁하는 코로나바이러스 모델들과 이론들을 살펴봐도 결론은 그저 '우리는 조만간 알게 될 것이다'뿐인 경우가 많았다. 멋있어 보이는 이론을 아무리 많이 고안해도 현실세계에 장기간 노출되면 살아남지 못할 수 있기 때문에, 멋진 이론이라고 해서 진리를 결정하는 충분한 근거가 되진 못한다.

하지만 이렇게 질문하는 것은 합리적이다. '이 이론으로 무엇을 예측할 수 있는가?' 제대로 된 과학 이론이라면 미래에 얻게 될 데이터로 검증할 수 있는 답을 내놓는다. 어떤 이론이 데이터와 합치하지 않는다면 그 이론은 참이 아니다. 이때 이론을 수정할 수야 있겠지만, 예를 들어 집단면역 문턱값을 20퍼센트라고 예측했는데 실제 감염률이 인구의 30퍼센트에 이른 경우처럼 오차가 크다면 두 손 들고 패배를 인정해야 한다.

8. 실수를 인정하라

살다 보면 공개적으로 틀릴 때가 있다. 하지만 부끄러워하지 않아도 된다.

그 누구도 코로나바이러스 팬데믹의 모든 국면을 하나하나 다 맞히진 못했다. 이 팬데믹은 이전에 겪어보지 못했던 새로운 상황이었다. 바이러스가 공기 중으로 전파되고 무증상 상태의 확산 가능성을 포함한 대인 접촉을 통해 급속하게 퍼졌다. 이에 따라 유례없는 봉쇄 조치가 각국 정부마다 다른 수준으로 시행됐다. PCR 검사와 신규 백신 개발 같은 기술이 바이러스 퇴치에 활용되는 등 여러 가지 사정을 감안할 때, 처음부터 모든 상황을 정확하게 판단할 수 있다는 생각은 합리적이지 않았다.

어떤 과학자나 전문가가 이처럼 복잡한 상황을 한두 마디로 요약해낸다면 그의 자질을 평가할 때 충분히 의심해봐야 한다. 이 세상은 혼란스럽고 실제 데이터도 마찬가지다. 따라서 복잡한 문제의 해결책이 단순할 것 같지도 않고, 한 사람이 어떤 문제의 모든 측면을 100퍼센트 정확하게 분석할 수도 없다.

따라서 틀린다고 해서 부끄러운 일은 아니다. 어떤 사람이 한 분야를 해석하면서 몇 번 틀렸다고 해서 그가 다른 분야에서 이룬 중요한 공헌을 없던 일로 만들진 않는다. 하지만 자신의 실수에 대응하는 방식은 중요하다. 두 번 연속으로 분석이 틀리거나 애초에 자신이 틀렸다는 사실을 어물쩍 부정하는 것은 (비록 자연스러울지라도) 매우 쓸데없는 대응이다.

순순히 잘못을 인정하고 왜 그런 일이 생겼는지 깊이 성찰해 앞으로 나아가야 한다. 정치인들이야 유턴을 하면 욕을 먹겠지만 과학자로서는 올바른 방향으로 나아가는 것이 더욱 바람직하다.

9. 균형 잡힌 시각을 가져라

팬데믹 내내 나는 중도적 접근법을 옹호하려고 애썼다. 앞에서 설명했듯이 양쪽 중 어느 쪽으로든 극단적 추정치들이 가장 정확한 값일 가능성은 낮다. 마찬가지로 특정 상황에서 '세상의 종말'부터 '아무 걱정할 것 없음'에 이르는 일정 범위를 분석했을 때, 올바른 답은 그 중간의 어디쯤에 있을 가능성이 높다.

이와 비슷하게 '최대한 오래 그리고 강하게 봉쇄 실시'부터 '아무것도 안 하기'에 이르는 일정 범위의 해결책이 주어졌을 때, 한 극단이나 반대편 극단에서 나온 답변의 유효성을 의심해봐야 한다. 이미 설명했듯이 복잡한 상황에서는 제시된 어떤 답에도 단점이 있고 그 답에 상충되는 요소들이 있다. 한쪽의 극단적 입장을 선택하면 그런 점들이 더 악화된다.

가장 극단적인 선택지들의 가운데쯤에 있는 아무 입장이나 무턱대고 선택해야 한다는 뜻은 아니다. 어느 한 방향 또는 다른 방향으로 극단적인 것이 올바른 답일 경우도 많다. 하지만 그런 답을 채택하려고 결정하기 전에는, 과연 한 극단이 참인지 자세히 살피며 다른 쪽 극단을 악마처럼 여기거나 희화화하지 않고 이해해보려는 자세가 중요하다.

마찬가지로 어떤 데이터를 사람들에게 알릴 때는 그 데이터의 뉘앙스와 불확실성을 강조하는 것이 중요하다. 모든 것을 확실하게 알 수는 없지만 누가 봐도 예외적인 데이터 표본에서 보이는 것만큼 상황이 좋거나 나쁠 가능성은 낮다. 다시 말해 추가 데이터가 나올 때까지는 중용의 원리를 따르면 편향되게 반응하지 않을 수 있다.

추정할 때도 중도주의와 중용이 필요하다. 2장에서 나온 페르미 추정의 교훈은, 불완전한 각각의 추정을 결합함으로써 질문에 대한 타당한 답을 얻을 수 있다는 것이다. 페르미 추정은 극단값들보다는 개연성 있는 범위의 가운데에 있는 값들을 결합한다고 가정한다. 극단적인 추정치들을 결합한다면 최종 답은 최악이나 최상의 시나리오가 나타날 것이다. 그것들을 알면 유용할 수는 있겠지만, 그런 시나리오들이 우리의 생각을 지배하게 내버려두거나 그대로 이루어질 가능성이 높다고 믿으면 안 된다.

10. 수학은 올바른 도구다

마지막으로 전할 메시지는 수학이야말로 상황을 파악하는 데 이용할 만한 올바른 도구일 가능성이 높다는 것이다. 함수가 어떻게 증가하는지, 무작위성과 불확실성이 어떤 역할을 하는지, 정보이론이 필터 버블과 상관관계에 있는 정보에 관해 무엇을 알려주는지. 어떤 질문이든 수학적 기법들이야말로 감정과 개인적 편향에서 벗어난 방식으로 통찰을 준다. 구조, 무작위성, 정보의 핵심 도구들은 여러분의 사고과정에 위력적인 도구를 제공한다.

이 도구 중 일부는 대학교에서 수학을 전공하지 않는 한 배우지 않는다. 내가 설명한 원리들을 이해하는 데는 굳이 그 정도 수준의 공부가 필요 없다. '수치들이 합리적일까?' '저 수치의 오차범위가 얼마일까?' 이런 질문을 하는 자세 자체가 중요하다는 것만 알아도 누구든 수학적 원리를 이용해 이 세계에 관한 정보들을 대할 때 더욱 똑똑하게 생각할 수 있다.

이는 우연이 아니다. 코로나바이러스 자체는 고급 수학을 몰랐다. 하지만 그것이 품은 논리는 우주 속 물체의 속성이나 주사위 던지기, 술집에서 나와 비틀거리며 귀가하는 랜덤워크 등을 연구할 때 사용했던 수학적 도구로 연구할 수 있다. 이제 리처드 해밍이 자신의 논문 〈수학의 비합리적 유효성 The Unreasonable Effectiveness of Mathematics〉에 적은 다음 구절로 이 책을 마무리하겠다.

> "지난 30년 동안 산업 현장에 수학을 적용하면서 내가 한 예측들의 결과가 걱정스러울 때가 있었다. 연구실에서 내가 한 수학 연구를 바탕으로 나는 (적어도 다른 사람들이 보기에) 확신을 갖고 몇몇 미래의 사건을 예측했다. 당신이 이렇게 하면 저런 결과를 보게 된다는 식으로 예측했고 대체로는 내가 옳았다. 그 현상들은 어떻게 내가 (인간이 만든 수학을 바탕으로) 예측한 대로 일어났을까? 원래 그렇게 작동한다고 생각하는 것은 어처구니없는 짓이다. (정답은) 어떤 식으로든 수학은 우주에서 벌어지는 많은 현상에 대해 믿을 수 있는 모델을 제공하기 때문이다. 나는 비교적 단순한 수학만 할 수 있을 뿐이다. 어떻게 이토록 단순한 수학이 이렇게나 많은 현상을 예측할 수 있는 것일까?"

용어 설명

2차함수 어떤 양의 제곱이 들어 있는 함수.

p값 귀무가설이 참이라고 가정할 때, 해당 데이터만큼 또는 데이터보다 더 극단적인 결과가 나올 확률.

R_0 감염자 한 명이 감염시키는 다른 사람의 수. 1보다 크면 전염병이 확산되고 1보다 작으면 전염병이 축소된다.

가우스곡선 종 모양의 곡선, 곧 정규곡선.

간선 그래프(네트워크) 이론에서 꼭짓점과 꼭짓점을 잇는 선.

감염치명률[IFR] 어떤 질병에 감염된 사람 중 사망자의 비율.

거짓양성 감염이 되지 않았는데도 양성 진단이 나오는 경우.

거짓음성 감염이 되었는데도 음성 진단이 나오는 경우.

과적합 데이터의 모든 조각을 너무 복잡한 모델로 완벽하게 설명하려는 시도.

귀무가설 세계의 상태에 관한 기본 가정으로서, 데이터를 통해 진위가 검증되어야 할 가설.

균일하게 무작위적이다 각각의 결과가 일어날 확률이 같다.

그래프 (a) 그 사이를 지나는 최적선을 긋고자 하는 점들의 2차원 표현. (b) 간선들로 이어진 꼭짓점들의 모음. 나는 그래프를 (a)의 의미로 사용했기 때문에 (b)에 관해 논의할 때는 네트워크라는 용어를 사용했다.

기댓값 어떤 사건이 일어날 때 얻는 양과 그 사건이 일어날 확률을 곱해 얻는 가능성의 값.

꼭짓점 네트워크의 한 점.

꼭짓점의 차수 적어도 무방향 네트워크에서 한 꼭짓점으로 들어오거나 나가는 간선의 수.

네트워크 간선으로 이어진 꼭짓점들의 모음.

네트워크의 지름 임의의 꼭짓점에서 다른 임의의 꼭짓점으로 이동하는 데 걸리는 단계들의 가장 큰 수.

다항함수 어떤 양의 2차, 3차, 4차 등의 거듭제곱이 들어 있는 함수.

단순조화운동 고유 진동 가운데 하나로, 일정한 진폭으로 진행되는 가장 단순한 진동. 예를 들어 힘이 위치에 비례하는 진자의 운동이 있다.

데이터압축 0과 1의 수열로 무작위적 대상들을 효과적으로 표현하는 일.

독립사건 결과가 다른 것에 영향을 끼치지 않는 사건.

랜덤워크(취객의 걸음걸이) 위치 변화에 관한 수학적·확률적 답을 얻는 데 사용하는 방법. 어떤 물체가 현재 위치에서 다음 위치로 이동할 때 일정한 거리까지는 어떤 방향으로든 이동할 확률이 동일하다.

로그스케일 y축 꼬리표 수치가 압축된 그래프. 지수함수를 표현하기에 올바른 방법.

마르코프 연쇄 현재 위치에 관한 정보 외에는 기억을 갖지 않는 과정.

매개변수 방정식에 나오는 값으로서 그 값을 바꾸면 방정식의 행동이 달라진다.

무방향 간선 네트워크에서 양방향으로 따라갈 수 있는 간선.

무작위적 우연이 관여하는 메커니즘에 따라 생성된 임의의 과정. 이 단어는 완벽하게 모델링하기가 어려워 보이는 복잡한 현상에 대해 비공식적으로 사용되기도 한다.

미분 위치에 대한 지식을 바탕으로 속력을 알아내는 수학적 과정.

미분방정식 가속도나 속력을 위치로 나타낸 표현식.

민감도 확진 판정을 받은 사람 중에서 실제 감염자의 비율.

배가시간 지수함수적으로 구하고자 하는 값이 2배가 되는 데 걸리는 시간.

베이즈정리 주어진 조건에서 어떠한 현상이 실제로 나타날 확률을 구하는 방법.

분모 분수에서 아래의 수.

분산 한 실험에서 나올 수 있는 경우의 값들이 퍼져 있는 정도를 나타내는 값.

분자 분수에서 위의 수.

비적응적 전략 미리 고정된 전략.

비트 정보량의 최소 단위.

상수함수 항상 같은 값을 내놓는 함수.

서비스 시간 대기행렬 모델에서 한 고객이 서비스를 받는 데 걸리는 시간.

선형함수 매번 같은 양이 더해지는 함수.

선형회귀 관계를 설명하기 위해 데이터의 2차원 표현 사이로 최적선을 긋는 일.

손실 추측이 틀렸을 때 지불해야 하는 대가.

순수전략 참가자가 언제나 똑같은 수를 내는 전략.

승산 (마권업자의 개념에 따를 때) 내기에 이겼을 때 되돌려 받는 도박꾼 판돈의 배수.

시간 지연 보고하기 및 질병의 진행 과정에서의 시간 지연(오늘 발생한 사망이 오늘 발표되지
는 않으며 오늘 감염된 환자가 28일이 지나기 전까지는 사망하지 않을 수 있다).

시계열 시간상 순간들의 순서에 대응하는 데이터의 목록.

시그모이드 S자 모양 곡선.

신뢰구간 참이라고 합리적으로 믿을 만한 가능한 값들의 범위.

엔트로피 정보를 내보내는 근원의 불확실도를 나타내는 양.

영국 통계청[ONS] 공식 데이터를 취합하고 발표하는 영국의 기관.

용량 소음이 낀 특정한 통신 채널을 통해 얼마나 많은 정보를 보낼 수 있는지를 가리키는 양.

위상도 미분방정식에 의해 규정되는 한 시스템에서 위치와 속도를 비교하는 그래프.

유병률 어떤 시점에 일정한 지역에서 나타나는 그 지역 인구에 대한 환자 수의 비율.

적분 속력에 관한 지식으로부터 위치를 알아내는 수학적 과정.

적응적 전략 새로운 정보를 고려하기 위해 시간에 따라 변하는 전략.

점추정 데이터가 주어져 있을 때, 한 특정한 양에 대한 최상의 추정.

정규곡선 종 모양 곡선, 곧 가우스곡선.

제로섬게임 참가자 A의 이득이 곧 참가자 B의 손실인 게임.

조건부확률 사건 A가 일어났다는 조건 아래 사건 B가 일어날 확률.

중심극한정리 독립시행을 충분히 많이 반복하면 어떤 사건이 일어날 확률이 점점 더 종 모양 곡선, 곧 정규곡선에 가까워진다는 정리.

중앙값 데이터를 크기 순서대로 늘어놓았을 때 한가운데 있는 값.

증례치명률CFR 어느 질병에 확진 판정을 받은 사람들 중 사망자의 비율.

지수함수 매번 같은 양이 곱해지는 함수.

집단면역 문턱값HIT: R_0가 1보다 작아지게 하는 데 필요한 감염자 인구의 비율.

큰 수의 법칙 독립적인 실험을 충분히 많이 반복하면 표본평균이 기댓값에 가까워진다는 법칙.

통계적으로 유의미하다 귀무가설이 참이라고 가정할 때, 그 가설이 사실은 거짓이라는 확실한 증거가 될 정도로 해당 사건이 일어나기 어려운 경우를 가리킨다.

특이도 음성 진단을 받은 사람 중에서 실제로 감염되지 않은 사람들의 비율.

페르미 추정 복잡한 추정값을 구하는 문제에서 작은 단계들로 나눠서 답을 찾는 방법.

표본평균 반복시행에서 나온 결괏값들의 합을 반복시행한 횟수로 나눈 값.

함수 기계나 컴퓨터 프로그램 같은 작동에 관해 우리가 생각할 수 있는 규칙.

혼합전략 참가자가 편향된 동전 던지기의 결과에 따라 다음 수를 무작위로 선택하는 전략.

확률 어떤 사건이 일어날 가능성.

더 읽을거리

다행히도 오늘날 세상에는 수학을 더 많은 일반 대중에게 알려줄 수 있는 훌륭한 자원과 사람이 넘쳐난다.

내가 특히 추천하는 웹사이트로는 "수학을 생활 속으로"라는 슬로건을 내건 플러스매거진Plus Magazine(www.plus.maths.org), 통계학과 데이터과학에 관한 시그니피컨스Significance (www.significancemagazine.com), 업데이트된 최신 연구 결과를 살펴볼 수 있는 콴타Quanta (www.quantamagazine.org)가 있다.

다음 책들은 내가 이 책에서 설명했던 주제 중 일부를 더 자세히 다룬다.

그레고리 주커만, 문직섭 옮김, 이효석 감수, 《시장을 풀어낸 수학자The Man Who Solved the Market》, 로크미디어, 2021.

로저 로웬스타인, 이승욱 옮김, 《천재들의 실패When Genius Failed》, 한국경제신문, 2009.

사이먼 싱, 이현경 옮김, 《비밀의 언어The Code Book》, 인사이트, 2015.

아난요 바타차리야, 박병철 옮김, 《미래에서 온 남자 폰 노이만The Man from the Future》, 웅진지식하우스, 2023.

에드워드 O. 소프, 김인정 옮김, 신진오 감수, 《나는 어떻게 시장을 이겼나A Man for All Markets》,

이레미디어, 2019.

윌리엄 파운드스톤, 김현구 옮김,《머니 사이언스 Fortune's Formula》, 동녘사이언스, 2006.

칼 벅스트롬 · 제빈 웨스트, 박선령 옮김,《똑똑하게 생존하기 Calling Bullshit》, 안드로메디안, 2021.

David Spiegelhalter and Anthony Masters, *Covid by Numbers: Making Sense of the Pandemic with Data* (Pelican, 2021)

David Sumpter, *The Ten Equations That Rule the World: And How You Can Use Them Too* (Allen Lane, 2020)

I. J. Good, *Good Thinking: The Foundations of Probability and Its Applications* (Dover, 2009)

Jimmy Soni and Rob Goodman, *A Mind at Play: How Claude Shannon Invented the Information Age* (Amberley, 2018)

Tim Jackson, *Inside Intel: Andy Grove and the Rise of the World's Most Powerful Chip Company* (HarperCollins, 1997)

수학의 뇀

초판 발행 · 2024년 2월 21일
초판 5쇄 발행 · 2024년 5월 24일

지은이 · 올리버 존슨
옮긴이 · 노태복
발행인 · 이종원
발행처 · (주)도서출판 길벗
브랜드 · 더퀘스트
출판사 등록일 · 1990년 12월 24일
주소 · 서울시 마포구 월드컵로 10길 56(서교동)
대표전화 · 02)332-0931 | **팩스** · 02)323-0586
홈페이지 · www.gilbut.co.kr | **이메일** · gilbut@gilbut.co.kr
대량구매 및 납품 문의 · 02) 330-9708

기획 및 책임편집 · 이민주(ellie09@gilbut.co.kr), 안아람 | **편집** · 박윤조 | **제작** · 이준호, 손일순, 이진혁
마케팅 · 정경원, 김진영, 김선영, 최명주, 이지현, 류효정 | **유통혁신팀** · 한준희 | **영업관리** · 김명자, 심선숙 | **독자지원** · 윤정아

디자인 · 스튜디오 포비 | **교정교열 및 전산편집** · 상상벼리 | **인쇄 및 제본** · 정민

ISBN 979-11-407-0843-7 03410
(길벗 도서번호 040246)

정가 20,000원

독자의 1초까지 아껴주는 정성 길벗출판사

(주)도서출판 길벗 | IT교육서, IT단행본, 경제경영서, 어학&실용서, 인문교양서, 자녀교육서 **www.gilbut.co.kr**
길벗스쿨 | 국어학습, 수학학습, 어린이교양, 주니어 어학학습, 학습단행본 **www.gilbutschool.co.kr**

페이스북 **www.facebook.com/thequestzigy**
네이버 포스트 **post.naver.com/thequestbook**